세계도시 바로 알기 9

말 먹거리 종교

권용우

박영사

이 땅을 사랑하는 분들에게

머리말

    필자는 도시와 산야(山野)가 함께 펼쳐지는 도시 주변지역에서 자랐다. 초등학교 시절 산야를 좋아해 늘 쏘 다녔다. 부친(故 權常采)은 필자에게 「한 가지 일에 몰두하라」는 가르침을 주셨다. 부친은 대학과 대학원에서 섬유공학을 전공하신 후 방직기업을 창업해 평생 헌신하셨다. 모친(故 金甲福)은 산야를 좋아하는 필자에게 지리학을 권유하셨다. 중·고등학교 시절 좋은 배움을 얻었다. 선생님들이 세계지도를 펴놓고 세계 여러 나라 사람들의 삶에 대해 재미있게 설명했다. 1960년대 고등학교 시절 연세대 김형석 명예교수님께서 학교에 오셔서 특강을 해주셨다. 교수님은 학부형이셨다. 교수님은 1962년 세계여행을 하면서 안목이 넓혀진 경험을 말씀하셨다. 나도 세계를 다녀봐야겠다는 마음이 생겼다. 청운의 꿈을 안고 대학에 들어갔다. 임지순(현 울산대 석좌교수) 친구와 『창세기』를 공부했다. 땅은 인간이 먹고 사는 삶의 터전이라는 진리를 확실히 알게 됐다.

    1970년부터 문헌연구와 현지답사를 시작했다. 전국의 시·군·구와 수도권의 시·군·구·읍·면·동을 답사했다. 1986년 수도권의 교외화 연구로 박사학위를 취득했다. 연구와 답사를 병행해 『교외지역』(2001), 『수도권 공간 연구』(2002), 『그린벨트』(2013, 2024)를 주제로 출판했다. 1987-2021년의 34년간 해외 지역을 연구 답사했다. 해외 연구의 결과는 2021-2024년 기간에 『세계도시 바로 알기』로 정리 출판했다. 『세계도시 바로 알기』에서는 유럽, 중동, 아메리카, 대양주, 아시아의 62개국 240개 도시를 다루었다.

    문헌을 연구하고 현지를 답사하면서 늘 도시를 바로 알 수 있는 연구방법론을 알고자 애썼다. 필자는 연구방법론으로 **총체적 생활상**(Total Lifestyle Para-digm)을 제시한다. 총체적 생활상은 각 국가와 도시의 **지리, 역사, 경제, 문화**의 주제와 **말, 먹거리 산업, 종교** 패러다임으로 구성된 논리다. 오랜 기간 **총체적 생활상**을 이론적, 경험적, 실증적으로 고찰했다.

2,000년전부터 지리학자들은 지리, 역사, 경제, 문화 주제와 말, 먹거리 산업, 종교 패러다임을 상호 연계시켜 논의해 왔음이 확인된다. 16세기 종교개혁과 18세기 산업혁명 이후 신학, 경제학, 역사학, 정치학, 환경론, 성경, 사회학 등 여러 연구자들이 문명에 대해 다양하게 논의해 왔다. 문명 논의 과정에서 말, 먹거리 산업, 종교의 패러다임이 심도 있게 다루어 왔음이 확인된다. 성경 시편 33장 8절에서 17절까지에는 도시문명의 흥망성쇠가 기록되어 있다.

총체적 생활상은 도시문명의 변천, 말, 먹거리 산업, 종교, 경제상위국을 고찰 분석하는 과정에서 보다 구체적으로 논증되고 있음이 확인된다.

도시로 구성된 사회를 문명으로 규정한다. 문명은 도시와 함께 이뤄지기에, 문명은 **도시 문명**(Urban Civilization)으로 이해할 수 있다. 도시문명의 주요 구성 요소는 인간, 도시, 국가, 세계다. 인간들의 삶의 터전인 거주지(Habitat)는 마을-취락-도시-국가-세계로 확대 변천한다. 인간의 거주지는 시간의 흐름과 함께 변천하는 역사적 과정을 거친다. 지리와 역사의 주제는 함께 연계되어 다뤄진다. 문명화가 진행되면 의사 소통 체계인 말을 만든다. 유목에서 정착 농경으로, 농경에서 산업으로 먹거리가 혁신된다. 기념비적인 구조물을 세워 문화와 종교를 꽃피운다. 경제가 이뤄지고 문화가 조성된다. 말, 먹거리 산업, 종교의 패러다임은 도시문명을 파악할 수 있는 관건이 된다.

도시문명은 네 단계에서 총체적 생활상의 특성을 보인다. 첫째는 비옥한 초승달 지대의 도시문명이다. 언어는 셈어를 썼다. 먹거리 산업은 농업이었다. 종교는 다신교였다. 둘째는 로마 제국 시대의 도시문명이다. BC 27년 시작해 1453년까지 존속했다. 유럽 대부분이 로마 제국의 영토였다. 지배적인 언어는 라틴어와 그리스어였다. 먹거리 산업은 농업과 무역이었다. 313년 이후 로마 제국 전역에 기독교가 전파됐다. 셋째는 대항해 시대의 도시문명이다. 1415년 이후 500여 년간 유럽은 해외영토를 개척했다. 포르투갈, 스페인, 프랑스, 네덜란드, 영국 등은 아메리카, 대양주, 아프리카, 아시아, 남극 대륙에 영토를 확보했다. 해외 영토에 포르투갈어, 스페인어, 프랑스어, 영어를 심었다. 해외 영토에서 자원과 인력을 얻었고 제품을 팔았다. 해외 영토에 기독교를 전파했다. 넷째는 산업혁명 시대의 도시문명이다. 1760년 이후 기계, 기술, 디지털, 인공 지능의 네 차례의 산업 혁명이 진행됐다. 시대의 흐름에 맞춰 산업 혁명에 동참한 국가는 경제상위국이 됐다. 경제상위국은 대체로 해외 지향의 자유 무역 국가다. 각 국가와 도시의 지리, 역사, 경제, 문화의 주제와 말, 먹거리 산업, 종교의 패러다임을 파악하면 도시문명을 알 수 있음이 확인된다.

도시문명이 일어난 이후 셈어, 라틴어, 영어가 주요한 **말**(Language)로 사용됐다. 셈어는 메소포타미아, 레반트, 비옥한 초승달 지역, 북부 아라비아 등지에서 사용됐던 세계어다. 로마 제국과 제국의 관할 영토의 공식어였던 라틴어는 링구아 프랑카 세계어로 발전했다. 라틴어는 지역적으로 스페인어, 포르투갈어, 프랑스어, 이탈리아어 등의 로망스어로 변천했다. 영어는 오늘날 세계에서 가장 많이 사용되는 세계어다.

먹거리 산업(Industry)은 농업 사회와 1760년 산업혁명 이후가 달랐다. 농업을 근간으로 했던 사회는 해외와의 교역 없이 내륙 중심의 먹거리 산업을 꾸렸다. 산업 혁명은 산업 구조를 기계, 기술, 디지털, 인공지능으로 혁신시켰다. 혁신에 동참한 국가와 도시는 다양하고 풍요로웠다. 먹거리 산업 품목이 많은 상위권 국가는 GDP가 높고, 해외지향적이며, 외환보유고가 많다.

세계인 다수가 선택한 **종교**(Religion)는 한정적이다. 2023년 기준으로 세계의 종교 가운데 종교 인구 비율이 높은 종교는 기독교, 이슬람교, 힌두교, 불교 순이다. 기독교와 이슬람교를 믿는 종교 비율은 전 세계 인구의 56% 이상이다.

경제상위국의 말, 먹거리 산업, 종교와의 관계는 밀접했다. 1인당 GDP 30,000달러 이상인 37개 경제상위국에서 가장 많이 사용하는 공용어는 영어다. 1인당 GDP가 높을수록, 노벨상 수상자가 다수이고, 10위권의 세계적 산업을 많이 보유하고 있다. 경제상위국의 종교는 기독교 29개국, 이슬람교 4개국, 불교 2개국 등이다.

총체적 생활상을 이론적, 경험적, 실증적으로 고찰했을 때 ① 도시를 알면 세계가 보이고, ② 말, 먹거리 산업, 종교가 관건이며, ③ 인간은 땅과 함께 먹고 살 때 정체성을 나타낸다는 귀납적인 결론에 이르게 한다. 결론적으로 **총체적 생활상**은 세계도시를 바로 알 수 있는 유용한 연구방법론이 될 수 있다는 사실이 확인된다.

사랑과 헌신으로 내조하면서 원고를 리뷰하고 교정해 준 아내 이화여자대학교 홍기숙 명예교수님께 충심으로 감사의 말씀을 드린다. 원고를 리뷰해 준 전문 카피라이터 이원효 고문님께 고마운 인사를 전한다. 특히 본서의 출간을 맡아주신 박영사 안종만 회장님과 정교하게 편집과 교열을 진행해 준 배근하 차장님께 깊이 감사드린다.

2024년 2월
권용우

I 이론적 · 경험적 논의

IV 먹거리 산업(Industry)

V 종교(Religion)

VI 경제상위국의 사례 분석

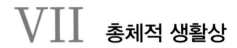

VII 총체적 생활상

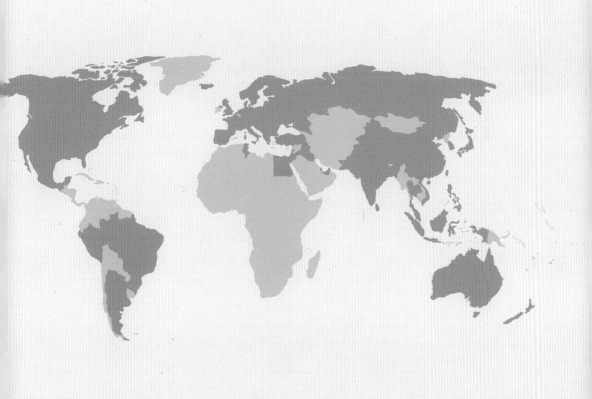

I

이론적 · 경험적 논의[1]

1.1 전통지리학적 논의

훔볼트 이전의 논의

땅(Geo)에 관한 지리학적 논의는 그리스로부터 시작된다. 그리스인들은 이집트나 여타 지중해 국가와는 달리 지리학적 지식의 습득과 활용에 큰 관심을 나타냈다. 아리스토텔레스의 제자였던 **알렉산더 대왕**은 정복지에 대한 방대한 자료를 수집·정리하게 함으로써 지리학 태동에 결정적 계기를 마련했다.[2]

에라토스테네스(BC 276-BC194)는 그리스의 수학자, 지리학자, 천문학자, 시인, 음악이론가였다. 시칠리아 출신 아르키메데스의 친구였다. 알렉산드리아 도서관의 장서와 도서를 기반으로 『지리학 *Geographika*』 3권을 저술했다. 「지리학」이란 용어를 처음 쓴 책이다. 2권에서 자오선의 길이를 252,000 스타디아(39,060-40,320km)로 추정했다. 지구 둘레를 측정하여 수리지리학의 기초를 놓았다고 평가됐다. 3권에서 통치 영역을 설명하면서 국가를 평행선과 지도를 사용해 섹션으로 나누었다. 정치지리학을 출발시켰다고 설명됐다. **스트라보**(BC 64-AD 24)는 그리스 지리학자다. 호메로스, 아리스토텔레스 등에게 영향을 받았다. 그는 로마, 소아시아, 이집트, 쿠시, 토스카나 해안, 에티오피아 등을 답사했다. 『지리학 *Geographica*』 17권을 간행했다. 저작 기간

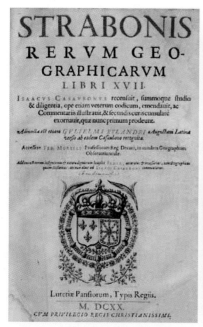

그림 1.1 **스트라보의 『지리학』과 고향에 있는 동상(현재 튀르키예 아마시아)**

은 BC 7년경-AD 18년으로 추정됐다. 백과사전적 연대기다. 영국, 아일랜드, 이베리아 반도, 갈리아, 게르마니아, 알프스, 이탈리아, 그리스, 북부 흑해 지역, 아나톨리아, 중동, 중앙 아시아, 북아프리카 등지에 관한 지지서(地誌書) 다. 로마가 세계를 관리하는 데 도움을 주는 문헌이 됐다. 유럽, 아시아, 리비아 등이 있는 세계지도를 작성했다.그림 1.1 **톨레미**(100-170)는 알렉산드리아의 수학자, 천문학자, 지리학자, 점성가, 음악이론가였다. 『지리학 *Geōgraphikē Hyphēgēsis*』(150년경)을 냈다. 라틴어로 『*Geographia*』, 『*Cosmographia*』로 도 알려졌다. 지리적 지식을 기초로 편집한 지도책, 지도제작 관련 논문집이 다. 8,000개의 지명과 6,300개의 좌표를 이용해 전 세계 거주지역(Ökumene)

과 로마 일부 지방에 대한 지도 제작 방법을 소개했다. 그는 자신이 알고 있는 지역은 지구의 4분의 1에 불과하다는 사실을 깨닫고 있었다. 이슬람, 중세, 르네상스의 지리적 지식과 지도 제작 전통에 영향을 미쳤다.

십자군원정이 실패하고 이슬람이 인도로의 육상교통로를 폐쇄했다. 유럽인들은 오랫동안 우물 같은 지중해 중심의 세계에 살았다. 1400년대에 이르러 유럽은 공간적으로 전혀 새로운 국면을 맞았다. 1415년 포르투갈이 바다로 박차고 나갔다. 유럽 밖의 세계에 눈을 돌린 것이다. **콜럼버스**(1492)는 아메리카를 발견했다. **바스코 다 가마**(1498)는 인도항로를 개척했다. **마젤란**(1519-1522)은 세계일주를 했다. 세계가 바다로 연결되어 있음이 실증됐다. 이들의 뒤를 이어 수많은 탐험가와 여행가들이 5대양, 6대주, 양극지역을 차례로 답사했다. 지구에 관한 흥미진진한 사실들이 훤히 드러났다. 새로운 세계에 관한 수많은 정보와 자료가 구대륙 유럽에 쏟아져 들어왔다. 새로운 세계에 대해 열정을 가진 사람들은 세계 답사에 대한 꿈을 키웠다. 땅에 깊은 관심을 가진 사람들은 남달랐다. 미지의 땅을 답사하면서 직접 경험하기를 원한 사람들은 과감히 항해에 나섰다. 「땅에 관한 논리」를 구축하려는 열정이 있었다. 세계 답사에 나서지 못한 사람들은 해외에서 들어오는 방대한 자료를 토대로 「땅의 논리」를 만들었다. 땅의 논리를 세운 사람들은 일찍부터 지리, 역사, 경제, 문화 주제에 깊은 관심을 갖고 진지하게 땅에 주목했다.

유럽세계로 쏟아져 들어오는 전 세계에 대한 방대한 지리적 지식은 왕성한 과학정신에 의해 새롭게 분석되고 체계화됐다. **바레니우스와 칸트**는 땅에 대한 근대적 의미의 체계화 작업에 시동을 걸었다.

바레니우스(Barnhard. Varenius, 1622-1650)는 의사 출신 독일의 지리학자다. 김

나지움에서 철학, 수학, 물리학을 공부했다. 1949년 라이덴대에서 의학박사를 취득했다. 당시 세계무역의 중심지였던 네덜란드 암스테르담으로 이주했다. 항해사 아벨 태즈먼에 매료됐다. 여러 동료들과 지리를 연구하면서 지리학자로 변신했다. 1650년『일반지리학 *Geographia Generalis*』을 출간했다. 그는 지리학을 혼합 수학의 한 분과라고 보았다. 당시의 지리가 수리, 자연 등을 다루었고, 수학이 학문의 근본이라는 합리론에 근거한 논거였다. 바레니우스는 지리학을 일반지리학과 특수지리학으로 나누었다. 이는 톨레미의 계통지리와 스트라보의 특수지리 전통을 발전시킨 패러다임으로 평가됐다. 일반지리학은 지구전체에서 일반 법칙을 찾아내는 분야다. 세 가지 세부 내용이 있다. ① 절대적 부분은 지구의 형상, 크기, 운동, 육지, 강, 산맥, 바다, 공기의 분포 등이다. ② 상대적 부분은 천체의 현상, 경위도, 기후대 등이다. ③ 비교적 부분은 지표 각 지역의 차이에서 나타나는 현상들을 설명하는 내용이다. 특수지리학은 각 개별 국가와 크고 작은 지역을 설명하고 기술하는 분야다. 천체, 지구, 인간에 관한 내용을 다룬다고 했다. 인간에 관한 내용은 주민, 의식주의 내용, 언어, 정치, 종교, 도시 등을 예시했다. 특수지리학은 오늘날의 지지(地誌)로 발전한 분야다. 바레니우스의 저작은 아이작 뉴턴, 칸트, 훔볼트, 리터 등에게 영향을 미쳤다.그림 1.2

칸트(Immanuel Kant, 1724-1804)는 독일의 철학자, 계몽주의 사상가, 자연지리학자였다. 프로이센 쾨니히스베르크의 루터교 가정에서 태어났다. 쾨니히스베르크는 1946년부터 러시아 도시 칼리닌그라드로 비꿰었다. 1757년부터 쾨니히스베르크대에서 자연지리학을 강의했다. 1802년 링크(Friedrich Rink)가 칸트의 강의노트를 편집해『칸트의 자연지리학 *Kant's Physieche Geographie*』을 간행했다. 칸트는 '인간적 요소란 지리학의 주요 문제로 없어서는

그림 1.2 **바레니우스의 『일반지리학』과 임마누엘 칸트**

안될 중요 부분이다. 인간 사이에서의 경험의 전달은 역사와 지리 두 가지 측면에서 이루어진다. 역사는 시간(time)의 문제를, 지리는 공간(space)의 문제를 다룬다. 특히 자연지리학은 자연의 요체로서 지리학과 역사학의 기초가 된다'고 역설했다. 칸트는 지리학을 ① 자연지리학(자연세계, 지표, 동식물의 식생과 생활) ② 수리지리학(지구의 형태, 규모, 운동, 태양계) ③ 도덕지리학(환경과 관련된 인간의 관습과 성격) ④ 정치지리학 ⑤ 상업지리학 ⑥ 종교지리학(종교의 분포) 등의 6개 분야로 분류했다.그림 1.2

전 지구적이며 세계적인 현상 변화는 근대 지리학이 태동될 수 있는 두 가지 연구풍토를 제공했다. 하나는 지리학의 초기 이론 정립이다. 에라토스테 네스부터 칸트에 이르는 수많은 이론가들은 지리학의 기초 논리를 구축했다. 다른 하나는 광범위하고 풍부한 연구자료의 축적이다. 미지의 세계를 열어 보려는 탐험가, 새로운 세계에 발을 내디딘 여행가, 그리고 지리적 현장을 체험으로 확인하려는 지리답사가들은 현지답사를 통해 연구에 필요한 자료를 얻었다.

지리학 역사의 변곡점에서 독일의 지리학자 **알렉산더 폰 훔볼트**는 새로운 학문의 문을 활짝 열어 젖히고 선두에 나섰다. 그는 해박하고 풍부한 지식을 바탕으로 자료를 수집하고 분석했다. 담대하고 불같은 열정으로 미지의 현장에 직접 뛰어들었다. 지리학적 자료를 모아 연구하고, 현지를 직접 답사하는 「지리학자의 전형」을 몸소 실천했다.

알렉산더 폰 훔볼트의 총체론(Totalität)

훔볼트(1769-1859)는 독일의 지리학자, 탐험가, 자연과학자, 박물학자다.[3] 그림 1.3 Alexander von Humboldt의 동상이 베를린대 정문 옆에 세워져 있다. 그림 1.4 베를린 프로이센 귀족 가문에서 태어났다. 루터교 세례를 받았다.[4] 훔볼트와 그의 친형 빌헬름은 1779-1789년까지 가정교사에게서 배웠다. 괴팅겐대, 베를린대, 프랑크푸르트대, 프라이베르크 광산학교 등에서 지질학, 광산학, 외국어를 공부했다. 1790년 제임스 쿡의 탐험 대원이었던 포스터와 영국, 네덜란드, 프랑스를 여행했다. 영국에서 제임스 쿡과 탐험했던 왕립학회 뱅크스 회장을 만났다. 남해 열대 지방의 식물 표본을 공유했다. 훔볼트는 세계

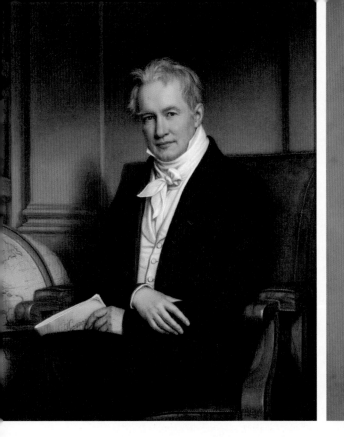

Kosmos.

Entwurf

einer physischen Weltbeschreibung

von

Alexander von Humboldt.

Dritter Band.

Stuttgart und Augsburg.

J. G. Cotta'scher Verlag.

1850.

그림 1.3 **알렉산더 폰 훔볼트와 대표 저서 『*Kosmos*』**

탐험의 꿈을 갖게 됐다. 1792년 프라이베르크 광산학교를 졸업한 후 광산검
사관으로 일했다. 광산의 식생에 대해 연구했다. 1792-1797년 동안 중부 유
럽 여러 국가의 암염 광산을 답사했다. 1795년 스위스, 이탈리아의 지질과
식물에 관한 연구 답사를 했다. 1794년 이후 예나에서 친형 빌헬름과 함께
괴테, 쉴러 등과 교우했다. 1797년 괴테와 대학의 해부학 강의를 듣고 자체
실험을 수행했다. 괴테는 「훔볼트는 우리에게 진정한 보물」이라고 했다. 친
형 빌헬름은 언어학자로 독일의 교육부·내무 장관을 역임했다.그림 1.4 1796
년 모친 사후 유산을 물려받아 공직에서 물러났다. 1798년 훔볼트는 파리로
가서 식물학자이자 의사인 봉플랑(Aimé Bonpland)을 만났다. 1799-1804년 기

그림 1.4 **베를린 훔볼트 대학교 정문 옆 동상과 훔볼트, 빌헬름, 괴테, 쉴러(독일 예나)**

간 훔볼트와 봉플랑은 스페인령 아메리카를 답사했다.그림 1.5

　베네주엘라(1799-1800). 1799년 스페인으로부터 스페인령 아메리카를 답사할 수 있는 승인을 받았다. 훔볼트와 봉플랑은 1799년 6월 라코루냐을 떠나 7월 베네주엘라의 쿠마나에 착륙했다. 설탕, 커피, 카카오, 목화 등의 수출 작물이 재배되는 아라과 계곡에서 연구를 시작했다. 벌목으로 삼림 토양이 물을 보유하지 못해, 계곡의 발렌시아 호수 수위가 급격히 떨어진 것을 확인했다.「인간이 유발한 기후 변화」의 현장을 경험했다. 1800년 훔볼트와 봉플랑은 오리노코강과 그 지류 2,776km의 야생 지역을 답사했다. 1800년 3월 19일경 전기뱀장어를 발견했다. 뱀장어를 해부하다 감전됐다. 전기와 자기에 대해 더 깊이 생각하게 됐다. 이때의 경험을 살려 1804년 12월 극에서 적도까지 지구 자기장의 강도가 감소한다는 내용을 발견했다. 1804년

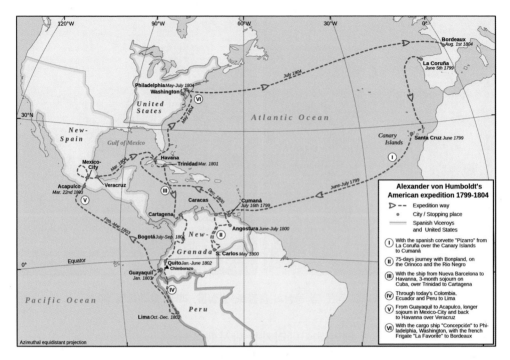

그림 1.5 **알렉산더 폰 훔볼트의 라틴 아메리카 탐험, 1799–1804**

파리에서 베네주엘라 지도자 볼리바르(Simón Bolívar)를 만나 함께 로마를 여행했다. 볼리바르는 「남미의 진정한 발견자는 훔볼트」라고 존경을 표했다.

쿠바(1800, 1804). 1800년 11월 베네주엘라를 떠나 12월 쿠바에 도착했다. 하바나와 주변 설탕 생산 개척지를 조사했다. 쿠바의 인구, 생산, 기술, 무역에 대한 통계 정보를 수집했다. 1804년 아메리카에서 유럽으로 돌아가는 길에 다시 쿠바에 들렀다. 쿠바의 동·식물에 대한 방대한 자료를 수집했다. 쿠바에서 수행한 과학적·사회적 조사 연구로 「훔볼트는 쿠바의 두 번째 발견자」로 평가됐다.

안데스 산맥(1801–1803). 1801년 쿠바에서 3개월간 체류한 후 두 사람은 콜

그림 1.6 **훔볼트, 봉플랑, 1802, 남미 안데스 산맥 침보라조산 기슭**

롬비아의 보고타에 도착했다. 현지 연구자가 탐험을 통해 얻어 만든 정확하고 상세한 이미지의 식물 연구를 보고 감동받았다. 1802년 에콰도르의 키토에 도착했다. 1802년 6월 훔볼트와 일행은 침보라조산(6,263.47m)을 등반했다. 5,878m까지 올라갔다.[5] 그림 1.6 등반 과정에서 다양한 도구를 사용해 관찰하고, 스케치하며, 측정했다. 지질단면을 시각적으로 그래픽화 하는 연구 방법을 개발했다. 해발 고도가 증가하면서 평균 기온이 감소한다는 사실을 조사해 등온선을 그렸다. 열대성 폭풍의 기원에 관해 연구했다. 연구 과정에서 정량적 방법론을 사용했다. 1802년 11월 페루의 카야오 항구에서 유성의 통과를 관찰했다. 페루에서 나는 구아노의 비료 특성을 연구했다. 질소가 풍부한 구아노는 나중에 유럽으로 수출됐다.

뉴스페인(멕시코)(1803-1804). 1803년 훔볼트와 봉플랑은 에콰도르 과야킬 항구를 떠나 멕시코 아카풀코로 향했다. 아카풀코의 위치 경도를 측정하기 위해 아카풀코의 심해안을 조사하는 장비를 설치했다. 1803년 4월 은광 마을 탁스코를 거쳐 멕시코 시티에 도착했다. 스페인의 허가를 받아 왕관 기록, 광산, 토지, 운하, 히스패닉 이전 시대의 멕시코 고대 유물을 관찰했다. 수집한 자료를 시각적 묘사로 더 용이하게 전달하고자 했다. 훔볼트는 「멕시코시티가 탄탄한 과학 시설을 보여주는 도시」라고 긍정적으로 평가했다. 과나후아토 은광을 답사했다. 역사적, 예술적 중요성을 지닌 토착 기념물과 유물에 주목했다. 뉴스페인 지도를 제작했다. 지도에 도식적인 지리 정보를 게재하고, 행정 구역의 면적을 산출했다. 뉴스페인 원주민과 유럽 주민에 대한 인구를 조사했다. 인종 유형과 인구 분포를 지역과 사회적 특성별로 그룹화해 도식적 그림을 그렸다. 답사 내용은 『뉴스페인 왕국에 대한 정치 에세이』(1811)로 출판됐다. 1859년 멕시코 대통령 후아레스는 훔볼트를 「멕시코 국가의 영웅」으로 지명했다.

미국(1804). 1804년 훔볼트는 쿠바를 떠나 미국 필라델피아를 거쳐 워싱턴 DC에 도착했다. 훔볼트는 과학과 뉴스페인에 관해 제퍼슨(Jefferson) 대통령과 토론했다. 뉴스페인의 인구, 무역, 농업, 군대에 대한 최신 정보를 제퍼슨에게 제공했다. 제퍼슨은 새로 구입한 루이지애나 경계를 알고자 했다. 훔볼트는 두 페이지 분량의 보고서를 써주었다. 제퍼슨은 「훔볼트는 내가 만난 가장 중요한 과학자」라 했다. 훔볼트는 델라웨어강 항구를 떠나 1804년 8월 프랑스 보르도에 도착했다.

러시아(1829). 훔볼트는 재정 지원을 받아 러시아를 원정 답사했다. 러시아는 광업과 상업 발전에 대한 전망을 찾고자 했다. 1829년 5월과 11월 사이 원정대는 네바에서 예니세이까지 러시아 제국을 횡단했다. 12,244필(匹)의 말을 사용해 658개의 역참에 정착하며 15,472km 거리를 답사했다. 도로를 따라 진행된 답사가 너무 빨라 과학적 연구는 얻기 어려웠다.

훔볼트는 1804년부터 머물던 파리를 떠나 1827년 5월 베를린으로 돌아와 영구 정착했다.[6] 1834년부터 연금을 받는 왕실 시종관에 임명됐다.[7] 훔볼트는 스페인령 아메리카 체류 일기를 4,000여 페이지 분량으로 상세하게 작성했었다. 방대한 데이터, 압축된 내용, 촘촘한 그림이 담겨 있는 대기록이었다.

훔볼트는 1827년 가을부터 1828년 봄까지 베를린에서 강의했다. 대학에서 62회, 집에서 16회 강의했다. 강의를 기반으로 독일 낭만주의 영감을 받아 『코스모스 *Kosmos*』를 출판했다. 전 5권이다. 1권은 1845년, 2권은 1847년, 3권은 1850년, 4권은 1858년에 출판했다. 5권은 사후 1862년에 출간했다. 지리학과 자연과학에 관한 총체적인 연구서다. 그림 1.3

『코스모스』의 주제는 네 가지로 정리된다. ① 삼라만상에 대한 기술 그 자체가 하나의 특별하고도 독립적인 학문 분야가 될 수 있다. ② 자연의 과학적 형태 가운데 실체적이고 경험할 수 있는 객관적 내용이 중요하다. ③ 자연 활동은 여행 기록, 시, 경관 이미지, 이국적 동식물의 대조 비교 등의 방법으로 설명할 수 있다.[8] ④ 자연 철학의 역사와 우주에 관련된 여러 개념과의 관계는 유기체적 총체적 관점에서 논의되어야 한다.

훔볼트의 학문 연구는 개별적으로 따로따로 떨어져 있는 여러 자료를 수집(collect) 정리(arrange)한 연후에 귀납적인 과정을 거쳐 일반화된 논리(general ideas)를 정립시키는 방법으로 진행되었다. 곧 훔볼트의 연구 방법은 경험적

(empirical) 귀납적(inductive) 방법론이라고 설명된다.

훔볼트는 지표상의 여러 사물과 현상은 상호의존(zusammenhang)적 관계 아래 존재한다고 천명했다. 따라서 지표상의 여러 현상은 **총체적** 관점(die erschaute Totalität, the total impression)에서 보아야 한다고 정리했다. 훔볼트는 자연 철학으로 확인되는 자연 세계(physical world)와 도덕 철학으로 이해되는 인간의 내면 세계(man's inner world)는 상호의존 관계를 이루면서「조화된 통일체로서 실재(實在)」하기 때문에 **총체적**으로 파악해야 한다고 역설했다.

훔볼트는 자연 세계에 대한 지식은 ① 형태와 내용에 따라 분류학적 현상을 다루는 식물학, 동물학, 지질학 ② 현상으로 나타난 실체를 역사적으로 다루는 식물, 동물, 지질 발달사 ③ 지표 현상의 분포나 조정 과정을 다루는 geognosy(지리학),[9] 지구과학, 지구구조학 등이 있다고 제시했다. 이어서 지리학은 공간적 분포, 상호관계, 공간적 의존성 아래 일어나는 현상을 연구하는 분야라고 정의했다. 특히 지역 현상의 관찰에서 자연적·유기체적·총체적 상호 관계 파악이 중요하다고 강조했다. 이런 연유로 훔볼트는 많은 분야를 연결한 종합주의자라고 평가됐다.

훔볼트의 학문적 헌신은 ① 자연지리학 ② 식물지리학 ③ 계통지리학의 창시자로 자리매김됐다. 훔볼트는 기후학, 지질학, 화산학, 자기학, 산악학, 해양학, 지도학 분야의 초석을 놓았다. 열대 기후, 화산의 성인, 암석 층서 연구와 단면도 제작, 고도측정을 위한 도구 사용, 등온선 제작을 실행했다. 식물의 수직적 분포와 기후와의 관계, 식물의 수평적 분포와 지형·토양과의 관계를 규명했다. 인간의 생활은 자연 환경에 의해 크게 영향받는다고 진단했다. 훔볼트는 지형, 기후, 생산과의 연계성을 설명하면서 통계자료를 이용했다. 농업 생산품과 인구수, 인종적 성격, 질병 등의 요소와의 상관성을 논의했다. 멕시코 연구에서는 행정단위구분을 인구 통계자료를 활용해 설명했다. 이런 연구 방법은 종래의 정성적, 백과사전적인 지리적 지식을 정량적, 계통적 과학으로 전환시키는 계기를 만들었다. 결과적으로 훔볼트는 지리학을 계통적 독자적 영역을 갖춘 독립된 학문(original science)으로 정립시킨 「근대 지리학의 아버지」로 평가되고 있다.

훔볼트는 평생 많은 사람을 만나고 상당한 분량의 책을 썼다. 훔볼트에게 직·간접적으로 영향을 받은 사람들이 여러 분야에서 활동했다. 찰스 다윈은 「훔볼트는 지금까지 살았던 가장 위대한 과학 여행가」라 했다. 로버트 잉거솔은 「드라마에 셰익스피어가 있는 것처럼 과학에 훔볼트가 있다」라 했다. 오늘날 훔볼트의 이름이 들어간 20여 개 동·식물 종, 40여 개의 지명, 4개의 천문학·지질학 물체, 10여 개의 대학 명칭, 강의 명칭 등이 있다.

칼 리터의 『땅의 학문 *Erdkunde*』

리터(1779-1859)는 독일의 지리학자다. Carl Ritter는 할레대, 괴팅겐대에서 교육학, 역사학, 지구과학을 공부하고 연구했다. 1798년 이후 프랑크푸르트 은행가의 가정교사로 일하면서 유럽을 여행했다. 리터는 2권으로 된『유럽지리』(1804, 1807)를 냈다. 이 책에는 산맥, 식생, 기후와 관련된 농작물, 야생 동물, 가축, 민족성 등이 나타난 지도가 게재됐다. 1807년에 스위스 교육가 페스탈로치를 만났다. 인간의 역사에서 지리학이 중요하다는 것을 깨달았다. 리터는 페스탈로치의 교육 철학에 상당한 영향을 받았다. 페스탈로치는 교육 과정에서 관찰을 통해 자료를 습득하고 비교해, 일반적인 논리를 구축해야 한다고 했다.그림 1.7 리터는 1813년부터 괴팅겐대에서 지리학을 연구해 1817년『땅의 학문 *Erdkunde*』1권을 출간했다. 리터는 훔볼트의 추천을 받

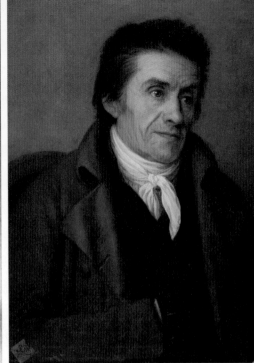

그림 1.7 **독일 지리학자 칼 리터와 스위스 교육가 페스탈로치**

아 1820년 베를린대 지리학 교수가 됐다. 「최초의 지리학 교수」가 된 것이
다. 베를린 왕립 군사 아카데미 교관으로도 가르쳤다. 리터는 1859년까지 지
리학을 강의하고, 저술하며, 제자를 가르쳤다.[10]

   리터의 대표 저서는 『땅의 학문 *Erdkunde*』이다. 책의 원제목은 『자연과 인
간 역사와의 관계에서 본 땅의 학문: 자연과 역사 과학을 연구하고 가르치는
확실한 기반으로서의 일반 비교지리학』이다. 1817-1859년 기간에 출판됐
다. 21권 19부로 구성됐다. 23,000여 페이지의 방대한 분량이다. 아프리카
(I), 동아시아(II-VI). 서아시아(VII-XI), 아라비아(XII-XIII), 시나이 반도(XIV-XVII),
소아시아(XVIII-XIX) 등 아프리카와 아시아 지역 연구서다. 후속으로 아메리
카가 구상됐으나 리터의 타계로 이뤄지지 않았다.

   『땅의 학문 *Erdkunde*』에는 땅에 관한 세 가지 유형을 서술하고 있다. ① 지표, 대륙의 형상과 같은 고정된 형태에 관한 주제별 유형 ② 물, 공기, 불 등 유동적 존재의 특성에 관한 형식적 유형 ③ 유기 생명체와 지리, 역사의 상호 관계에 관한 물질적 유형 등이다. 리터는 이들 유형이 결합되어 나타나는 공간원리(räumliches Prinzip)를 밝혀내는 것이 지리학의 연구 영역이 될 수 있다고 했다. 그의 분석 단위영역은 대륙이었다. 대륙은 다시 강, 산맥 등을 경계로 여러 개의 자연지역으로 구획했다. 이어서 상세한 구성 체계를 정립할 수준까지 지역을 세분했다. 이러한 연구 내용은 지역 지리학(regional geography)으로 발전했다.

리터는 지리학을 연구하는 목적은 자료의 비교를 통해 개개의 사실과 사실 간의 관련성을 파악하여 다양성 속에 내재해 있는 일반법칙을 밝혀 내는 데 있다고 역설했다. 곧 리터의『땅의 학문』은 일반 비교지리학으로 요약된다. 여기에서 일반이란 법칙을, 비교는 형태학적·유형적인 것을 지칭했다. 리터의 연구 방법론은 개개의 객관적 사실을 수집하는 제1단계, 수집된 사실을 상호 비교하는 제2단계, 가능한 조건하에서 보편적 지배원리를 찾아내는 제3단계를 순차적으로 거치는 귀납적 방법론이다.

리터는 지표(地表)에 주목했다. 지표는 지상에서 관찰되는 영역인 해양, 대륙, 산악, 하천, 평야, 동·식물 등과 인간활동의 영조물(營造物)을 포괄하는 개념이다. 헤르더의 풍토(風土) 개념과 유사하다. 헤르더는 자연사를 탐구하면 인류사를 알 수 있다는 자연관과 역사관의 결합론을 주장했다.[11] 특히 리터는 인류 거주지로서의 지표를 중시했다. 리터는 '지표와 거주자는 시간의 흐름 속에서 서로 밀접한 교호관계에 있다. 따라서 지리와 역사는 분리될 수 없다. 토지는 거주자에게 영향을 미치며, 거주자 또한 토지에 영향을 미친다.'고 했다.

리터는 지표상의 여러 현상 속에 내재된 하나님의 의도를 밝혀 내려고 시도했다. 리터는 경험적 방법론을 자신의 목적론적 신념과 결합시켜 지리학을 논했다.[12] 당대의 자연신학과 칸트, 쉘링, 헤겔 등의 관념론으로부터 영향을 받았다고 설명한다.[13] 리터는 '땅은 하나님이 인간의 유익을 위해 설계한 실체'라고 했다. '대륙의 형상은 우연적인 것이 아니라 하나님이 지닌 의지의 산물이다. 대륙은 인간이 하나님을 이해하기 위해 배워야 할 터전이며 장소다. 대륙의 형태와 입지는 인간을 위해 하나님이 의도한 역할을 이해토록 해 준다'고 했다. 그는 '지리학은 땅에 내재되어 있는 하나님의 뜻을 알아내는 학문이다. 지리학은 인간에게 하나님을 보다 잘 이해할 수 있도록 해주는 과학'으로 표현했다. 일각에서 이러한 리터의 목적론적 접근은 비과학적이라고 비판했다.

오랜 연구 결과를 바탕으로 리터는 ① 인문지리학 ② 지역지리학의 창시자로 평가됐다. 리터는 풍부한 지리적·역사적 소양을 기반으로 자연과 인간, 지리와 역사와의 관련성을 규명함으로써 근대 인문지리학을 정립했다. 리터는『땅의 학문 *Erdkunde*』을 통해 지표 위의 지역현상을 지역적으로 상호 비교해 「지역지리학」의 새 지평을 열었다. 결과적으로 리터는 알렉산더 폰 훔볼트와 함께「근대 지리학의 아버지」가운데 한 사람이 되었다. 리터는 최초의 지리학 교수로 많은 제자를 배출했다. 독일 지리학자 키파르트, 프랑스 지리학자 르클뤼, 독일의 몰트케 장군 등이 있다. 칼 마르크스도 리터의 강의를 들었다고 전해진다.

이제까지의 고찰로 근대 지리학의 개척자인 훔볼트와 리터 때부터 **지리학과 종교**와의 관련성을 논의했음이 확인된다. 훔볼트는 세례를 받았다. 훔볼트는 기독교 국가에서 나타나는 종교와 사회적 자유와의 관계를 고찰했다. 리터는 **지리**와 **역사**와는 불가분의 관계에 있다고 했다. 리터는 지리학 연구의 한 목적이 땅에 내재되어 있는 하나님의 뜻을 찾아내는 것이라고 정리했다.

블라슈의 생활양식론과 라첼의 생활공간론

비달 드 라 블라슈의 생활양식론(Genre de vie)

블라슈(1845-1918, 약칭 비달)는 프랑스의 지리학자다. Vidal de La Blache는 파리 고등사범학교에서 역사, 지리를 공부하고 1865년에 졸업했다. 1872년 소르본느대에서 박사학위를 취득했다. 1867-1870년 기간 아테네 프랑스 학술원 연구원으로 고대 그리스 역사를 연구했다. 훔볼트와 리터의 저서를 읽고 심취했다. 비달은 지중해, 이탈리아, 팔레스타인, 이집트를 답사했다. 1869년 수에즈 운하 개통식에 참석했다. 그는 그리스 답사를 하면서 문명에 영향을 미치는 장소의 중요성을 깨달았다. 프랑스로 돌아온 후 본격적으로 지리학자의 길을 걸었다.그림 1.8

프랑스는 보불전쟁(1870-1871)에서 프로이센에게 패했다. 프로이센의 승리는 앞서 나간 독일의 지리학 영향이 컸다고 평가됐다. 이에 프랑스에서 지리학을 가르치고 연구해야 한다는 「지리학 운동」이 일어났다. 대학과 모든 학교 시스템에서 지리학 연구와 강의가 활성화됐다.

한편 프랑스의 사회·경제학자 르 쁠레(Le Play, 1806-1882)는 초기 프랑스와 영국의 지리학자들에게 커다란 영향을 미쳤다. 그는 야금학 엔지니어 교수로 활동했다. 1830-1870년 기간 유럽에 불어닥친 사회적 대변혁을 경험하면서 사회·경제 이론가로 변신했다. 25년간 유럽 전역을 답사했다. 수많은 자료를

그림 1.8 **프랑스의 비달 드 라 블라슈와 독일의 프리드리히 라첼**

수집하고 직접 체험하면서「사회과학의 논리」를 수립했다.

그는 사회 현상을 과학적으로 분석한『유럽의 노동자』(1855)를 출간했다. 노동자 가족을 대상으로 통계적 분석을 활용했다. 환경, 생계수단, 생활상 태, 역사, 종교, 민속 등을 관찰 조사했다. 가계, 가족 생활에 영향을 주는 다양한 사회 요소를 분석했다. 사회 현상 연구의 핵심 요소는 ① 장소(place) ② 노동(work) ③ 가족(family)이라 보았다. 르 쁠레는 지리적 환경에 따라 가족 형태를 세 가지로 분류했다. 첫째로 가부장 가족은 유라시아의 스텝 지역에 거주하며 안정된 생활 형태를 보인다. 둘째로 불안정 가족은 산림 지역에 거주하며 전통이 결여된 특징을 지닌다. 셋째로 계보적 가족은 농업사회나 해안 지대에 거주하며 조상숭배, 전통의 계승과 계보를 중시한다고 분석했다. 그리고 노동의 생계수단을 기준으로 사회적 기능집단은 ① 야만인 ② 목축인 ③ 어업인 ④ 광산인 ⑤ 농업인 ⑥ 공업인 ⑦ 상업인 ⑧ 전문인 등의 8개 집단으로 나뉜다고 제시했다.

르 쁠레의 주장을 정리하면 「사회는 자연환경에 따라 집단유형으로 구분되고, 공통의 사회적 특성이나 가족의 관습 등에 의한 생활유형이 존재한다」는 내용이다. 르 쁠레의 논리는 블라슈의 생활양식론을 구축하는 기초논리로 원용됐다. 그리고 영국의 기데스, 허버트슨, 아버크롬비, 뉴비긴 등도 르 쁠레의 논리에 크게 영향받았다.

비달은 1872-1877년 낭시대학교 교수로 재직했다. 동료 교수들과 프랑스 지역을 연구했다. 독일을 답사하면서 리히트호펜 등과 교우했다. 1877-1898년 파리고등사범학교, 1898-1909년 소르본느대학교에서 지리학교수로 활동했다. 비달의 학풍을 이어받는 후학들을 비달리앙(Vidalien)이라 부르기도 한다.[14]

비달은 1891년에 뒤부아 등과 『지리학 연보 *Annales de Géographie*』를 창간했다. 그는 이 학술지에 "사회적 사실에 대한 지리학적 조건"(1902), "인문지리학에서의 생활양식"(1911), "지리학의 독특한 특성"(1913) 등의 논문을 발표했다. 1921년 유고집으로 『인문지리학 원리』가 출판됐다. 비달의 제자 마르뜬느가 비달의 연구 내용을 정리해 간행했다. 『인문지리학 원리』는 서론과 본문으로 구성됐다. 서론에서는 지리적 통일성, 환경과 인간활동 등을 논했다. 본문에서는 취락을 구성한 인구의 세계적 분포와 이동, 환경을 개발해 온 문명의 유형과 분포, 순환 형태로서의 교통 분포와 발달 등을 다루었다. 농촌 취락, 집단화된 건물, 건물 형태, 임야, 도로, 도시, 삼림 등의 경관이 인문지리학의 필수적인 요소라고 분석했다.

비달은 여러 논문과 저서를 통해 지리와 환경과의 관계를 논했다. 비달은 '자연환경은 인간이 이용할 수 있는 많은 가능성을 내포하고 있다. 인간은 필요, 희망, 포용력에 따른 자유로운 선택으로 자연환경을 이용해 서식처를 만든다. 인간의 자연 점유는 개인이 속해 있는 집단의 전통과 목적에 의해 결정된다.'고 보았다. 자연 환경과 인류의 사회생활과의 관계에서 인류의 주체성과 역사성을 강조하고, 인간의 능동적인 역할을 중시하는 논리다. 프랑스 아날르 학파의 루시앙 페브르는 비달의 논리를 가능론적 접근이라고 해석했다.[15]

　　비달은 생활양식(genre de vie) 개념을 통해 지리철학을 보다 구체화했다. 「생활양식은 인간집단의 자연환경에 대한 적응양식」으로 규정했다. 비달은 '자연환경은 땅, 물, 공기의 지권(Geosphere)이다. 지권 내의 인간집단은 장소, 입지, 분포와 관련을 맺으면서 활동한다. 자연환경과 인간집단 간의 관계는 지리학과 역사학에 바탕을 두어 연구되어야 한다. 인간집단의 자연환경에 대한 적응양식이 생활양식이다. 생활양식는 지리학의 주요 연구분야다. 생활양식의 구체적 표현은 ① 도로, 임야, 농장, 마을, 도시 등 인간이 만든 경관 ② 인구 집단의 분포, 밀도, 이동 ③ 문화 양식 유형의 특징적 분포 ④ 의식주와 환경과의 관계 등이다.'라고 했다. 비달은 특정 지역의 생활양식은 경제적, 사회적, 이데올로기적, 심리적 정체성을 반영한다고 보았다. 동일한 자연환경 안에서도 인간집단의 제도, 전통, 태도, 목적, 기술, 가치, 습관, 역사의식, 사회적 행위 등에 따라 생활양식이 달라진다고 했다. 생활양식은 사회적 활동에 영향을 미치는 역사적 배경과 자연환경과 관련된 사회적 관습의 힘에 의해 영향을 받는다고 했다.[16]

　　비달은 '지역은 상호의존적인 관계에 있다. 이에 지역 연구는 부분과 전체를 서로 연관시켜 들여다 보는 것이 바람직하다. 자연현상과 인문현상이 통합되어 있다. 자연경관과 문화경관을 분리하기 어렵다. 각 지역사회는 주어진 자연환경을 각자 고유한 방법으로 활용해서 살고 있다. 이러한 삶의 궤적이 역사적 흐름이다. 작은 소지역이라도 다른 곳과는 다른 고유한 특성을 지닌다. 자연과 인간과 맺어온 농축된 관계가 확인되고 고유한 특성이 있는 지역이 살아있는 지역이다. 살아 있는 지역을 연구하는 것이 지리학이다.' 고 했다.

19세기 말 프랑스의 대다수 농촌지역에는 산업화와 도시화의 영향이 크게 미치지 않았다. 촌락과 지역사회는 프랑스만의 전통적인 여러 특성들이 잘 보존됐다. 전근대적이고 농업사회적인 독특한 국토공간의 정체성을 유지했다. 지리학적으로 연구하기에 더없이 좋은 연구 환경이었다.

비달이 선호한 연구 지역은 동질적 특성이 나타나는 작은 향토(pays) 지역이다. 향토는 도보로 야외답사가 가능하고, 경험적으로 잘 알고 있으며, 여러 기록을 얻기 쉬웠다. 그는 '동질적인 작은 향토 연구는 인간과 주변환경과의 관련성을 보다 용이하게 파악할 수 있도록 해준다. 땅은 규모가 크거나 작거나 간에 상호관련성을 맺고 있는 통일체(統一體, unite terrestre)다. 규모가 작은 지역이라도 통일체로 존재하기 때문에 부분이 전체의 특성을 나타낼 수 있다. 지리학은 땅을 전체나 국지이거나 부분적으로 분해시키지 않고, 현상들의 관계와 상호의존성을 총체적으로 규명할 수 있는 학문이다. 작은 지역에 대한 상세한 지식이 축적되면, 순차적으로 상호 관련성을 검토하며, 대규모의 넓은 지역 연구로 이행할 수 있다. 종국에는 지역의 유형이 분류되고 상호결속되어 있는 모든 현상을 종합화할 수 있다.'고 했다.

비달은『프랑스 지리표』(1903)를 간행했다. 12년간 프랑스 여러 지역을 조사해 인간, 정치, 지리, 지질, 교통, 역사 등의 내용을 분석했다. 다이어그램, 지도, 정량적 방법을 활용했다. 프랑스의 영토와 역사를 토지 점유의 지리학적 관점에서 서술했다.[17] 1917년에는 낭시대학교수 때 연구한 『프랑스 동부지역』을 간행했다. 비달은 『세계지리 *Géographie Universelle*』 저작에 참여했다. 전 세계 지역을 수많은 자료와 도표를 활용해 서술한 지리학 연구서다. 1810-1829년에 말테-브룬이 처음 출판했다. 1876-1894년에 레클뤼가 두 번째로 출판했다. 비달은 세 번째 저작을 조직 감수하다가 1918년 세상을 떠났다. 1927-1946년에 비달리앙 지리학자들 중심으로 세 번째 『세계지리』를 출판했다. 세계적인 지지(地誌) 연구서로 평가됐다.[18]

1910년 비달은 프랑스 전역을 대도시 중심의 17개 지역으로 나누자고 제안했다. 중앙집권적 지역을 완화하자는 제안이었다. 비달의 제안은 1950년 프랑스가 지역계획을 수립하기 위해 설정했던 22개 경제지역과 거의 일치했다.

비달의 생활양식론에 입각한 지역연구는 프랑스와 해외에서 진행됐다. 프랑스 내에서는 비달리앙들이 프랑스 각 지역을 주제별로 나누어 상세히 연구했다. 프랑스의 지역연구는 체계적으로 내실을 갖추었다고 평가됐다.

해외에서는 고트만이 연구했다. 고트만(Jean Gottmann, 1915-1994)은 우크라이나 출신의 프랑스 비달리앙 지리학자다. 1961년 고트만은 미국 보스턴 북부에 위치한 뉴햄프셔주 남부로부터 버지니아주 노포크에 이르는 연담도시형의 거대도시 연속지대를 메갈로폴리스(Megalopolis)라 명명했다. 연구를 위한 문헌 조사와 현지 답사를 병행했다. 보스턴에서 노포크까지의 거리는 960km에 이른다. 고트만은 도시화, 토지전용, 경제활동, 근린관계 등의 네 가지 내용으로 나누어 메갈로폴리스의 형성과 지역성을 분석했다. 비달

의 생활양식 방법론을 대도시 지역 연구에 적용한 결과로 해석됐다. 1964
년 칸과 와이너는 보스턴-워싱턴 메갈로폴리스를 Boswash로, 피츠버그-시
카고 메갈로폴리스를 Chipitts로, 샌프란시스코-샌디에고 메갈로폴리스를
Sansan으로 명명했다. 독시아디스는 오대호 메갈로폴리스를 제시했다. 일
본의 도쿄-요코하마-교토-오사카-고베로 연결되는 토카이도 메갈로폴리스
가 제안됐다. 암스테르담-룩셈부르크-쾰른-북부프랑스를 연결하는 북서유
럽 메갈로폴리스와 사우스햄턴-맨체스터-런던-버밍햄에 이르는 영국 메갈
로폴리스도 제시됐다.[19]

비달리앙 지리학자 펭쉬멜(1923-2008) 등은 『프랑스: 지리학적, 사회학적,
경제학적 조사』(1987)에서 지역 연구의 내용을 구체화했다. 자연 환경, 인간,
프랑스의 공간구조를 만드는 요인과 정책, 자원·경제 활동·경제 기업, 공간
적 상호작용의 하부구조, 프랑스 농촌의 경관과 환경, 도시 환경 등의 내용을
660면에 걸쳐 상세히 분석했다. 논리, 실증적 자료, 도표, 그림 등을 활용했
다. 비달의 생활양식을 보다 상세하게 적용한 연구서로 해석됐다.[20]

비달 드 라 블라슈와 선배, 동료, 제자들은 생활양식론의 관점에서 세계·
국가·도시의 **지리**, **역사**, **경제**, **문화**의 주제를 연구했음이 확인된다. 각 주제
연구에서 **말**, **먹거리 산업**, **종교**의 패러다임이 중점적인 방법론으로 활용되
고 있음도 인지된다.

프리드리히 라첼의 생활공간론(Lebensraum)

라첼(1844-1904)은 독일의 지리학자다. Friedrich Ratzel은 하이델베르크
대, 예나대, 베를린대에서 동물학을 공부했다. 1868년 하이델베르크대에
서 박사학위를 취득했다.[21] 1870-1871년에 보불전쟁 의용병으로 참전했다.

1872-1875년 기간 동안 쾰른 신문 기자로 활동했다. 프랑스, 오스트리아, 헝가리, 미국, 멕시코, 쿠바 등을 답사했다. 미국에서는 뉴욕, 보스턴, 필라델피아, 워싱턴, 리치먼드, 찰스턴, 뉴올리언스, 샌프란시스코 등의 도시를 답사했다. 라첼은 답사를 다니면서 지리학자로 변신했다. 1876년 답사를 정리해『북미 도시와 문화 스케치』를 냈다. 그는 '도시의 삶은 혼합되고, 압축되며, 가속화된다. 도시는 사람의 위대하고 전형적인 측면을 이끌어 낸다. 도시는 사람 연구하기에 좋은 장소다.'고 했다.[22] 그림 1.8

라첼은 1875-1886년 뮌헨대 지리학교수 때『미국』(1878, 1880),『인류지리학』(1882, 1권),『민족학』(1885, 1886, 1888)을 출간했다. 1886-1904년 라이프치히대 지리학교수 시절『인류지리학: 인류의 지리적 분포』(1891, 2권),『미국의 정치지리』(1893),『정치지리학, 또는 국가의, 교역의, 전쟁의 지리학』(1897 초판, 1903 개정판),『토지와 생활: 비교지리학』(1901, 1902) 등을 간행했다.

라첼은『미국』에서 경제와 관련된 미국의 자연과 문화를 고찰했다.『미국의 정치지리』에서는 미국의 자연과 경제 여건을 기반으로 정치 문제를 지리학적으로 분석했다. 라첼의 미국 연구는 훔볼트의 멕시코, 쿠바 연구에 비견되는 연구로 평가됐다.

그는『인류지리학』에서 자연 대 인간, 지리 대 역사와의 관련성을 풀어냈다. 이 책은 ① 지표상의 인구 분포와 집단화, 인구 집단의 인종적, 민족적, 언어적, 종교적 특성 ② 자연환경에 의한 인구 분포와 인구 이동의 의존성 ③ 기후가 민족성에 미치는 효과 등을 다뤘다. 자연 환경이 인간과 사회에 미치는 영향을 분석한 내용이다. 제1권에서는 인구 분포의 원인과 지리학의 역사에서의 적용을 연구했다. 제2권에서는 인구 분포의 현상 자체와 인류의 지리적 분포 현상을 서술했다. 제1권은 지리학의 동태적 측면을, 제2권은 지

리학의 정태적 측면을 강조한 것으로 평가됐다.[23]

  라첼은 '인구의 집중, 분포, 이주 양상에서 지리, 역사, 문화적 특성 분석
이 중요하다. 인류의 지역적 분포와 이동은 출발지, 원인, 이동로, 종착지에
기반해서 규명될 수 있다. 인간과 인류의 발달을 지배하는 지리적 요인으로
① 입지 ② 공간 ③ 경계의 개념이 있다. 입지(situation, Lage)는 종족, 민족, 국
가의 발상지(nursery, nucleus)를 뜻한다. 공간(space, Raum)은 종족, 민족, 국가가
발상지로부터 뻗어나와 확장되는 영역을 일컫는다. 공간에는 중심지와 주
변지역이 조성된다. 경계(limit, Rahmen)는 확장의 결과로 나타난 한계를 말한
다. 경계를 이루는 자연적 요인은 기후, 해양, 강, 습지, 산림 등이다.'고 했다.

  라첼은 『정치지리학』에서 토지와 국가 간의 상호의존성, 국가의 이동과
발달, 국가의 공간적 성장, 국가 분류상의 지리적 입지(Lage), 국가의 공간
(Raum), 국가의 경계(Grenzen), 국가의 공간적 성장 과정상의 육지, 해양, 물,
산지, 평야의 역할 등을 분석했다. 라첼은 국가를 정치지리학적 관점에서 논
했다. 그는 '국가는 지표상의 특별한 공간집단이다. 국가는 일단의 국민과
한덩어리로 뒤엉켜진 토지다. 국가는 그것이 자리잡고 있는 토지에 연계된
유기체적 실체(earth-bounded organism)다. 국가란 살아있는 유기체와 같이 정
치적 생존을 위해 공간을 확보한다. 모든 국가는 스스로 응집력있는 지리적
정체성을 추구한다. 정치 지역을 창조하는 동력은 도시에서 나온다. 국가의
상업과 관문 지역으로서 항구와 배후지가 중요하다. 항구의 배후지는 자연,
정치, 유통-시장, 생산, 교통 배후지가 있다.'고 했다. 그는 문화경관의 개념
을 제안했다. '문화경관은 역사 경관으로 특징화된다. 문화경관은 인간 정주
활동의 역사적 누적의 결과(palimpsest)다. 역사경관이고 문화경관인 임야, 농
장, 마을, 도시, 도로 등의 현재 상황과 역사적 기원과의 상호 연관성을 파악

해야 한다. 이를 위해 인종, 언어, 종교에 관한 지리학적 연구가 이뤄져야 한다.'고 했다.

라첼은 사회 발전 과정에서 인간 활동에 영향을 미치는 지리적 요인으로 「생활공간(Lebensraum)」을 논의했다.[24] 라첼은 국가를 지리학적으로 연구하면서 생활공간의 개념을 보다 구체화했다. 그는 '인간집단은 발상지에 입지(Lage)해 삶의 터전을 마련한다. 인간집단은 발상지에서 뻗어 나가거나 소멸해 버리는 동태적 속성을 지닌다. 뻗어 나가려는 속성은 공간(Raum) 확장으로 이어진다. 유목민이나 농경 정착민 등은 공간 확장이 한 예다. 공간 확장은 종국에 국가를 세우게 된다. 인간집단의 공간 확장은 자연적, 인간적 장애물에 맞닥뜨리면 경계(Rahmen)가 만들어지면서 멈춘다.'고 했다.

라첼은 지역 복합체로서의 인류지리학적 단위를 제시했다. '지역 복합체는 공간적 연계성이 있는 단위다. 공간적 연계성은 마을, 도시, 국가 등 특정 인구집단이 기능화하고 조직을 갖출 때 필요한 요인이다. 생활공간은 지리적·공간적 조직으로서의 인간 사회와 자연 배경과의 관계를 다룬다. 공동체, 교역, 낙농, 노동, 역사, 상업, 산업 지역 등 국경을 넘나드는 지역은 살아 있는 지역(living area)의 부수적 변수다. 입지, 공간, 경계 모두를 포괄하는 개념이 생활공간이다. 생활공간은 살아있는 유기체와 같이 「발전하고자 하는 지리적 영역」이다.'라고 했다. 라첼의 이러한 논리를 공간적 국가유기체설(Spatial state organic theory)로 정의하기도 한다.

라첼은 자연환경과 인간과의 관계 규명에 집중했다. '인간은 동태적인 존재다. 인간의 동태적 활동의 누적이 역사다. 동태적 운동의 방향은 자연환경에 의하여 지향되고, 결정된다.'고 주장했다. 라첼의 논리는 '환경에 대한 적응으로 나타나는 변화가 누적되어 변종이 생긴다.'는 다윈의 진화론과 모리츠 와그너의 이동이론에 기반을 두었다고 평가됐다. 환경을 강조한 라첼의 논리를 환경결정론으로 설명하는 경우가 있다.

라첼은 생활공간론을 주창하면서 국가와 도시 연구에서 **지리**, **역사**, **산업**, **문화**의 주제와 **인종**, **말**, **종교** 등의 패러다임 분석을 중시했음이 확인된다.

여러 지리학자들의 논의

리히트호펜의 지표의 학문(Erdoberflächekunde)

리히트호펜(Ferdinand von Richthofen, 1833-1905)은 독일의 지리학자, 지질학자다. 브레슬라우대, 베를린 훔볼트대에서 지질학을 공부했다. 1886년 베를린 프리드리히 빌헬름 대학교에서 지리학 박사학위를 취득했다.[25]

1883-1886년 라이프치히대, 1886-1905년 베를린대 지리학 교수를 역임했다. 베를린대에서 「지리학 콜로키움」을 설립해 전문 지리학자를 양성했다. 독일 지리학자 라첼, 헤트너, 슐뤼터, 스웨덴 지리학자 스벤 헤딘 등이 콜로키움에서 연구했다.그림 1.9

1856-1860년에 알프스(티롤), 카르파티아(트란실바니아) 산맥을, 1860-1862년에 실론(스리랑카), 일본, 포모사(대만), 셀레베스, 자바, 필리핀, 시암(방콕), 버마를, 1862-1868년에 미국 캘리포니아와 시에라네바다를 답사했다. 1868-1872년 사이에 당시 중국의 18개 지역 중 13개 지역을 7차례 답사했다. 답사 지역은 중국 펜허강, 타이위안, 시안, 진링산, 다바산, 청두, 광저우, 루저우, 충칭, 양즈강, 이창, 우한, 난징, 상하이 등이다. 중국을 답사하면서 연구 주제가 지질학에서 지리학으로 바뀌었다.

중국의 답사 결과는 1877-1885년에『중국: 나의 답사의 결과와 그에 따른

그림 1.9 **독일의 페르디난드 폰 리히트호펜과 알프레드 헤트너**

연구』로 출판됐다. 중국 답사에서 조사 연구한 내용을 여러 측면에서 종합한
연구서다. 중국의 지형, 기후, 동식물과 인구 구조, 정착민, 경제, 문화, 석탄
매장량 등을 담았다. 1905년 리히트호펜이 타계한 이후 1912년까지 저작이
계속되어 3권의 책과 2권의 지도집으로 완성됐다. 이 책은 중앙아시아, 화
북, 화남 지역을 다루었다. 중앙아시아의 산맥구조와 그것이 사람에게 미치
는 영향을 분석했다. 리히트호펜은 '지형과 지질을 이해해야 토지의 내외구
조를 알 수 있다. 스텝지역에서 바람이 풍진을 몰고 와서 중국 화북 지방에
황토층(Löss)을 형성한다.'고 주장했다. 이른바 「풍성설」이다.

실크 로드(중국어 絲綢之路)는 BC 114년경부터 15세기 중반까지 유라시아 무역로 네트워크였다. 지명은 중국에서 생산되는 실크 직물의 무역에서 유래됐다. 6,400km가 넘는다. 실크로드는 동서양의 경제적, 문화적, 정치적, 종교적 교류를 촉진시켰다. 1877년 리히트호펜은 실크로드(Seidenstraße, Seidenstraßen)라는 말을 대중화시켰다. 1938년 스웨덴 지리학자 스벤 헤딘이 실크로드(Silk Road) 라는 제목이 들어간 책을 냈다.[26]

리히트호펜은 1883년『오늘날 지리학의 과제와 방법』에서 그의 지리철학을 제시했다. 라이프치히대학 교수 취임 논설이었다. 그는 「지리학은 지표의 학문(Erdoberflächekunde)」이라고 정의했다. 그는 '지리학은 지표 위에서 전개되는 사물과 현상의 인과 관계를 연구 대상으로 삼아야 한다. 지표 위의 사물과 현상의 인식 방법에는 특수지리학과 일반지리학이 있다. 특수지리학의 요체는 코로그라피(Chorography)다. 지표상의 모든 지역은 보다 작은 단위지역의 총체다. 단위지역이나 단위지역 총체로서의 지역을 분석하기 위해서는 관련 자료와 지표를 인식해야 한다. 이는 코로그라피로 정의될 수 있다. 코로그라피의 인문적 예로 인구분포, 인종, 언어, 취락, 산업, 종교, 도로, 산물, 무역 중심지, 국경선, 역사성 등 수없이 많은 주제를 제시할 수 있다. 코로그라피는 기술적(descriptive), 설명적, 백과사전적, 종합적인 속성을 지닌다. 일반지리학의 요체는 코로로기(Chorology)다. 코로로기는 사물과 현상의 지역적 분포를 설명하는 원리다. 지표와 인과론적 상호관계를 이루는 현상에는 형태론적, 물질적, 역학적, 발생학적 측면이 있다. 코로로기는 지표 위의 자연, 인문 현상에 대한 상호관계의 일반 논리를 수립하는 것이다.'고 했다.

리히트호펜의 특수지리학과 일반지리학은 바레니우스의 지리학 연구방법론의 발전된 패러다임으로 이해된다. 오늘날의 관점으로 보면 특수지리학은 지지(regional geography)로, 일반지리학은 계통지리학(systematic geography)으로 변천됐다고 해석된다.

리히트호펜은 동 논설에서 「인간중심의 지리학(Geography of Man)」을 제시했다. 그는 지리학에서 인종과 종족, 인간과 국민, 언어와 종교 등의 주제를 다루어야 한다고 강조했다. 이들 문제를 접근하는 방법은 ① 인종, 언어, 종교의 외양 형태 ② 인종, 언어, 종교의 상호의존성 ③ 인종, 언어, 종교와 지표 현상 간의 인과론적 역학관계 ④ 인종, 언어, 종교의 발생학적 역사적인 발달 과정 분석 등이라고 했다.

리히트호펜은 농업·관개·광물채집·산업·취락은 지리학의 정적요소이며, 교역·상업은 동적요소라고 보았다. 정적 내지 동적 요소는 인간의 물질문화를 이루게 된다고 했다. 지역현상 파악과 지역발전 분석에는 정신문화도 중요한 요소라고 역설했다. 지리학의 중요한 지침 원리는 「지표 위에서 전개되는 각 영역 간의 상호관련성 연구」라고 거듭 강조했다.

리히트호펜은 1886년 『연구답사가지침』을 출판했다. 자연지리학과 지질학을 토대로 야외답사의 기법을 설명한 전문적인 현장 답사 매뉴얼이다. 도로·지도·문헌의 예비선택과 측정, 지도화 문제, 기상 자료의 수집 등을 설명했다. 지표 형성의 요인, 기계적 풍화, 지하수, 유수의 기계적 작용, 해안과 섬, 토양, 암석, 산맥 구조, 유용광물, 지형 유형, 지질 구조 등을 해설했다.

알프레드 헤트너의 지역의 학문(Länderkunde)

헤트너(1859-1941)는 독일의 지리학자다. Alfred Hettner는 전문적 지리학자가 되겠다는 확고한 목표를 갖고 대학에 진학했다. 1877년부터 할레대, 본대, 스트라스부르크대에서 지리학, 인류학, 철학을 공부했다. 1881년 스트라스부르크대에서 칠레와 파타고니아 연구로 박사학위를 취득했다. 1884년부터 라이프치히대에서 리히트호펜과 라첼의 지도로 연구를 계속했다. 유럽을 답사했다. 1882-1914년에 콜롬비아, 칠레, 러시아, 북아프리카, 아시아 등지를 답사했다. 1894-1898년에 라이프치히대 교수, 1899-1928년에 하이델베르크대 교수로 활동했다.[27] 그림 1.9

　헤트너는 1927년에 출판한『지리학, 그의 역사, 본질, 방법』에서 그의 지리철학을 제시했다. 그는 '지리학은 지표의 장소적 차이에 따라 다르게 나타나는 여러 현상의 상호관련성을 연구하는 지역의 학문(Länderkunde)이다. 지역 연구는 개별 단위 지역을 다루는 특수지리학과 각 단위지역에 공통적으로 적용될 수 있는 논리를 밝히는 일반지리학이 있다. 일반지리학에서는 자연현상과 인문현상을 다룬다. 지리학은 지역에서 전개되는 자연현상과 인문현상의 상호작용을 연구한다. 자연현상에는 땅, 물, 공기 등의 영역이 있다. 인간은 지표를 변화시키는 으뜸가는 영역이다. 그러나 인간은 지리학의 목적물이 될 수 없다. 지리학은 각 영역들에 의해 지표 위에서 전개되는 여러 현상의 인과관계를 연구하는 학문이다. 상호작용의 결과는 구체적으로 지역에서 나타난다. 따라서 지역연구는 그 자체가 지리학의 영역이 되는 것이다.'고 했다. 예를 들어 대륙, 국가, 지역 등 단위지역에서 전개되는 자연현상과 인문현상 내용을 연구하는 것이 지리학이라는 주장이다. 그는 '지역을 파악하고 지역구분을 행하기 위해서는 먼저 그 지역의 자연적 특성을 밝혀야 한다. 그런 연후에 인간생활에 미친 자연의 영향 내용을 살펴야 한다. 자연과 인간을 동등하게 보고 동가치적으로 양자의 상호작용을 고찰해야 한다.'고 했다.

헤트너의 논리는 필연적으로 땅과 사람의 상호작용해 의해 나타나는 지역연구로 이어진다. 이는 「지인상관론(地人相關論)」, 「인간과 자연의 교호작용론」, 「지리적 인과론」으로 정리된다. 헤트너의 지역론은 상당한 지지(地誌) 연구 결과로 이어졌다. 헤트너는 『지지의 기초』(1907-1924), 『비교지지』(1933-1935, 전4권), 『러시아』(1905), 『영국의 세계 지배와 전쟁』(1915), 『대륙의 표면형태』(1921, 1928), 『지표위에서의 문화 확산』(1928, 1929), 『지리학 입문』(1949, 전11권) 등을 출판했다. 헤트너는 여러 지역 연구에서 지리, 역사, 언어, 문화, 지도 등의 내용을 심도있게 다루었다. 헤트너의 지리철학은 미국의 칼 사우어, 리차드 하트손 등에게 영향을 미쳤다. 1895년에는 『지리학잡지 Geographische Zeitschrift』를 창간했다. 시사적인 정치, 경제 문제에 대해 지리학적 해석을 게재하는 잡지다.

슐뤼터(Otto Schlüter, 1872-1959)는 독일의 지리학자다. 할레대, 베를린대에서 지리학, 지질학, 독일사를 공부했다. 할레대에서 『531년에 있었던 운스트루트(Unstrut) 전투가 탈레스(Thales) 취락 변화에 미친 영향』을 연구해 박사학위를 취득했다. 1911년부터 할레대 지리학 교수로 활동했다.[28]

슐뤼터의 지리철학은 대표저서 『초기 역사시대 중부유럽의 취락지역』(1952, 1953, 1958, 전3권)에 나타나 있다. 그는 중부 독일지도를 제작하면서 500년대의 독일 취락의 지리적 변화가 중요하다는 것을 알게 됐다. 슐뤼터는 지명, 선사유적, 역사적 기록 등을 과학적으로 연구해 중부유럽 취락 경관의 실체를 밝혀냈다. 제1권에서 취락연구의 방법론을 제시한 후, 제2권과 제3권에서 취락의 지역 변화를 분석했다.

슐뤼터가 제시한 지리철학은 경관론(景觀論, Landschaftstheorie)이다. 그는 '지리학의 연구대상은 형상적이고 시각적인 경관에 초점을 맞추어야 한다. 경관은 인간생활의 지리적 분포 현상을 구체적으로 표현한 실체다. 경관 연구에서는 여러 지리적 현상의 범주를 분류하고, 그들의 분포와 상호관계를 규명해야 한다. 역사적으로 변화되는 경관 변화과정의 속성을 파악해야 한다. 경관은 자연 경관과 문화 경관으로 나뉜다. 문화 경관의 구조를 규명해 인간의 지역 활동에서 드러나는 반복원리와 일반원리를 찾아야 한다. 지역 연구는 형태 분류를 통해 경관을 묘사하고, 경관 요소의 기원·기능·집단화를 다루어야 한다. 인간의 경관 형성 활동은 형태론적, 심리적, 발달사적 관점에서 접근할 수 있다. 경관 연구에서는 밖으로 드러나는 외양에 의한 분석방법이 중요하다.'고 했다.

슐뤼터는『인간지리학의 목적』(1906)에서 지리학의 목적은 경관 속에서 확인되는 인간활동의 결과 분석에 있다고 했다. 인간집단의 활동으로 이루어지는 구체적인 결과는 서식처에서 드러난다고 지적했다. 슐뤼터의 경관론은 지역을 구조적으로 분석할 수 있는 이론적 논리를 마련했다고 평가됐다. 그라트만(Gradmann)은 슐뤼터의 취락과 농지 등의 분석 내용을 바탕으로 취락 경관의 분포 원리를 찾아내려 했다. 크리스탈러(Christaller)는 그라트만이 시도했던 경관분포 패턴의 법칙성을 연역적으로 추론해 도시분포패턴의 중심지 이론(Central Place Thory)을 구축했다.

사우어(1889-1975)는 미국의 지리학자다. Carl Ortwin Sauer는 노스웨스턴대, 시카고대에서 지질학, 지리학을 공부했다. 1915년 시카고대에서「미주리 오자크 고원의 지리」를 연구해 박사학위를 취득했다. 1923-1957년 캘리포니아대 버클리 캠퍼스 지리학 교수로 활동했다.[29] 그림 1.10

사우어는 현지 답사와 관찰을 통한 연구를 선호했다. 현지 연구에서 언어의 중요성을 강조했다. 그의 연구 프로그램은 지역 경관, 지역 변화, 지역 문

그림 1.10 **미국의 칼 사우어**

화, 농업과 토종 작물의 발전 등 문화지리학, 농업지리학, 역사지리학 분야에 걸쳐있다. 지리학, 역사학, 인류학과의 연계 연구를 도모했다. 그는 1952년 대표저서『농업의 기원과 분산』을 출간했다.

사우어는 1925년『경관의 형태학 *The Morphology of Landscape*』에서「문화경관론」의 지리학 비전을 제시했다. 그는 '경관은 자연경관과 문화경관으로 나뉜다. 자연경관은 기후, 지표, 토양, 하계망, 광물자원, 바다, 해안, 식생 등의 형태로 존재한다. 시간이 흐르면서 자연경관은 인간활동에 의해 서서히 변형된다. 이러한 변형은 문화과정으로 이해할 수 있다. 문화과정을 통해 나타나는 가시적 형태가 문화경관이다. 문화경관은 인구, 가옥, 경작지, 생산지, 통신, 도로 등으로 구현된다. 문화경관은 이 모든 요소의 유기체적 통합으로 구성된다. 문화경관은 각 지역마다 다른 특성을 지닌다. 문화경관은 지역간의 상호 연계성을 비교 분석함으로써 그 실체를 보다 정확히 파악할 수 있다.'고 했다. 사우어의 패러다임은 헤트너의「지인상관론」의 이론을 수용한 논리로 해석됐다. 사우어는 문화경관론에 입각한 다수의 연구를 수행해「문화지리학」을 정립했다. 사우어의 후학들은 종교, 식생활, 환경문제에 이르기까지 다양한 문화지리학의 주제를 연구했다.

크리스탈러(Walter Christaller, 1893-1969)는 독일의 지리학자다. 하이델베르크 대, 뮌헨대, 에르랑겐대에서 지리학, 철학, 정치경제학을 공부했다. 1932년 에르랑겐대에서『남부독일의 중심지에 대한 연구』로 박사학위를 취득했다. 1933년 독일 예나에서 출판됐다.[30]

크리스탈러는「중심지 이론(Central Place Theory)」을 제시했다. 그의 이론은 연역적 사고체계였다. 1930년대 당시의 귀납적 연구풍토에서는 용이하게 수용되지 않았다. 1950년대 이후 현대지리학의 논의가 연역적으로 변화됐다. 중심지 이론은 설득력있는 논리로 받아들여졌다.

크리스탈러는 '취락의 공간구조는 중심지와 배후지로 나뉜다. 도시는 중심지 기능을 수행한다. 중심지는 배후지에 재화와 서비스를 제공한다. 중심지 기능을 수행하려면 최소한의 인구규모가 있어야 한다. 이를 최소요구치라 한다. 중심지 기능이 수행되는 공간은 육각형 모양으로 구조화된다. 중심지는 시장, 교통, 행정 기능을 수행한다. 중심지 기능은 인구규모에 따라 고차, 저차 중심지로 구성된다. 고차 중심지는 포섭원리에 의해 저차 중심지를 포섭한다. 포섭원리는 K치(値)로 나타낸다. 시장원리는 K=3이다. K=3은 하나의 고차중심지가 배후지 내에 있는 차하의 중심지 3개를 포섭하고 있다는 것을 의미한다. 교통원리는 K=4, 행정원리는 K=7이다.'라고 했다. 크리스탈러의 중심지 이론은 취락의 공간구조를 과학적 방법에 의해 이론화했다는 평가를 받았다. 그가 제시한 모형은 정확히 육각형은 아니나 다각형으로 나타나고 있음이 확인됐다. 중심지이론을 응용한 여러 가지 분석 논리가 개발

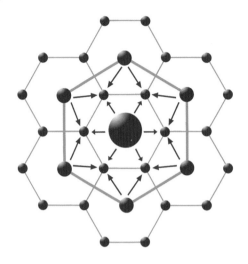

그림 1.11 **독일 크리스탈러 중심지이론의 K=3 시장원리 모형**

됐다. 각 나라의 지역계획에서 중심지이론은 다양하게 활용됐다.그림 1.11

맥킨더(Halford Mackinder, 1861-1947)는 영국의 지리학자, 정치인이다. 옥스퍼드대에서 동물학, 역사학, 지리학을 공부했다. 1883년에 생물학, 1884년에 현대사 학위를 받았다. 1903-1908년/1923-1925년에 런던 정경대 지리학 교수, 1910-1922년에 글래스고 하원의원으로 활동했다. 1899년 케냐를 답사했다. 1902년『영국과 영국해』를 출판했다.[31]

1904년 왕립지리학회에서 "역사의 지리적 중추(Pivot)" 논문을 발표했다. 그는 육지 표면을 ① 아프리카-아시아-유럽 등 서로 연결된 대륙으로 구성된 섬 ② 영국제도-일본 열도-말레이 군도를 포함한 근해 섬 ③ 북아메리카-남아메리카-오세아니아 등 서로 연결된 대륙을 포함한 외딴 섬의 세 개의 구역으로 나누었다. 이 가운데 첫 번째 섬이 가장 크고, 인구가 많으며, 부유하다고 했다. 맥킨더는 볼가강에서 양쯔강까지, 히말라야에서 북극까지 뻗어 있는 구역을 심장부(Heartland)라 했다. 이른바 '세계섬'의 중심으로 보았다. 그는 '동유럽을 지배하는 사람이 심장부를 지배한다. 심장부를 지배하는 사람이 세계섬을 지배한다. 세계섬을 지배하는 사람이 세계를 지배한다.'는 「심장부 이론(Heartland Theory)」을 공식화했다. 1919년 맥킨더는 세계 자원 통제권을 기반으로 자신의 논리를 보완했다. 심장부 이론은 동유럽의 중요성을 강조하는 논리라고 평가됐다.그림 1.12

그림 1.12 **영국의 할포드 맥킨더와 심장부 이론**

맥킨더의 논리에 대해 미국 예일대 국제관계학 교수 스파이크만은 '심장부는 유럽의 잠재적 허브가 되지 않을 것'이라고 가정했다. 왜냐하면 ① 서부 러시아는 당시 농업 사회였고 ② 우랄 산맥 서쪽에서 산업화 기지가 발견됐으며 ③ 운송에 대한 기후 등의 장애물이 북쪽, 동쪽, 남쪽, 남서쪽으로 둘러싸여 있을 뿐만 아니라 ④ 단순한 육상 세력-해상 세력의 구도는 실제로 한 번도 없었기 때문이라 했다. 스파이크만은 유럽 해안지역, 아라비아-중동지역, 아시아 몬순 지역 등의 림랜드(Rimland)가 국제 질서에서 중요하다고 했다. 그는 '림랜드를 지배하는 사람이 유라시아를 지배하고, 유라시아를 지배하는 사람이 세계의 운명을 지배한다.'고 했다.

스탬프(Dudley Stamp, 1898-1966)는 영국의 지리학자다. 킹스 칼리지 런던에서 지질학, 지리학을 공부했다. 1921년 킹스 칼리지 런던에서 이학박사를 취득했다. 1923-1926년에 버마 랑군대, 1923-1958년에 런던대 교수로 활동했다. 1936년 이후 자원봉사자와 함께 영국의 토지 이용 조사를 실시했다. 영국의 토지 이용 계획과 정책은 스탬프의 토지 이용 조사와 분석에 기초해 진행됐다. 1960년 스탬프의 토지 이용 조사 방법에 기반해 제2차 토지

조사가 이뤄졌다.[32]

바이벨(Leo Waibel, 1888-1951)은 독일의 지리학자다. 1907년 이후 하이델베르크대, 베를린대에서 동물학, 식물학, 지리학을 공부했다. 1913년 박사학위를 취득했다. 1922-1928년에 킬대, 1929-1937년에 본대 지리학 교수로 활동했다. 1939년 독일의 국가사회주의를 피해 미국으로 이주했다. 1941-1946년에 미국 위스콘신대 메디슨 캠퍼스 교수로 활동했다. 1951년 본대 교수로 복직했다.[33]

바이벨은 1911-1912년에 중앙 아프리카 카메룬을, 1913년에 남서 아프리카를 답사했다. 남아프리카에서 전쟁 포로로 잡혀 1919년까지 억류된 적이 있다. 교수로 재직하면서 중앙 아메리카 열대 지방(1937), 미국, 브라질 등지를 답사했다.

바이벨은 1933년 『농업지리학의 과제』를 출판했다. 그는 라틴 아메리카의 농업 식민지화와 개척자 정착지에 관한 문제를 중점적으로 연구했다. 바이벨은 '모든 인간의 거주지역은 특별한 경제경관을 가지고 있다. 경제경관은 개방경제 단위인 경영형태의 성격과 생산의 목적의지에 따라 결정된다. 농업경관과 형태는 독자적인 농업경영양식과 실체를 지니는 농업지역을 구축한다. 농업경관과 형태는 농업경영양식과 경작작물과 관련을 맺는다.'고 했다. 바이벨은 농업지리학에 경제형성의 논리를 도입했다고 평가됐다.

보벡(Hans Bobek, 1903-1990)은 오스트리아의 지리학자다. 인스부르크대, 베를린대에서 지리학을 공부하고 연구했다. 1951-1971년에 비엔나대 교수로 활동했다. 사회지리학 분야에 집중했다.[34]

보벡은 1928년 오스트리아 인스부르크시(市) 연구 논문을 발표했다. 그는 '도시는 건축물의 집합체가 아니라, 도시생활이 공간적으로 펼쳐지는 장소'

라 했다. 1955년「역사시대를 통해서 나타난 기후변화와 그것이 이란의 경관 생태에 미친 영향」을 발표했다. 1959년「지리학적 관점에서 본 사회경제 변천의 주요 단계」를 발표했다.

보벡은 1934년, 1936년, 1937년, 1956년, 1958-1959년 사이에 이란을 답사했다. 이란을 중심으로 한 오리엔트 문화권과 서부 독일 문화권을 대조 비교 했다. 인간집단에 영향을 미치는 사회적 힘의 역할을 연구했다. 지리학의 사회에의 적용과 지리학적 관점에서 도시공간과 생태학적 요인을 분석했다.

보벡은 '인간집단의 지역연구는 지리사회적 구조, 상호간의 영향, 생산에의 영향, 취락집단양식에의 영향 등에 초점을 맞추어야 한다. 사회지리학은 총체적으로 짜여진 지리학적 구조 속에 나타난 인간적 요소를 다루는 분야다. 사회지리학은 공간구조인 사회집단(Lebensformgruppen)의 인류발생학적 힘, 기원, 변천, 영향 등의 주제를 다룬다. 사회적 힘은 개발지역에서 두드러지게 나타난다.'고 했다.

보벡은 인류의 경제·사회적 발전 단계를 문화단계이론(Kulturstufentheorie)으로 제시했다. 문화 단계는 여섯 단계로 나누었다. ① 채집 단계(천연 식품을 사용하여 인간이 자연에 적응) ② 전문 수집가, 수렵인, 어부 단계(전문화, 분업, 비축 시작) ③ 씨족농업과 목축유목 단계(계획식량생산, 축산) ④ 계층적으로 조직된 농업사회의 수준(계급사회, 종속농민) ⑤ 임대자본주의 단계(오래된 도시화의 임차인 자본주의) ⑥ 생산적 자본주의 단계(산업사회와 젊은 도시 시스템) 등이다.

다섯 번째 단계인 농촌과 도시의 상호 작용에 관한 그의 이론은 임대자본주의(Rentenkapitalismus)로 설명된다. 임대자본주의는 소유자가 토지 관리를 위해 수확량의 상당 부분을 임차인에게 맡기는 경제시스템을 말한다. 토지 소유자의 소득 지분인 임차료는 재투자되지 않는다. 임차인은 투자를 할 수 없고, 토양 보전 조치에 거의 관심을 갖지 않는다. 예를 들어, 오아시스 토지의 상당 부분은 도시에 살고 농업에 관심이 없는 부유한 가족이 소유하고 있다. 그들은 농부들에게 밭을 임대하고 그들의 이익을 삭감한다. 종종 종자, 가축, 농업 장비도 임대한다. 각각의 임대 생산 요소에 대한 비용은 수확량의 일정 분량으로 지불된다.

블레이(Harm de Blij, 1935-2014)는 네덜란드 출신의 미국 지리학자다. 유럽에서 조기 교육을, 아프리카에서 대학 교육을 받았다. 1959년 노스웨스턴대에서 박사학위를 취득했다. 미시간 주립대학교 지리학 교수로 활동했다. 『왜 지금 지리학인가 *Why Geography Matters*』(2012)를 포함한 30권 이상의 책을 출판했다. 100편이 넘는 기사를 썼다. 텔레비전 방송 ABC의 「Good Morning America」의 지리 편집자였다. 『*National Geographic*』잡지의 편집자였다. 지리학을 널리 알리는 대중화에 기여했다.[35]

다이아몬드(Jared Diamond, 1937-)는 미국의 지리학자, 과학자, 논픽션 작가다. 다이아몬드는 러시아 이름 「뒤마인」의 영어식 표현이다. 뒤마인은 '영혼'을 뜻한다. 하버드대에서 생화학, 인류학, 역사학 등을 공부했다. 1958년 졸업했다. 1961년 케임브리지대에서 생리학과 생물물리학을 연구해 박사학위를 취득했다. 1968년 UCLA 생리학 교수가 됐다. 1964년부터 뉴기니 인근섬에서 조류를 분석했다. 관심 분야를 넓혀 지리, 환경, 생태, 진화생물, 문화인류 등을 연구했다. 라틴어 등 수개 언어를 익혔다. 그는 UCLA 지리학 교수가 됐다. 2019년 **대한민국**을 7번째 방문했다. 2021년 **대한민국** 성균관대 석좌교수로 임명됐다.[36]

그는 『총, 균, 쇠』(1997), 『붕괴』(2005), 『어제까지의 세계』(2012), 『격변』

(2019), 『대변동』(2020) 등 문명에 관한 저서를 출판했다.

『총, 균, 쇠』는 「지리적 요인이 각 문명들의 기술력과 문화 수준의 격차를 가져왔다」는 논리를 담고 있다. 그는 '문명 발달 과정에서 지리적, 기후적인 차이는 식량의 생산량의 격차를 가져왔다. 이러한 격차는 생존이나 종족 번식 등의 과정을 통해 각 지역의 문명발달 수준을 벌어지게 했다. 경제력이나 문명발달 수준은 지리, 기후 등의 환경적인 요인에 의해 차별화된다.'고 주장했다. 인종적, 선천적 능력의 차이가 문명발달의 수준에 영향을 미치지 않는다는 설명이다.

그는 '폴리네시아 역사에서는 인간 사회의 다양성이 나타난다. 각 인간사회 간 다양한 수준은 지리적, 환경적 차이로 식량 생산능력의 차별화가 나타났기 때문이다. 식량생산의 차별화은 그곳에 사는 사람들의 능력에 영향을 미친다. 예를 들어 파푸아뉴기니의 원주민은 돌도끼를 쓰는 석기시대 수준이나, 그 아들은 현대교육을 받아 비행기 조종사가 됐다. 이는 원시 부족사회 인간이라도 유전적으로 열등하지 않으며, 기회와 환경만 주어진다면 문명사회와 그 이상의 능력을 발휘할 수 있음을 보여주는 사례다.'라고 설명했다.

다이아몬드는 '서아시아 등지에서 식량생산을 위한 품종관리와 가축화가 이뤄졌다. 식량생산 양식은 동서축으로 이어진 유럽에 전파됐다. 유럽은 식량 생산력이 늘면서 인구도 늘어났다. 늘어나는 인구와 식량생산 등을 체계적으로 관리하는 정치제도로 국가와 제국이 등장했다. 제국은 아메리카, 대양주, 이프리카 등 해외로 진출했다. 식량생산을 위해 활용했던 총과 칼이 사용됐다. 유럽인은 식량생산 중 발생한 질병 균에 강한 면역력이 생겼다. 그러나 해외영토의 원주민은 총, 균, 쇠에 무방비로 노출됐다. 유럽인의 해외영토 진출은 총, 균, 쇠에 의한 것이지, 유전적으로 선천적인 인종의 우수성에 의한 것이라고 할 수 없다. 중국, 오스트로네시아어족, 반투어족, 남북 아메리카의 원주민 등의 문명 발달 수준은 지리적, 환경적, 기후적 관계에서 논의할 때 그 실체가 드러난다.'고 했다.

그는 '유라시아에서 유럽이 우위에 선 이유는 지리학적이다. 서아시아는 위도의 특성상 환경이 훼손되면 되돌릴 수가 없다. 중국은 지리적으로 통합되어 있어서 혁신에 제약을 받을 수 있었다. 유럽은 복잡한 지형으로 나뉘어 있다. 유럽 전 대륙을 통합해 혁신을 도모할 수 있는 환경이 아니었다. 이러한 지리적 환경으로 유럽 각 지역은 내적 경쟁을 통해 발전을 추진했다.'고 했다.

다이아몬드는 『총, 균, 쇠』와 『대변동』 서문에서 **대한민국**을 거론했다. 그는 '한반도는 지형이 남북으로 좁고 길다. 천연 장벽으로 서해가 놓여 있다. 북쪽 지방은 추운 날씨다. 이러한 지리적 특성은 중국과 떨어져 독립을 유지하는 데 도움을 주었다. 한국의 중앙집권 관료제는 단일 정체성을 유지하게 했다. 한글은 독창성이 있다. 한글은 기호, 배합 등 효율성에서 두드러지게 돋보인다. 한글은 세계에서 가장 합리적인 문자다. 한글은 한국인의 천재성에 대한 위대한 기념비다. 한글을 창제한 세종대왕은 위대하다.'고 했다.

이상에서 고찰한 여러 지리학자들의 논의에서 **지리, 역사, 경제, 문화**의 주제와 **말, 먹거리 산업, 종교**의 패러다임이 서로 관련을 맺으면서 밀도있게 다루고 있음이 확인된다.

1.2 현대지리학적 논의

땅은 지리학의 영원한 연구대상이다. 땅은 지역, 장소, 공간, 환경 등으로 표현된다. 인간은 시대에 흐름에 맞추어 땅에 의미를 부여하고 여러 가지 연구 방법론을 제시한다. 땅은 처음부터 지금까지 있던 그 자리에 한결같이 자리 잡고 있다. 땅은 자기에게 다가오는 인간들과의 관계를 통해 꾸준히 자신의 정체성을 바꾼다. 땅의 이치를 따지는 학문인 지리학은 자연스럽게 땅에 대한 접근방법상의 차이를 보이게 된다. 오랜 세월에 걸쳐 지역 접근 방법론은 상이함과 다양성을 드러내면서 발전해 왔다.[37]

지역연구 방법론의 발전과정상에서 1950년은 현대 지리학의 분기점이다. 1950년 이전의 지리학은 전통지리학이다. 개성기술적인 측면을 중시했다. 1950년 이후의 지리학은 현대 지리학이다. 법칙정립적인 요소를 강조하고 있다. 전통지리학과 현대지리학은 계승적 발전과정을 거치며 서로 보완적 상호연관성을 지닌다.

지리학의 여러 패러다임은 생성, 발전, 소멸되는 과정을 거친다. 때로는 특정한 패러다임을 위해 집요한 집념을 보여주는 지리학자들이 나타난다. 이러한 패러다임은 힘찬 생명력을 공급받으며 지탱하고 성장한다. 지리학이 가져다 주는 활력이자 묘미다.

1950년대 이후 새롭게 개발된 현대지리학의 흐름은 대체로 세 가지 패러다임이다. 실증주의 지리학, 인간주의 지리학, 정치경제학적 지리학이다. 이러한 세 가지 주요 패러다임이 큰 물줄기를 이루는 가운데 또다른 개별적인 물줄기가 합류되어 도도히 현대지리학의 사조를 이끌고 있다.[38]

실증주의 지리학

전통적으로 행해왔던 지역연구 방법론과 새롭게 대두된 실증주의 지리학 간의 뜨거운 논쟁이 현대 지리학 발달을 점화시켰다. 미국 아이오와대 지리학자 **쉐퍼**(Fred Schaefer, 1904-1953)는 논쟁의 불을 붙였다. 쉐퍼는 1953년 유작(遺作)으로 발표되어 많은 지리학자들에게 회자되는 논문 "지리학에서의 예외주의: 방법론적 검토"를 발표했다. 그는 당시 지역연구의 논리적 기반이었던 **하트숀**(Richard Hartshorne, 1899-1992)의 「지역주의 방법론」을 통렬히 비판했다. 쉐퍼는 하트숀이 지역연구상의 법칙추구적 속성을 무시했다고 포문을 열었다. 하트숀이 지역 연구에서 예외주의적 특성에만 매달려 지리학의 과학화를 외면했다고 비난했다.[39] 쉐퍼는 대안으로 지리학의 법칙화, 이론화, 과학화를 주장했다. 그의 논리는 열렬한 추종자들에 의해 개화됐다. 아이오와대 그룹은 신고전 경제학의 연구방법론을 원용해 입지의 분포와 패턴을 분석했다. 위스콘신대 그룹은 계량적 기법을 활용해 지역을 해석했다. 워싱턴대 그룹은 통계적 방법을 이용해 도시경제 현상을 연구했다. 사회물리학 그룹은 자연과학의 연구방법론을 적용해 공간현상을 분석했다. 이들 4개 연구집단은 공히 지리학의 계량화를 선도하고 나섰다. 계량화의 연구 흐름은 1950년대의 법칙정립적인 접근과 상승 작용을 일으켜 지리학을 계량혁명의 시대로 유도했다. 지리학의 계량화는 논리실증주의와 접목됐다. 논리실증주의는 가설을 설정하고, 실증적 검증을 거쳐, 일반화 내지 법칙화할 수 있는 이론을 도출하는 철학 사조다. 논리실증주의와 결합된 연구방법론은 **실증주의 지리학**(positivist geography)으로 견고하게 자리잡았다.

1960년대에 이르러 실증주의 지리학은 공간에서의 법칙성을 밝혀 내려는 **공간론**으로 발전했다. 공간론에서는 공간과 공간 간의 관계변화를 중시했다. 거리와 인간행동과의 공간적인 측면이 연구됐다. 하게트(Haggett)는 공간배열에 영향을 미치는 최대변수는 거리라고 주장했다. 모릴은 공간 내 사람들의 행동은 거리, 접근성 등의 질적 측면에서 나타난다고 강조했다.

1960년대 중반 이후 실증주의 지리학은 내부로부터 자성이 나왔다. 실증주의 지리학의 각종 모형은 현실 설명에 부적절하며 사회 공간조직 이해에 적합하지 못한 점이 있다고 자성했다. 이러한 자성은 체계론과 행태론으로 발전했다. **체계론**은 통합과학적 관점을 취했다. 촐리(Chorley)는 체계와 환경과의 관련성이 체계론의 요체라고 주장했다. 윌슨(Wilson)은 흐름 매트릭스에 의한 엔트로피 개념으로 도시 내 교통체계 분석이 가능하다고 설명했다.

행태론에서는 공간적 행동에 많은 관심을 기울였다. 월포트는 인간행태의 사회심리적 메커니즘을 중시했다. 굴드(Gould)는 공간인지가 파악된다는 심상지도 개념을 제시했다. 해거스트란드(Torsten Hägerstrand, 1916-2004)는 인접효과와 계층효과 등의 쇄신의 공간확산에 주목해 쇄신의 수용을 예측하는 공간확산론을 제시했다. 그는 시간과 공간 개념을 접목시켜 시간지리학의 논리를 펼쳤다.[40]

대체로 공간론 연구자들은 신고전 경제학파로부터 영향을 받았다. 행태론 연구자들은 사회학·심리학 등의 사회과학으로부터 시사를 받았다. 실증주의 지리학에서는 공간론, 체계론, 행태론 등이 주류를 형성하고 있다. 실증주의 지리학의 연구 주제는 중심지이론, 산업입지론, 도시 사회지구 분석 등 경제, 도시, 사회, 교통지리학 분야다.

인간주의 지리학

1970년 이전에 실증주의 지리학에 대한 대안적 방법론이 제기됐다. 라이트는 주관적 관점을 중시하는 지(地)관념론을 주장했다. 로웬탈은 개인적인 지각은 각 개인에게 독창적인 요소를 제공하게 된다고 했다.

   1970년대에 들어서 일단의 연구자들은 인간은 독특한 개성을 지녔기 때문에 인간주의적 관점에서 지리학을 연구해야 한다는 논리를 폈다. 이러한 논리는 **인간주의 지리학**(humanistic geography)으로 발전됐다. 인간주의 지리학의 방법론은 현상학, 관념론, 실존주의, 해석학 등에 기반을 두었다. **투안**(Yi-Fu Tuan, 段義孚, 1930-2022)은 지리학이란 인간존재와 인간들의 노력의 결정을 보여주는 거울이라고 규정했다. 그는 경관 연구를 강조했다. 투안은 **현상학**적 관점에서 장소애(topophilia) 개념을 주창했다. 장소애는 자연에 대한 인간의 사랑을 함축하는 지리학의 핵심 주제다. 장소애는 인간세계의 본질을 탐구하게 한다고 했다. 그는 예술적 아름다움으로 인간의 이해에 도달하려는 인간학으로서의 지리학을 강조했다.[41] 그림 1.13

   겔키는 **관념론**적 연구방법을 적용해 인간 활동의 역사지리학을 연구해야 한다고 했다. **실존주의**적 접근에서는 인간이 지닌 감정 감각을 통해 실제 세계를 이해하는 방법에 초점을 맞추었다. **해석학**적 관점에서는 행동에서 의

그림 1.13 **미국의 이푸 투안과 영국의 데이비드 하비**

미를 파악하고 관찰로 지리적 현상을 해석해 현상의 본질적 의미를 찾아야
한다고 주장했다.

인간주의 지리학의 연구주제는 역사지리학, 시공지리학, 경관, 장소, 인
간, 문학, 일상생활, 생활의 질 등의 분야에 집중됐다. 주관적 사유의 귀중함
을 강조하는 지리학 영역이다.

정치경제학적 지리학

한편 1970년 이후 경제적 불확실성, 사회적 불평등, 자연환경의 훼손 등의
사회적 변화가 나타났다. 지리학의 연구대상과 목적에 대한 새로운 각성이

대두됐다. 젤린스키는 지리학자들이 성장에서 소외된 여러 가지 문제점들을 새롭게 인식해야 한다고 주장했다. 긴즈버그는 지리학자들이 현실문제에 직시해야 한다고 했다. 이러한 논리는 현실참여 논의로 발전했다. 지리학자들은 진취적인 자세로 현실적인 사회문제에 합리적인 해결방안을 제시해 주어야 한다는 방향으로 수렴됐다.

지리학자들의 사회문제 참여는 점진론과 급진론의 두 갈래로 전개됐다. **점진론**은 민주적 자본주의 체제 아래 문제해결을 시도하려는 입장이었다. **급진론**은 마르크시즘과 사회주의 철학으로 지리학 역할의 구조적인 재정립을 주장했다. 포크는 마르크시즘에 입각한 지리학 연구방법으로 해결책을 모색해야 한다고 주장했다.

하비(David Harvey, 1935-)는 마르크시즘에 입각한 정치경제학적 지리학을 주도했다. 하비는 마르크시즘은 인간의 생산수단 방법, 자본주의 생산구조, 자본주의 체제의 불균형을 극복할 수 있는 대안이라고 주장했다. 그는 '도시화는 산업자본의 생산물에 대한 수요를 창출한다. 투자는 노동력의 재생산을 도모한다. 재생산은 3단계 순환과정을 거친다. 1회의 기간에 상품이 생산되고 소비되는 1차적 순환과정이 전개된다. 이 때 잉여가치의 자본축적이 이뤄진다. 과잉생산, 잉여자본 등을 해결하기 위해 자본의 2차적 순환과정이 펼쳐진다. 잉여가치를 극대화하려고 교통, 주택, 공공설비 등의 하부구조가 구축된다. 하부구조에 대한 투자로 건조환경이 조성되고 도시화가 전개된다. 자본은 축적을 위한 3차 순환과정을 진행한다. 과학적, 기술적, 군사적, 사회적 부문에 대한 투자가 유도된다. 이상의 도시화 3단계 순환과정을 통해 자본축적의 물질적 하부구조가 창출되는 과정을 파악할 수 있다.'고 했다.[42] 그림 1.13

이들은 실증주의 지리학의 대안으로 마르크시즘의 전통에 기초한 **정치경제학적 지리학**의 패러다임을 구축했다. 정치경제학적 지리학은 1980년 이후 대두된 사회와 공간 문제에 대해 이론적 대응을 시도했다. 세계적 경기침체의 심화, 냉전체제의 종식, 포스트 사회의 도래 등을 논의하고 있다. 정치경제학적 지리학은 구조주의 마르크시즘, 노동의 공간분화론, 세계체제론 등의 논리체계를 제시했다. 카스텔은 알튀세르의 구조주의적 인식론과 풀란차스의 국가론을 원용했다. 그는 '도시공간의 위기는 정치체계 내에서의 모순의 표출로 나타난다. 이러한 모순은 경제적 구조에 의해 풀어내야 한다.'고 했다. 매시는 노동의 공간분화론으로 서구 산업국가에서 나타나는 구산업지역의 쇠퇴와 제조업의 입지변동을 설명했다.

정치경제학적 지리학은 구조화이론, 실재론, 포스트모더니즘, 신 지역연구 방법론, 지역불균등 발전론, 신 지역지리학 등 다양한 분야에 걸쳐 방법론을 제기하고 있다.

대체로 현대지리학의 연구방법론은 인문지리학 분야에서 활발히 논의되고 있다. 현대지리학의 연구방법론은 실증주의 지리학이 주축을 이루면서 인간주의 지리학과 정치경제학적 지리학의 방법론이 함께 공존한다. 이들 방법론은 모두 지리적 지식의 통합체에 공헌하려는 것을 목적으로 한다.

현대지리학의 연구 분야

땅에 대한 현대지리학의 연구는 계통지리학(systematic geography)과 지역지리학(regional geogtaphy)의 두 갈래로 나누어 진행되고 있다. 계통지리학은 전통지리학에서 논의되어 온 일반지리학의 발전적 패러다임이다. 계통지리학은 자연지리학과 인문지리학으로 구분된다. 자연지리학(physical geography)은 자연과 환경 내용을 탐구한다. 지형, 기후, 환경, 식생, 토양, 수문, 식물 등의 분야를 집중적으로 연구한다. 인문지리학(human geography)은 인간과 공간 내용을 탐구한다. 역사, 경제, 문화, 언어, 종교, 사회, 정치, 도시, 촌락, 토지관리 등의 분야를 중점적으로 연구한다. 지리학의 연구기법으로 지도학, 지리정보시스템(GIS, Geographical Information Systems), 원격탐사(RS, Remote Sensing), 범지구위치결정시스템(GPS, Global Positioning Systems) 등의 기법이 활용되고 있다.

전통지리학과 현대지리학 공히 **지리, 역사, 경제, 문화**의 주제와 **말, 먹거리 산업, 종교**의 패러다임이 함께 논의되고 있음이 확인된다.

1.3 여러 분야에서의 논의

지역, 역사, 경제, 문화의 주제와 **말, 먹거리 산업, 종교**의 패러다임은 여러 분야에서 서로 상호 연관성을 이루며 다양하게 논의되고 있다. 여기에서는 칼뱅, 아담 스미스, 알프레드 마샬, 막스 베버, 아놀드 토인비, 사무엘 헌팅턴, 에베네저 하워드와 여러 문명론에 대해 고찰해 보기로 한다.

여러 분야에서 **개신교**와 관련된 논의가 적지 않다. 장 칼뱅은 개신교 논리를 집대성했다. **칼뱅**(Jean Calvin, 1509-1564)은 프랑스출신의 개혁주의 신학자, 종교개혁가다. 스위스 제네바와 프랑스 스트라스부르에서 목회자로 활동했다. 파리대 인문학부 몽테귀 대학, 오를레앙 대학, 포르테 대학에서 공부했다. 하나님을 위해 신학을, 아버지를 위해 법학을, 자신을 위해 인문학을 공부했다고 토로했다. 칼뱅주의 신학을 구축했다. 마르틴 루터, 울리히 츠빙글리가 시작한 종교 개혁을 완성시켰다는 평가를 받았다. 1533년 칼뱅은 로마 가톨릭교회의 개혁 필요성을 주장한 파리대 학장 콥의 취임사를 작성했다. 취임사 연설문은 종교개혁으로 간주되어 박해가 예상됐다. 칼뱅은 종교 박해를 피해 파리 남부 생통주로 피신했다. 1535년 칼뱅은 스트라스부르를 거쳐 바젤로 이동했다. 1536년에 스위스 제네바 생 피에르 교회에서 목회 활동을 시작했다. 당시 제네바 인구는 10,000명 정도였다. 1538년 성찬식 무교병 논쟁으로 제네바에서 스트라스부르로 이동하게 됐다. 1541년 제네바로 다시 귀환했다. 1564년까지 2,000회 이상 설교했다. 1559년 문법 등을 가르치는 소년예비학교 콜레주와 고등교육기관 아카데미를 세웠다. 아카데미는 제네바대학교로 발전했다. 1541년 칼뱅은 장식용 물건 착용을 금지했다. 제네바의 금세공인과 보석상들은 다른 분야로 방향을 돌렸다. 제네바는 일찍부터 세공업에 대한 우수성을 인정받은 터였다. 1601년 세계 최초로 제네바 시계공 조합이 설립됐다. 결과론적으로 칼뱅이 스위스 시계 산업을 촉진시켰다고 설명한다.[43]

칼뱅의 대표작은 1559년에 출판한『기독교 강요 *Institutio Christianae Religionis*』다. 1533-1534년에 구상했다. 1536년 바젤에서 6장으로 된 초판을 냈다. 1539년 17장의 2판, 1543년 21장의 3판, 1550년 4판, 1559년 80장의 최종판을 출판했다. 1권은 창조주 하나님(18장), 2권은 그리스도를 아는 지식(17장), 3권은 성령을 통한 그리스도의 은혜를 받는 길(25장), 4권은 국가와 교회 (20장) 등 총 80장으로 구성되어 있다. 그는 하나님의 절대주권을 강조했다. 구원은 전적으로 하나님에 의해 주어지는 은혜라 했다.[44] 그림 1.14

칼뱅은 모든 직업이 하나님의 거룩한 부름에 의해 이루어진 소명이라는 직업소명설(vocation calling)을 천명했다. 사회적 신분상 불리한 여건에 있던 사람들에게 평등권 신앙을 설교해 꿈과 희망을 갖게 했다. 특히 상공업 종사자들에게 지지를 받았다. 칼뱅은 '모든 사람을 어떤 위치와 장소로 이끄는 모든 합법적인 직업은 하나님의 부르심으로 이뤄진다. 기독교는「오직 성경, 오직 믿음, 오직 은혜, 오직 그리스도, 오직 하나님께 영광」의 원리에 서있다. 소명은 하나님의 예정, 선택, 섭리, 은총의 결과다. 세상이 창조된 후 인간은 세상이라는 극장 위에 있다. 세상의 모든 것은 사람이 사용하기 위해 만들어졌다. 사람은 깊은 의무를 가지고 하나님께 순종하고 헌신하도록 되

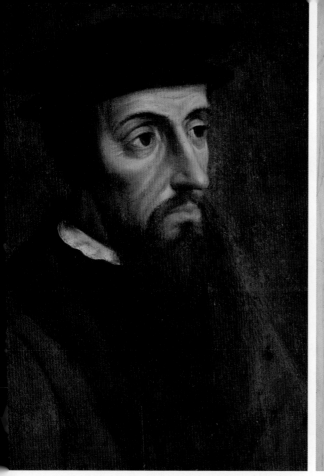

INSTITVTIO CHRI-
ftianæ religionis, in libros qua-
tuor nunc primùm digesta, certisque distincta capitibus, ad aptissimam
methodum : aucta etiam tam magna accessione vt propemodum opus
nouum haberi possit.

IOHANNE CALVINO AVTHORE.

Oliua Roberti Stephani.

GENEVAE.
M. D. LIX.

그림 1.14 **프랑스의 장 칼뱅과 『기독교 강요』**

어 있다. 인간에게는 이해력과 이성이 부여됐다. 더 나은 삶을 묵상할 수도
있다. 하나님의 은혜는 모든 사람에게 동일하게 확장되어 있다. 사람에게 주
어진 일을 하기 위해 금욕, 절주, 검소함, 절제가 필요하다. 사치, 교만, 과시,
허영은 멀리해야 한다. 모든 사람은 하나님 재산의 수탁자다. 그들은 청지기
로서의 자격과 직분을 갖고 있다. 온 세상은 하나님의 지혜, 사랑, 섭리를 드
러내는 하나님 영광의 극장이다. 이 극장에서의 모든 합법적인 활동은 하나
님께서 주신 주권, 지혜, 권위, 선하심, 사랑, 섭리, 공급하심을 나타내는 것

이다. 하나님은 천지를 창조하셨다. 하나님의 신성한 지혜로 모든 피조물을 의도적으로 질서 있게 배열하고 올바른 위치에 적절하게 두셨다. 하나님은 피조물의 각 종류에 맞는 고유한 성격, 직분, 장소, 지위를 부여했다. 피조물은 부여된 지위, 은사, 명령에 따라 업무를 관리하고 직분에 맞게 활동한다. 교황, 추기경, 주교, 신부, 부제, 수도사, 수녀 등 성직자뿐만 아니라, 구두 수선공, 어머니, 은세공인, 우유 짜는 사람, 농부, 굴뚝 청소부, 선원, 교사, 판사, 운전사 등으로 봉사하는 사람 모두 책임감과 투명성을 갖고 직업에 임해야 한다.'고 했다.[45]

경제와 종교와의 관련성은 종교경제학에서 논의되어 왔다.[46] 아담 스미스는 종교에 대한 경제적 분석을 시도했다. 스미스(Adam Smith, 1723-1790)는 영국의 정치경제학자, 윤리철학자다. 글래스고우 대학교수로 활동했다. 경제학의 아버지라 불린다. 1776년『국부의 본질과 원인에 관한 연구 *An Inquiry into the Nature and Causes of the Wealth of Nations*』를 출간했다. 산업 혁명 태동기의 노동 분업, 생산성, 자유 시장 등의 경제 주제를 다루었다. 그는 '경제 체제는 자동적이며, 지속적으로 자유로운 상태에 놓여졌을 때 그 자신을 통제할 수 있다. 자유 경쟁에 의한 자본의 축적과 분업의 발전이 생산력을 상승시켜 모든 사람의 복지를 증대시킨다.'고 주장했다. 스미스는 보이지 않는 손(Invisible hand)에 의한 국부 형성을 설명했다. 그는 '종교 참여는 개인이 인적 자본의 가치를 높이는 합리적인 장치다. 성직자와 기타 종교 서비스 공급자의 행동은 경제적 관점에서 설명될 수 있다. 종교는 다른 경제 부문과 같이 시장의 힘, 인센티브, 경쟁 문제에 영향을 받는다. 종교성은 종교 시장의 규제 정도에 따라 달라진다. 국가가 후원하는 종교가 있는 국가는 종교 회원 수를 늘리기 위해 경쟁해야 하는 국가보다 전반적으로 종교성이 덜할 것

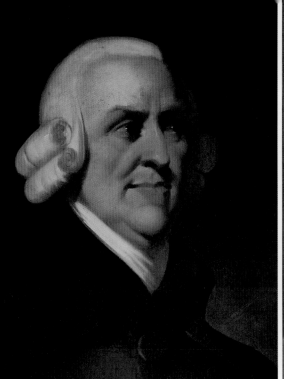

그림 1.15 **영국의 아담 스미스와 알프레드 마샬**

으로 예상된다.'고 했다.그림 1.15

　　마샬(1842-1924)은 영국의 경제학자로 케임브리지대 경제학 교수로 활동
했다. Alfred Marshall은 미시경제학의 아버지라 불린다. 1890년『경제학
원리 *Principles of Economics*』를 출간했다. 수요와 공급, 한계효용, 생산비용 등
의 주제를 다뤘다. 그는 케임브리지대 재직 중에 '사회적 고통에 맞서 싸울
수 있는 차가운 머리(head)와 뜨거운 가슴(heart)을 가진 사람이 필요하다'고
했다. 마샬의 모친은 독실하고 엄격한 복음주의자였다. 그는 자신의 연구실
에 들어오려면 먼저 런던의 빈민굴에 가보라고 했다. 노동자의 삶의 질 개
선에 뜨거운 가슴을 가졌던 마샬은 찬 머리로 대안을 제시했다. 그는 '종교
와 경제는 함께 이루어져야 진정한 삶의 질을 보장할 수 있다. 종교 윤리와
경제 윤리가 조화될 때 국가 경제가 발전했다. 종교와 경제가 조화를 이루

지 못할 때 국가 경제는 침체했다.'고 했다.그림 1.15

　최근의 경제와 종교 연구에서 '다른 사람이 당신에게 해주기를 바라는 대로 다른 사람에게 하라.'는 종교의 도덕적 황금률을 적용하고 있다. 자선, 용서, 정직, 관용과 같은 종교적 가치와 종교 사회 집단의 보완 효과를 비교연구했다. 행동 패턴에 대한 종교의 영향을 실험적 측정으로 표준화해 인과 관계를 확인하는 방법이 응용됐다. 2012년 갤럽 조사에 의하면 국가의 연평균 소득은 국가의 종교 수준과 상관관계가 있다고 했다. 2003년 바로와 맥클리 이리의 연구에 따르면 종교적 행동에서 경제 성장, 범죄율, 제도 개발은 거시경제적 결과로 이어지는 경로가 있다고 했다. 절약, 노동 윤리, 정직, 신뢰를 장려하는 종교적 교리는 경제적 결과에 영향을 미친다고 가정했다. 종교는 사회와 경제에 장기적인 영향을 미친다는 연구도 있다. 예를 들어, 종교 재판이 활발했던 스페인의 지방자치단체들은 오늘날 경제적 성과와 교육 성취도가 낮았다. 이에 반해 독일의 개신교는 오랫동안 교육과 경제적 성과에 영향을 미쳤다. 1870년대-1880년대 프로이센에서 개신교인의 읽고 쓰는 능력이 높았다. 마르틴 루터는 그리스도인들이 스스로 성경을 읽는 것을 선호했기 때문이라고 했다.

　베버(Max Weber, 1864-1920)는 독일의 사회학자, 경제학자, 정치학자, 법률가, 정치가였다.『프로테스탄트 윤리와 자본주의 정신 *Die protestantische Ethik und der 'Geist' des Kapitalismus*』을 출판했다. 이 책은 ① 종교적 소속과 사회적 계층화 ② 자본주의 정신 ③ 루터의 부르심 개념. 조사의 임무 ④ 세속적 금욕주의의 종교적 기초, 칼뱅주의, 경건주의, 감리교, 세례종파 ⑤ 금욕주의와 자본주의 정신 등의 내용으로 구성됐다. 1904-1905년에 걸쳐『사회과학과 사회정책학』에 연재했고 1920년에 간행했다. 1930년 미국의 사회학자 파슨

그림 1.16 독일의 막스 베버와 『프로테스탄트 윤리와 자본주의 정신』

스가 영어로 번역했다.[47] 그림 1.16

베버는 '서구 근대 자본주의의 발생과 근본 정신은 16세기 종교개혁으로 등장한 개신교의 영향을 받았다. 개신교도는 가장 평범한 직업이라도 신성한 부르심에 따른 것이라고 믿었다. 하나님의 축복을 받는 직업으로 위엄을 갖게 된 것이다. 자신의 일에 몸을 굽힌 채 하나님을 찬양하기 위해 모든 노력을 기울이는 구두 수선공의 모습을 예로 들 수 있다. 직업 소명론을 믿는 개신교도는 자신이 구원받았다고 생각했다. 자본주의 정신은 형이상학적인 정신이 아니다. 헌신, 소명, 근검, 절약, 노력, 극기, 규율 등의 도덕적, 영적 정신을 가리킨다. 자본주의 정신의 기원은 윌리엄 패티, 몽테스키외, 헨리 버클, 존 키츠 등 종교 사상가들이 연구한 개신교와 상업주의 발전 논의에서 찾을 수 있다. 개신교 윤리에 따라 많은 사람들은 세속 세계에서 일하고, 자신의 기업을 발전시켰다. 무역에 참여해 부를 축적하고, 재투자를 위해 부를 쌓았다. 부의 축적은 자본주의 진화로 이어졌다. 프로테스탄트 노동 윤리는 계획되지 않고 조정되지 않은 현대 자본주의 출현을 가져온 중요한 힘이었다. 개신교도들이 많은 사회일수록 자본주의 경제가 더 발전했다. 칼뱅주의 개신교에서 이런 현상이 뚜렷하다.'고 했다. 이러한 베버의 논리를 「베버 명제」라고도 한다.

1958년 미국 사회학자 렌스키는 미시간 디트로이트를 사례로 「정치, 경제, 가족 생활에 대한 종교의 영향」에 대해 실증적으로 연구했다. 경제학과 과학과 관련하여 가톨릭교인, 개신교인, 유대인 사이에 상당한 차이가 있음을 밝혀냈다. 이 연구로 베버의 기본 가설이 뒷받침됐다. 렌스키는 '물질적 진보에 대한 개신교의 기여는 특정한 개신교도들의 의도하지 않은 부산물이었다. 1700년대 감리교 창시자 존 웨슬리의 「부지런함과 검소함」이 감리교인들을 부유하게 만든다는 사실을 관찰했다. 웨슬리와 베버가 언급한 것처럼 개신교의 금욕주의와 노동에 대한 헌신이 경제 발전에 기여하는 중요한 행동 패턴이었던 것 같다. 두 가지 모두 자본 축적을 촉진했다. 이는 경제 성장과 발전에 매우 중요했다.'고 논했다. 베버와 렌스키는 '감리교도의 행동은 청교도, 경건주의자와 나아가 성공회, 루터교와도 공유했다.'고 했다. 2017년 앤더슨 등은 기독교 윤리와 경제적 번영의 요소는 종교 개혁 이전에도 있었다고 했다. 영국의 시토회 수도원 지역은 13세기 이후 생산성이 더 빠르게 증가했다. 수도원이 해체된 후에도 문화적 영향은 지속되었다. 근면에 대한 현대적인 태도는 시토회 회원들에게 영향을 미쳐 긍정적 효과를 가져왔다고 했다.

토인비(Arnold Toynbee, 1889-1975)는 영국의 역사가로, 런던대 교수로 활동했다. 1934-1961년 기간에 12권짜리 『역사의 연구 *A Study of History*』를 출판했다. 그는 역사적 기록을 토대로 **세계 문명**의 흥망성쇠를 연구했다. 토인비는 세계 문명을 이집트, 안데스, 수메르, 바빌로니아, 히타이트, 미노아, 인도, 힌두교, 시리아, 그리스, 서부 기독교, 비잔틴 문명, 러시아 정교회, 중국, 한국, 일본, 아랍 이슬람, 이란 이슬람, 마야, 멕시코, 유카텍 등 21개 문명으로 분류했다. 여기에 극서 기독교, 극동 기독교, 스칸디나비아의 '낙태된(abortive) 문명'과 폴리네시아, 에스키모, 유목민, 오스만, 스파르타의 '정지된(arrested) 문명' 등 8개 문명을 추가해 29개 문명으로 정리했다.[48]

토인비는 이 책에서 「도전과 응전」의 문명사관을 주장했다. 그는 그리스, 오스만 제국 등의 **역사**를 연구하다가 「도전과 응전」의 논리를 깨달았다고 회고했다. 토인비는 문명의 생성, 발전, 쇠퇴, 해체의 원리를 「도전과 응전」의 논리로 풀어냈다. 그는 '문명은 어려운 국가, 새로운 땅, 다른 문명의 타격과 압력, 처벌과 같은 도전에 대한 대응으로 탄생한다. 문명은 「도전과 대응」의 지속적인 순환 속에서 성장한다. 성장은 「창조적 소수자」에 의해 주도된다. 창조적 소수자는 도전에 대한 해결책을 찾고, 다른 사람들에게 자신의 혁신적인 선도를 따르도록 영감을 전한다. 대다수 사람들은 모방을 통해 이러한 해결책을 수용한다. 예를 들어, 수메르인들은 신석기 시대 주민들에게 대규모 관개 프로젝트를 수행하도록 유도했다. 그 결과 이라크 남부의 다루기 힘든 늪지대를 농지로 활용했다. 문명은 엘리트 지도자들로 구성된 창조적 소수의 리더십 아래 도전에 성공적으로 대응함으로써 일어선다.'고 했다.

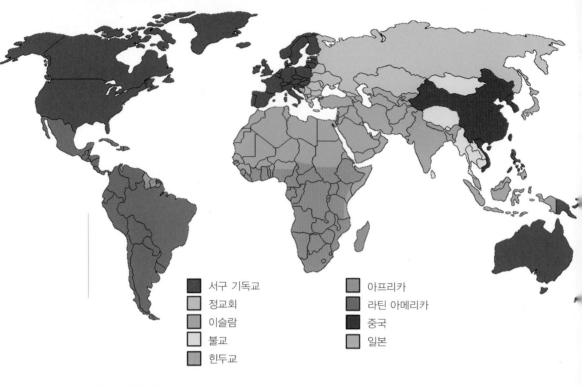

■ 서구 기독교	■ 아프리카
■ 정교회	■ 라틴 아메리카
■ 이슬람	■ 중국
□ 불교	■ 일본
■ 힌두교	

그림 1.17 **미국 사무엘 헌팅턴의 『문명의 충돌』**

헌팅턴(Samuel Huntington, 1927-2008)은 미국의 정치학자로 하버드대 교수로 활동했다. 1996년 『문명의 충돌 *The Clash of Civilizations and the Remaking of World Order*』을 출간했다.[49]

그는 국가 간 무력 충돌이 일어나는 배경은 **전통, 문화, 종교**적 차이 등 **문명 충돌**이라고 주장했다. 이념적 충돌이 아니라고 설명했다. 헌팅턴은 세계의 주요 문명을 ① 서구 문명(서구 기독교) ② 라틴 아메리카 문명 ③ 정교회 문명 ④ 동양 세계의 불교, 이슬람, 힌두, 중국, 일본 문명 ⑤ 중동 서아프리카 북부, 서아시아 일부, 발칸 일부, 동남아 일부 문명 ⑥ 아프리카 문명 ⑦ 에티오피아, 앵글로폰 카리브해 등 외로운 문명 ⑧ 종교 등으로 분열된 국가의 문명 등 8개의 문명으로 나누었다. 이를 좀더 간명하게 서구 기독교, 정교회, 이슬람, 불교, 힌두교, 아프리카, 라틴 아메리카, 중국, 일본 등으로 정리하

여 지도로 표현했다.그림 1.17

　　그는 '냉전 종식 이후 세계적 갈등은 이러한 문명적 분열에서 나타나고 있다. 경제력을 바탕으로 한 중국과 인구증가를 경험하고 근본주의를 주장하는 이슬람 문명이 도전하고 있다. 문명이 충돌하는 이유는 ① 종교, 역사, 언어, 문화, 전통에 따른 문명 간의 차이 ② 교류 증가로 작아지는 세계 ③ 경제 현대화와 사회변화 속에서도 정체성을 유지하는 종교 ④ 문명의식의 성장으로 증폭된 서구와 비서구의 갈등 ⑤ 변경 가능성이 거의 없는 문화적 특성과 차이 ⑥ 심화되는 경제적 지역주의 등 여섯가지다. 서구 문명과 비서구 문명 사이의 갈등이 나타날 때 비서구 국가의 행동은 ① 고립을 시도한다 ② 서구 가치에 동참하고 수용한다 ③ 현대화를 통해 서구 세력과 균형을 맞추려 한다는 세 가지 형태가 나타난다. 국제 사회에서 비서구 문명의 영향력이 커졌다. 문명 간 갈등은 지역 수준에서 충돌하는 단층선 갈등과 주요 국가 사이에서 발생하는 핵심국가 갈등의 두 가지 형태가 있다.'고 했다. 헌팅턴은 서구는 다른 문명의 문화를 이해하여, 서로 다른 문명과 공존하고 결합해 미래 세계를 형성하는 방법을 배워야 한다고 강조했다.

　　하워드(Ebenezer Howard, 1850-1928)는 영국의 도시개혁 운동가다. 속기사, 회사원, 농부, 기자, 의회 기록 사무직원 등으로 일했다. 1871년 미국으로 이주했다. 1871년 시카고 대화재를 목격했다. 삶의 질을 향상시킬 수 있는 방법을 고민하기 시작했다. 1876년 영국으로 돌아왔다. 의회의 기록 사무직원으로 일했다가 의회에서 사회 개혁에 대한 아이디어를 접했다. 전원도시에 대한 영감을 얻게 되었다. 자유사상가, 무정부주의자 등과 교류하며 개혁적인 사상을 심화시켰다.[50] 그림 1.18

　　하워드는 **전원도시**(Garden City) 창시자다. 전원도시는 인간과 사회가 자연

그림 1.18 **영국의 에베네저 하워드와 『내일의 전원도시』**

으로부터 소외되지 않고 조화롭게 공존하자는 유토피아 도시 구상이다. 토
지 공유의 조지주의(Georgism) 영향을 받았다.[51] 1898년 『내일: 진정한 개혁
을 향한 평화로운 길』을 출판했다. 1902년 『내일의 전원도시』로 개명해 개
정판을 냈다. 도시와 사회 개혁에 대한 이론서다. 이 책에서는 먼지, 과밀화,
저임금, 전염병, 유독물질, 탄소가스, 도시빈곤, 배수구가 없는 더러운 골목
길, 통풍이 잘 안되는 가옥, 이웃 간 상호작용 부족 등 당시 산업도시의 폐해
를 염려했다. 자연과 함께 하는 도시 비전을 제시했다. 기회, 즐거움, 좋은 임
금을 주는 도시와 아름다움, 신선한 공기, 낮은 임대료의 혜택을 누리는 국가

의 비전을 제안했다. 계획되고 영구적인 농경지로 둘러싸인 전원도시 네트워크로 사회를 재편하자고 했다. 그는 '전원도시는 도시와 자연의 완벽한 조화다. 도시와 시골이 결합하면 새로운 문명이 발견될 수 있다. 도시는 대체로 독립적이고, 경제적 이해관계가 있는 시민들에 의해 관리된다. 전원도시 건설비는 조지주의 모델의 토지 임대료로 조달할 수 있다. 그들이 건설될 땅은 수탁자 그룹이 소유하고 시민들에게 임대하면 된다.'고 주장했다.

전원도시 주변지역에 폭 3km 이상의 녹지를 두도록 했다. 녹지는 도시 성장을 억제하고, 농경지를 보전하는 용도였다. 그린벨트(Greenbelt)의 모체가 된 개념이다. 전원도시는 도시, 농촌, 도시-농촌 혼재지역의 3개의 말발굽 자석에 비유했다. 3개 지역의 이해득실을 비교한 후 도시와 농촌의 이점을 취하자는 의도였다.

전원도시 면적은 처음에 6,000에이커(24,000,000㎡)로 구상했다. 중앙에서 뻗어나가는 폭 120피트(37m)의 6개의 방사형 대로, 오픈 스페이스, 공공 공원이 있는 동심원 패턴으로 제시했다. 도시중심부의 원형 공간 정원 주변에는 시청, 콘서트홀, 박물관 등 공공건물을 배치했다. 센트럴파크, 크리스탈 팰리스, 그랜드 애버뉴가 차례로 놓였다. 도시의 바깥쪽에는 공장, 창고, 낙농장, 시장, 석탄저장소, 목재저장소 등을 두었다. 전원도시는 자급자족이어야 한다고 했다. 하워드는 58,000명 규모의 중심 도시가 있고, 도로와 철도로 연결된 여러 위성 도시가 있는 도시 클러스터를 구상했다.

하워드는 1903년 런던에서 북쪽으로 56km 떨어진 한적한 시골에 레치워스(Letchworth)라는 첫 번째 전원도시 건설을 시도했다. 런던에서 북쪽으로 기차를 타고 가면 레치워스역에 도착한다. 전원풍의 기차역에는 「세계에서 처음으로 세운 전원도시에 온 것을 환영한다」는 팻말이 있다. 언원과 파

그림 1.19 **영국의 전원도시 레치워스 역사(驛舍)와 하워드 스튜디오**

커는 하워드의 철학을 직접 도면으로 옮겨 레치워스를 설계했다. 이들이 전원도시를 설계하고 작업했던 집은 하워드 스튜디오로 바뀌었다. 스튜디오에는 하워드와 동료들의 작업하는 모습이 밀랍인형으로 만들어져 있다. 전원도시에 관한 풍부한 자료도 비치되어 있다. 레치워스는 가장 비싼 지역인 도심부를 커다란 규모의 녹지와 공원으로 만들었다. 레치워스의 도로는 차량보다 보행자가 주인이다. 대부분의 간선도로는 보행자와 자동차가 엄격하게 분리되어 있다. 교차로는 라운드어바웃(roundabout)의 로터리 형태로 교통 흐름을 원활히 했다.그림 1.19

1919년에는 스와송 등과 함께 런던에서 북쪽으로 32km 떨어진 곳에 두 번째 전원도시인 웰윈(Welwyn) 건설을 착수했다. 웰윈 기차역을 중심으로 오른쪽에는 생산기능을 담당하는 공업지역이 조성되어 있다. 왼쪽에는 주거지역이 위치한다. 웰윈은 레치워스보다 한층 더 성숙된 전원도시의 모습을 보여준다. 웰윈에는 쿨데삭(cul-de-sac)이라는 다양한 형태의 막다른 골목을 만들었다. 웰윈에 거주하는 시민들은 간선도로에서 막다른 골목으로 접어들어 주차한다. 걸어서 집으로 들어간다. 이는 웰윈의 단독주택이 숲에 둘러 싸여 마치 산 속의 저택을 이루고 있는 모습을 연상시킨다. 웰윈에는 녹도축이 조성됐다. 녹도축의 정점에는 반원형의 녹지가 있다. 녹도축 양편으로 주거지가 건설됐다.

하워드의 전원도시 철학은 영국과 전 세계에 영향을 미쳤다 제2차 세계대전 이후 영국은 30개가 넘는 전원도시풍의 뉴타운을 건설했다. 1909년 독일 드레스덴에 헬레라우 전원도시가 조성됐다. 미국에는 보스턴의 우드본, 버지니아의 힐튼 빌리지, 뉴욕의 가든 시티와 퀸스의 서니사이드, 위스콘신의 그린데일, 오하이오의 그린힐스 등이 세워졌다. 캐나다에는 온타리오의 돈 밀스, 브리티시 컬럼비아의 파월강 타운, 노바스코샤의 하이드로스톤 등이 들어섰다. 스웨덴에는 스톡홀름의 브롬마, 쇠드라 윙비가 건설됐다. 호주에는 멜버른의 선샤인 빌리지가 세워졌다. 뉴질랜드에는 크라이스트 처치 건설에 전원도시 개념이 활용됐다. 페루에는 리마의 레지덴셜 산 펠리페가 있다. 브라질에는 상파울루의 자르뎅 아메리카, 고이아스의 고이아니아가 있다.

수도 등 건설에 그린벨트 철학을 반영한 사례는 많다. 인도의 뉴델리, 호주의 캔버라, 필리핀의 케손시티, 베트남의 달랏, 모로코의 아프란, 부탄의 팀푸, 이스라엘의 텔아비브, 남아프리카 케이프타운의 파인랜드, 이탈리아 피렌체의 이소로토, 밀라노의 하라, 벨기에 브뤼셀의 앤트워프와 겐트, 싱가포르 등에 전원도시 철학이 활용됐다.

문명과 기독교의 역할에 대한 논의는 상당하다. 성경의 역사성(historicity)은 성경과 역사의 관계를 다루는 분야다. 성경 구절의 역사적 맥락, 성경 저자가 사건에 부여한 중요성을 고찰한다. 이러한 사건에 대한 설명과 다른 역사적 증거 사이를 대조하고 조사한다. 성경은 오랜 기간에 걸쳐 작성되고 편집된 공동 작업이다. 이런 연유로 성경 전체 내용을 역사성과 일관성의 관점에서 이해하는 일은 용이하지 않다.[52]

서로마 제국의 **문화**는 기독교에 바탕을 두었다. 중세 시대 교회는 로마 제국의 뒤를 이어 유럽을 통합하는 세력이었다. 중세 대성당은 서구 문명이 만들어낸 상징적인 건축적 업적이다. 유럽의 많은 대학은 당시 교회에 의해 설립됐다. 역사가들은 대학과 대성당 학교가 수도원에서 장려하는 학습에 대한 연속이었다고 진단했다. 역사학자 레구트코는 '가톨릭은 서구 문명 구성의 가치, 사상, 과학, 법률, 제도 발전의 중심에 있다.'고 했다.

기독교는 서구 사회의 문명 형성과정에 영향을 미쳐 왔다. 예술, 문화, 과학 등에 영감을 주었다. 미켈란젤로, 레오나르도 다빈치, 라파엘로 등 가톨릭 예술가들의 르네상스 걸작은 예술 작품의 백미다. 비발디, 바흐, 헨델, 모차르트, 하이든, 베토벤, 멘델스존, 리스트, 베르디 등의 기독교 음악은 사랑받는 클래식 음악이다. 1901-2000년의 100년 동안 노벨상 수상자의 65.4%가 기독교와 기독교 관련 신자인 것으로 확인됐다.

기독교는 **경제**, 사회 분야에 걸쳐 철학적 신념을 갖게 했다. 유럽의 생산 방법, 항해, 전쟁 기술의 발전을 촉진했다. 종교개혁으로 프랑스에서 떠난 개신교 위그노들이 새로 이주한 지역의 산업 발전에 기여했다. 프랑스는 1572년 파리 노트르담 성당 앞뜰에서 가톨릭과 개신교가 격돌했다. 1598년

낭트칙령으로 가톨릭과 신교의 갈등이 봉합됐다. 그러나 루이 14세가 등장하면서 상황은 돌변했다. 1685년 루이 14세는 퐁텐블로칙령을 반포해 개신교 위그노를 탄압했다. 낭트칙령은 폐지됐다. 위그노들 특히 상공인과 기술자들은 해외로 탈출했다. 그 수가 20만 명에서 90만 명으로 추정됐다. 위그노들은 네덜란드, 스위스, 프로이센, 영국, 미국 등으로 이주했다. 위그노들이 이주한 국가에서는 이들에 의해 내실 있는 산업화가 진행됐다.[53]

경제학자 슘페터는 '스콜라학파는[54] 다른 어떤 그룹보다 과학경제학의 창시자에 가장 가까운 사람들'이라 했다. 베버는 근면, 규율, 절약을 강조하는 칼뱅의 개신교 노동 윤리가 자본주의를 탄생시켰다고 주장했다. 이에 대해 역사가 브로델과 트레버-로퍼는 '자본주의는 종교 개혁 이전의 가톨릭 공동체에서 발전했다.'고 반론을 폈다. 18세기 성장한 영국의 베링스, 로이드, 독일의 슈로더, 베렌베르그 등은 개신교 상인 가문이다. 미국의 밴더빌트, 애스트로스, 록펠러, 듀퐁, 휘트니, 모건, 포드, 멜런, 반 리어, 브라운, 웨인 가문 등은 개신교다.

기독교는 모든 사람에게 봉사하라는 하나님의 뜻에 따라 병원, 고아원, 급식소, 지역사회, 노인 간호 서비스 분야를 설립해 운영했다. 1968년 미국의 796개 가톨릭 병원 중 770개 병원의 최고 경영자는 수녀나 신부였다.[55]

기독교에서 성경의 의미를 해석하는 방법은 네 가지다. ① 성경의 역사적 사건을 문자 그대로 설명하는 문자적 해석이다. ② 구약성서의 사건들을 신약성서와 연결해 해설하는 우화적 해석이다. 특히 구약의 이야기와 그리스도의 삶 사이를 연결해 해석한다. ③ 성서에 비추어 우리가 어떻게 행동해야 하는가를 논의하는 도덕적 해석이다. ④ 기독교 역사의 미래 사건인 천국, 지옥, 최후의 심판, 예언을 다루는 신비적 해석이다.[56]

기독교적 관점에서「하나님이 **문명**을 주관하고 계신다」는 해석의 가능성은『시편』,『기독교 강요』,『창세기』등에서 확인된다.[57]

창조와 문명의 흥망성쇠에 대한 성경적 기록은『시편』33장에 명시되어 있다.『시편』33장은 창조와 역사 전개과정에 나타난 하나님의 주권을 찬양하기 위해 씌어진 시가(詩歌)다.[58] 세계, 국가, 국민, 민족, 인간, 거류민, 기업 등 도시문명에서 논의되는 주제가 적시되어 있다. 시편의 저작 시기는 BC 1440-BC 586년이다.『시편』33장의 저자는 알려져 있지 않다. 다윗(BC 1040-BC 970)으로 추정하기도 한다.『시편』33장 가운데 8-17절은 하나님의 절대적 주권 아래 창조된 문명의 흥망성쇠(興亡盛衰)를 밝히고 있다. 8, 9절「온 땅은 여호와를 두려워하며 세상의 모든 거민들(inhabitants)은 그를 경외할지어다 / 그가 말씀하시매 이루어졌으며 명령하시매 견고히 섰도다」는 흥(興)함을 뜻한다. 10절「여호와께서 나라들의 계획을 폐하시며 민족들의 사상을 무효하게 하시도다」는 망(亡)함을 뜻한다. 11-15절「여호와의 계획은 영원히 서고 그의 생각은 대대에 이르리로다 / 여호와를 자기 하나님으로 삼은 나라 곧 하나님의 기업으로 선택된 백성은 복이 있도다 / 여호와께서 하늘에서 굽어보사 모든 인생을 살피심이여 / 곧 그가 거하시는 곳에서 세상의 모든 거민들을 굽어살피시는도다 / 그는 그들 모두의 마음을 지으시며 그들이 하는 일을 굽어살피시는 이로다」는 성(盛)함을 뜻한다. 16, 17절「많은 군대로 구원 얻은 왕이 없으며 용사가 힘이 세어도 스스로 구원하지 못하는도다 / 구원하는 데에 군마는 헛되며 군대가 많다 하여도 능히 구하지 못하는도다」는 쇠(衰)함을 뜻한다. 하나님이 **도시문명**의 생성, 유지, 발전, 쇠퇴, 소멸의 과정을 주관하고 계신다는 패러다임을 다루고 있다.

종교 개혁가 칼뱅은『기독교 강요』(1559)에서 '우주의 창조와 그 지속적인 운행에서 하나님을 아는 지식이 명확히 드러난다. 하나님은 창조하신 세계를 권능으로 양육하시고, 유지하신다. 하나님의 섭리로 그 모든 부분을 다스리신다.'고 했다. 창조하신 세계 안에서 문명이 이루어진다. 하나님의 절대적 권능으로 문명을 생성시키고, 유지하며, 모든 면을 관리한다는 해석이 가능하다.

『창세기』17장 8절에서는 「내가 너와 네 후손에게 네가 우거하는 이 땅 곧 가나안 온 땅을 주어 영원한 기업이 되게 하고 나는 그들의 하나님이 되리라」고 기록되어 있다. 성경『창세기』에서 「땅은 인간에게 준 영원한 기업」으로 설명됐다.

『시편』127장은 솔로몬(BC 990-BC 931)이 지었다. 솔로몬이 하나님의 절대 주권을 강조하면서 쓴 시다.[59] 1, 2절은 「여호와께서 집을 세우지 아니하시면 세우는 자의 수고가 헛되며 여호와께서 성을 지키지 아니하시면 파수꾼의 깨어 있음이 헛되도다 / 너희가 일찍이 일어나고 늦게 누우며 수고의 떡을 먹음이 헛되도다. 그러므로 여호와께서 그의 사랑하시는 자에게는 잠을 주시는도다.」로 기록됐다. 문명의 흥망성쇠가 하나님의 주권 아래 있다는 점을 설명했다고 이해된다.

오세열(1954-) 목사는 미국 미드웨스트대학원 교수로 활동 중이다. 「국가와 도시의 흥망성쇠는 어떻게 결정되는가?」 제하의 글을 발표했다.[60] 오목사는 '영국의 역사학자이자 신학자인 토마스 풀러(Thomas Fuller 1608-1661)는 구약시대 3천년에 걸친 왕조를 분석했다. 우리가 생각하는 상식은 하나님을 잘 섬겼던 왕의 아들은 그대로 신앙을 전수받아 하나님을 경외하는 왕이 될 것이라는 것이었다. 그러나 이러한 예상은 완전히 깨어졌다. 성경에 기록된 네 가지 케이스를 증거로 내놓았다. 첫째, 악한 왕에서 악한 아들이 나왔다. 르호보암과 그 아들 아비야는 둘 다 하나님을 거역한 왕이었다. 둘째, 악한 왕이 선한 아들을 낳았다. 아비야는 하나님을 불순종했지만, 아들 아사는 하나님을 잘 섬겼다. 셋째, 선한 왕이 선한 아들을 낳았다. 아사는 하나님을 잘 섬겼고 아들 여호사밧도 훌륭한 모범을 보였다. 넷째, 선한 왕이 악한 아들을 낳았다. 하나님을 잘 섬겼던 여호사밧의 아들 여호람은 불량한 아들이었다. 선한 왕의 신앙이 아들에게 전수되지 않는 것과 같이 불량한 왕의 성품도 그대로 아들에게 전수되지 않는다는 사실이 밝혀졌다. 하나님을 섬기고 그 뜻대로 행하는 국가와 왕에 대해서는 번영과 부흥을 약속하고, 패악과 우상숭배를 하는 국가와 도시는 쇠락과 패망을 가져왔다. 바벨탑과 소돔과 고모라 도시의 심판이 그 예이다. 이러한 하나님의 약속이 일관되게 시행되고 있음을 구약시대 3천년 왕조에서 확인할 수 있다.'고 했다.

오목사는 '오늘날의 현실도 마찬가지다. 성신여대 권용우 명예교수는 세계 60여 개국 수백 개 도시의 특성을 연구했다. 분석 결과 독자적인 언어를 가지고, 고유의 산업을 일으키며, 기독교 신앙으로 뭉쳐있는 나라는 부흥하고 발전한다는 사실을 발견했다. 즉 말(language), 먹거리(industry), 종교(religion)의 세 가지 패러다임이 국가와 도시의 흥망성쇠를 좌우한다고 했다. 그 중에서 하나님을 믿는 신앙이 중요하다고 진단했다. 권교수는 국가와 도시의 흥망성쇠 원칙이 시편 33장과 시편 127장에 기록되어 있음을 확인했다. 잘사는 나라와 못사는 나라 구분은 여러 척도가 있다. 그러나 역사적으로 확인된 증거는 하나님을 섬기는 국가와 그에 속한 도시들은 번영하고 발전한다는 사실이다.'고 했다.

『도시의 의미 *The Meaning of the City*』는 엘룰이 1951년에 쓴 신학 에세이다. 엘룰(Jacques Ellul, 1912-1994)은 프랑스의 사회학자, 평신도 신학자였다. 보

르도대에서 역사와 제도 사회학 교수로 활동했다.[61]

성경에 나오는 에덴, 소돔, 니느웨, 이스라엘, 예루살렘 등의 도시를 설명하고 도시의 성경적 의미를 해석했다. 그는 '인간은 하나님의 창조물이다. 인간은 하나님의 문화와 문명을 반영한다. 인간은 하나님의 자부심이다. 하나님은 인간을 동산에 두셨다. 동산은 인간이 가장 잘 적응할 수 있는 자연스러운 장소이기 때문이다. 그러나 인간은 하나님으로부터 분리되어 자신의 운명을 결정했다. 동산은 부조리와 혼돈의 장소가 됐다. 도시는 인간이 만든 장소다. 인간이 하나님으로부터 분리해 자신의 생명을 자신의 손에 맡긴 결과다. 하나님이 정하신 동산의 삶을 거부한 것이다. 도시는 집단 생활로 보안, 생존, 고립, 불안의 장소가 됐다. 도시는 영적 갈등의 장소로 변했다. 비인간적인 장소로, 자연이 정복된 인위적인 장소로 바뀌었기 때문이다. 도시의 역사는 교차하고 맞물리는 종교의 역사 영역이 됐다. 보편화된 기술과 표준화된 문명이 도시를 지배했다. 표준화된 기술 시스템은 인간을 관할했다. 안간은 자유롭게 살 수 없게 되었다. 기술만이 지배하는 도시에는 창세 때 창조된 동산의 생명 리듬이 살아 숨쉬지 않는다. 예수는 기술 지배에서 벗어날 수 있는 유일한 힘이다. 인간은 예수 그리스도 안에서 해방된다. 인간이 예수 그리스도 안에 있다면, 기술을 숭배하지 않고도 살아갈 수 있다. 인간은 도구들을 섬기는 대신, 인간을 위해 도구를 사용하면서 살아갈 수 있다. 계시록에 예언된 새 예루살렘은 기독교의 희망이다.'고 했다.

잉글하트(Ronald Inglehart, 1934-2012)는 미국의 정치학자다. 미시간대 교수로 활동했다. 1981-2014년 기간에 세계 인구의 90%를 차지하는 100개 이상의 국가를 대상으로 세계 가치 조사(World Values Survey)를 실시했다. 「경제적, 기술적 변화가 사회의 기본 가치와 동기를 변화시킨다」는 가설을 검증했다.

주요 세계 문화를 포괄하는 조사였다. 급속한 경제 성장, 부유한 기업과 저소득 기업, 민주주의 문화적 조건, 아프리카와 이슬람 기업, 보안, 노령화, 선거 원칙 등에 관해 조사했다. 세계 문화 지도를 그려 분석했다. 수직 y축에 전통적 가치와 세속적 합리적 가치를, 수평 x축에 생존 대 자기표현 가치를 놓았다. 이 지도에서 위쪽으로 이동하는 것은 전통적 가치에서 세속적 합리적 가치로의 전환을 반영한다. 오른쪽으로 이동하는 것은 생존 가치에서 자기표현 가치로의 전환을 반영한다. 두 가지 차원의 열 가지 지표에 대한 요인 분석을 실시한 결과 국가 간 차이의 70% 이상을 설명했다. 이러한 각 차원은 다른 중요한 방향의 점수와 강한 상관관계가 있었다. 가치는 국가의 경제 발전과 밀접하게 연관되어 있다. 해당 국가 경제에서 제조업이나 서비스 부문이 차지하는 비중이 컸다. 사회 경제적 지위는 종교적, 문화적, 역사적 유산이 중요하게 영향을 미친다는 사실이 확인됐다.[62]

퀴글리(Carroll Quigley, 1910-1977)는 미국의 역사학자다. 조지타운대 교수로 활동했다. 문명의 흥망성쇠를 연구했다. 사회과학적 방법으로 조사한 후 역사적 가설을 수립했다.[63] 그는 문명을 추상적인 것부터 보다 구체적인 것까지 나누었다. 메소포타미아 문명, 가나안 문명, 미노아 문명, 고전 문명, 서양 문명 등의 5대 문명을 분석했다. 그는 '문명의 흥망성쇠에는 포용적 다양성, 제도화와 문명의 몰락, 무기와 민주주의 등의 내용이 중요하다. 문명은 확장 도구를 갖춘 생산 사회다. 문명의 쇠퇴는 불가피한 것이 아니라 확장 도구가 제도로 전환될 때 발생한다. 실제 사회적 필요를 충족하는 사회 제도가 실제 사회적 필요와 관계없이 자체 목적을 달성하는 사회 제도로 전환될 때 발생한다.'고 했다.

인종, 문화, 종교 등의 갈등으로 큰 지역이 작은 지역으로 분열되는 현상에 관한 논의가 있다. 이른바 **발칸화**(Balkanization) 논의다. 1817-1912년 사이에 오스만 제국의 지배를 받았던 발칸 반도가 여러 개의 작은 국가로 분할된 것을 설명하면서 사용됐다. 스페인의 바스크 분리주의와 카탈로니아 독립주의, 케나다의 퀘벡 주권운동, 서아프리카와 영국령 동아프리카의 지역 분할, 레반트의 이스라엘 완충국 건설 논의에서 발칸화 개념이 사용됐다.[64]

땅에 대한 논의는 2,000년 전부터 시작됐다. 지중해 연안의 그리스 연구자들은 땅에 대해 깊은 관심을 보였다. 스트라보는 지중해 연안의 국토와 도시를 답사한 후 『지리학』(BC 7-AD 18)이란 책을 냈다. 15세기에 이르러 스페인, 포르투갈은 대서양으로 뻗어 나가 유럽을 세계에 개방시켰다. 1492년 콜럼버스는 신대륙을 발견했다. 1498년 버스코 다 가마는 인도 항로를 개척했다. 1519-1522년에 마젤란은 바다로 세계일주를 했다. 새로운 땅에 관한 흥미진진한 내용이 유럽에 쏟아져 들어왔다. 열정에 찬 탐험가들은 해외 답사를 떠났다. 땅에 관심을 가진 연구자들은 문헌을 가지고 탐구했다. 19세기의 박식가 알렉산더 폰 훔볼트는 연구와 답사를 병행해「총체적인」땅의 이론을 정립했다. 훔볼트는『코스모스』(1845-1862)의 저서로, 리터는『땅의 학문』(1817-1859) 저작으로 지리학의 초석을 놓았다. 블라슈는「생활양식론」을, 라첼은「생활공간론」을, 헤트너는「지인상관론」을 제시했다. 1950년 이후 지리학자들은 실증주의, 인간주의, 정치경제학적 관점에서 땅을 연구했다. 지리학자들은 땅을 바탕으로 **지리**, **역사**, **경제**, **문화**의 주제와 **말**, **먹거리 산업**, **종교**의 패러다임에 대해 넓고 깊게 연구하고 논의했다. 16세기 종교개혁과 18세기 산업혁명이 펼쳐지면서 **말**, **먹거리 산업**, **종교** 패러다임에 관한 논의는 다양하고 심도있게 진행됐다. **지리**, **역사**, **경제**, **문화**의 주제와 **말**, **먹거리 산업**, **종교**의 패러다임은 상호 연관을 맺으면서 세계, 국가, 도시 문제를 다루고 있음이 확인된다.

1.4 국내외 현지 답사

국가와 도시는 시작, 유지, 발전, 소멸하는 변천 과정을 거친다. 그렇다면 국가와 도시 변천 과정에서 드러나는 국가와 도시의 **생활상**(Lifestyle)을 **총체적**으로 이해할 수 있는 방법은 없을까? 국가와 도시를 문헌으로 연구하고 현지 답사를 다니면서 줄기차게 매달렸던 주제다.

　이러한 문제의식을 밝히기 위해 필자는 1970년부터 국내 답사를 시작했다. 전국의 시·군·구를 답사했다. 서울·인천·경기도로 구성된 수도권은 다양한 지리학적 특성을 보이는 매력적인 지역이었다. 서울 사람들이 인천·경기도로 거주지를 옮긴 채 서울로 출퇴근했다. 교외화(Suburbanization) 현상이다. 1977-1986년의 기간에 걸쳐 서울 주변지역 시·구·읍·면·동을 답사했다. 서울 주변지역의 교외화는 거주, 고용, 혼합 교외화 패턴이 나타나고 있음을 밝혔다. 교외화의 원인은 경제적, 환경적 요인이 컸다. 연구 결과를 정리하여 『서울주변지역의 교외화에 관한 연구』로 박사학위를 취득했다. 필자는 관련문헌을 분석하고 수도권과 교외지역을 현지 답사해 경험적 논리를 체득했다. 이러한 연구 결과는 『교외지역』(2001), 『수도권 공간연구』(2002)로 출판됐다.[65]

　1990년대에 이르러 서울대도시권에는 여러 사회적 이슈가 대두됐다. 이슈 가운데 그린벨트와 수도권 과밀화 문제가 전국적 쟁점으로 떠올랐다.

1997-1999년 기간에 그린벨트 조정이 이루어져 전국토 면적의 5.4%였던 그린벨트는 3.9%로 축소됐다. 그린벨트에 대한 이론적 연구와 국내외 그린벨트 현지답사 경험을 종합 분석해『그린벨트: 개발제한구역 연구』(2013, 2024) 연구서를 출간했다.[66] 2002-2012년 기간에 펼쳐진 과밀화 논쟁은 세종특별자치시 건설로 귀결됐다.[67]

1987-2021년의 34년간 해외 국가와 도시를 연구하고 답사했다. 2021-2024년 기간에 연구와 답사의 결과를 정리해『세계도시 바로 알기』(박영사)를 출간했다. 전 9권이다. 제1권은 서부·중부 유럽, 제2권은 북부 유럽, 제3권은 남부 유럽, 제4권은 동부 유럽, 제5권은 중동, 제6권은 아메리카, 제7권은 대양주·남아시아, 제8권은 동아시아·동남아시아, 제9권은 말·먹거리 산업·종교다. 60여 개 국가와 240여 개 도시를 다루었다. 필자는 국내외 현지 답사를 통해 국가와 도시에 관한 경험적, 실증적인 지식을 체득하게 되었다.

이러한 이론적·경험적·실증적 연구를 통해 각 국가와 도시의「지리, 역사, 경제, 문화의 주제와 말, 먹거리 산업, 종교의 패러다임」은 각 국가와 도시의 생활상을 총체적으로 파악할 수 있는 요체라는 것을 깨달았다. 지리 주제에는 지형·하천·기후 등의 자연지리와 국토면적/인구·국호(國號)·국기(國旗)·국명·경관 등의 인문지리 내용이 포함된다. 역사 주제에는 국가·도시의 형성과정이, 경제 주제에는 먹거리 산업이, 문화 주제에는 종교 내용이 포함된다. 이에 본 연구에서는 각 국가와 도시의 **지리**, **역사**, **경제**, **문화**의 주제와 **말**, **먹거리 산업**, **종교**의 패러다임으로 구성된 논리를 **총체적 생활상**(Total Lifestyle Paradigm, TLP)으로 규정하기로 한다.

본 연구에서는 이러한 **총체적 생활상**이 전세계 국가와 도시에서 실증적으로 어떻게 적용되고 있는가를 분석해 보기로 한다.

Ⅱ

도시문명의
변천

지리학적으로 도시는 ① 인구가 조밀하고(high density), ② 비농업적 활동이 전개되며(non-agricultural activity), ③ 주변지역에 재화와 서비스를 제공하는 중심지(central place)로 정의된다. 실용적이고 기능적인 개념이다.[1]

도시는 영어로 city, urban, 라틴어로 civitas, 프랑스어로 cité라 표기한다. 기본적으로 「도시로 구성된 사회」를 문명(civilization)으로 정의한다. 문명은 도시와 함께 이뤄지기에, 문명은 도시 문명(urban civilization)으로 이해할 수 있다. 문명은 독립적으로 조성되어 문명의 요람을 구축한다. 문명화의 특징은 도시 형성이다. 문명화가 진행되면 의사 소통을 위한 문자 체계를 만들고, 유목에서 정착 농경 사회로 바뀌며, 기념비적인 건축물을 세운다. 복잡한 문명 사회로의 전환은 점진적이다.

문명은 BC 10,000년경 신석기 시대 메소포타미아에서 시작됐다. BC 4,000년경부터 우루크, 우르 등의 초기 도시가 건설됐다. 필기체 문자를 개발하여 의사 소통을 했다. 바퀴를 발명하여 먹거리 산업인 농업을 일으켰다. 초기 도시 우르에서는 달의 신 난나를 섬기는 종교 의식이 행해졌다. 도시를 중심으로 한 문명은 시작부터 말(Language), 먹거리 산업(Industry), 종교(Religion)와 함께 출발했다. 지역별로 약간씩 다르나 이런 생활상(Lifestyle)은 인더스, 이집트, 황하, 잉카, 마야 문명 등에서도 유사하게 나타났다. 도시의 기본 개념은 도시 문명 지역에서 그대로 적용됐다. 사람들이 몰려 도시가 구성되면서 도시 문명이 펼쳐졌다. 도시와 주변지역에서 산출된 농산물 중 일부를 교환하는 3차 산업 활동이 이뤄졌다. 도시가 커지면서 주변지역에 재화와 서비스를 제공했다.

도시의 기원과 변천에 관한 논의는 다양하다. 일반적으로 도시 변천은 고대도시, 그리스·로마 도시, 중세 도시, 상업 도시, 산업 도시 등의 내용으로 설명한다. **대한민국**의 도시 변천은 전 산업시대 도시, 조선 시대 도시, 일제 강점기 도시, 해방과 산업정체 시대 도시, 산업 시대 도시 등의 내용으로 논의한다.[2]

본 연구에서는 말·먹거리·종교와 연관해 펼쳐지는 도시문명의 변천과정을 논의하기로 한다. 초기 도시문명은 **비옥한 초승달 지대**에서 시작됐다. 메소포타미아에서 우르크, 우르, 니네베, 바빌론 등의 도시가 발달했다. 도시문명은 아나톨리아 반도를 거쳐 지중해 그리스와 로마로 넓혀졌다. **로마 제국 시대**에 이르러 도시문명이 본격적으로 개화됐다. 로마 제국은 진출했던 유럽 전역에 군주둔지, 정착지, 도시를 구축했다. **대항해 시대**는 유럽 안팎에서 도시문명이 조성됐다. 콜럼버스, 바스코 다 가마, 마젤란 등 항해가들은 유럽 밖의 새로운 세계를 탐험하고 발견했다. 스페인, 포르투갈, 프랑스, 네덜란드, 영국 등은 아메리카, 대양주, 아프리카, 아시아, 남극 등지에 진출해 항구, 주둔지, 정착지, 도시를 세웠다. 제1차·제2차 세계대전으로 제국주의 형태의 도시 건설은 끝났다. 대항해에 나서지 않은 신성로마제국, 북부 유럽, 동부 유럽은 전통적인 도시문명을 유지했다. **산업혁명 시대**의 도시문명은 기능상의 큰 변화를 가져왔다. 1760년 이후 종래의 농업 1차 산업에서 기계·기술·디지털·인공지능(AI) 산업으로 갈아탄 도시는 현대 도시로 탈바꿈했다.

본 연구에서는 이상의 ① 비옥한 초승달 지대 ② 로마제국 시대 ③ 대항해 시대 ④ 산업혁명 시대의 네 단계 도시문명에 대해 고찰해 보기로 한다.

2.1 비옥한 초승달 지대의 도시문명

비옥한 초승달 지대(Fertile Crescent)는 이라크, 시리아, 레바논, 이스라엘, 팔레스타인, 요르단 등을 아우르는 초승달 모양의 지역이다. 오늘날 비옥한 초승달 지대는 적용 지역을 넓혀 서쪽 끝의 나일강 충적 평야까지를 포함해 논의한다.[3] 그림 2.1 이 지대에 있는 괴베클리 테페(Göbekli Tepe)는 BC 9500-BC 8000년 사이에 조성된 신석기 시대 유적지다. 튀르키예 아나톨리아 지역에 있다. 거석 석조 기둥이 지지하는 다수의 대형 원형 구조물로 구성되어 있다.[4]

비옥한 초승달 지대의 메소포타미아에서는 수메르, 아카디아, 바빌로니아, 아시리아 문명이 꽃피웠다. 고대 메소포타미아는 BC 6000년경에 시작됐다. 아카디아 제국(BC 2350-BC 2193), 우르의 제3왕조(BC 2119-BC 2004), 아시리아 제국(BC 20-BC 18세기, BC 10-BC 7세기) 때 도시문명이 번성했다. 우루크, 우르, 니푸르, 니네베, 바빌론 등의 도시가 발달했다.[5]

우루크(Uruk)는 BC 5000-700년 기간에 존속했다. BC 4000년 중반 수메르 문명 초기 도시화의 중심 도시였다. BC 3100년경 도시 중심에 40,000명, 도시 주변에 80,000-90,000명이 거주했다. BC 27세기에 길가메쉬 왕이 통치했다. 우르(Ur)는 오늘날 이라크 남부 아와르에 있다. BC 3800-BC 500년 기간에 존속했다. 우르의 수호신은 수메르와 아카드의 달(moon)의 신인 난나(Nanna)였다. 난나의 사당이 포함된 우르의 지구라트가 부분적으로 복원됐

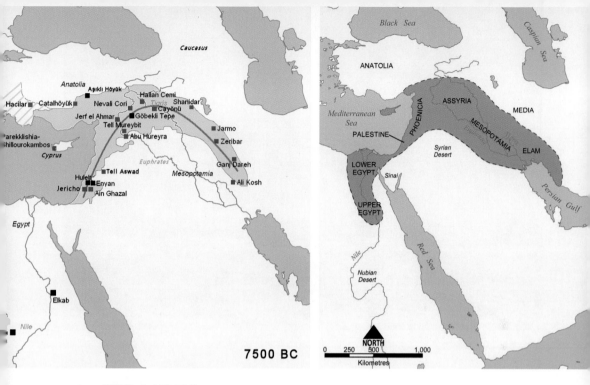

그림 2.1 **비옥한 초승달 지대**

다. 이라크 대통령 후세인은 성경에 나오는 아브라함의 생가(生家)를 복원했
다. BC 2000년경 아브라함은 우르에서 출생했다.그림 2.2 니네베(Nineveh)는
아시리아의 수도이고 최대도시였다. BC 612년까지 번성한 도시였다. 예언
자 요나가 설교했던 자리에 「알-나비 유누스 모스크」가 세워져 있다. 바빌
론(Babylon)은 BC 1894-1000년 기간에 존속했다. BC 609-BC 539년 사이 신
바빌로니아 제국의 수도였다. 느부갓네살 2세가 유대인을 포로로 잡아와 바
빌론 강변에 큰 수용소를 지어 살게 했다. BC 597-BC 538 기간에 벌어진 바
빌론 유수(Babylon Captivity) 사건이다. 바빌론은 도시의 수호신 마르둑(Marduk)
을 섬겼다.6

비옥한 초승달 지대의 언어는 셈어(Semitic languages)였다. 셈족의 거주지는
이라크·이스라엘·요르단·레바논·시리아·팔레스타인·시나이·튀르키예 남동

그림 2.2 우르의 지구라트와 아브라함의 복원된 생가

부·이란 북서부·아라비아반도·북아프리카 등이었다. 셈족언어에는 아카드어, 아랍어, 아람어(Aramaic), 히브리어, 몰타어, 페니키아어 등이 있다. 아람어는 행정 분야, 예배, 종교 언어 등에서 공적 언어로 쓰였다.[7]

비옥한 초승달 지대의 티그리스강, 유프라테스강, 나일강과 습지는 도시 문명의 발흥에 큰 역할을 했다. 유럽이나 북아프리카에서는 빙하기 동안 멸종 현상이 반복적으로 나타났다. 이에 반해 비옥한 초승달 지대는 북아프리카와 유라시아 사이의 지리적 교량(bridge)이었다. 이런 연유로 이 지역에는 많은 양의 생물 다양성을 유지할 수 있었다. 에머밀, 외곡(外穀), 보리, 아마, 병아리콩, 완두콩 등의 야생 작물이 재배 가능했다. 그리고 소, 염소, 양, 돼지, 말 등의 가축이 있어 농경을 가능하게 했다. 수메르에서는 바퀴를 이용해 관개, 강의 교역, 홍수 통제, 농업 경작을 수행했다. 비옥한 초승달 지대의 농경 문화는 서쪽의 유럽과 북아프리카로, 동쪽의 남아시아쪽으로 확산됐다.

비옥한 초승달 지대의 도시 문명은 우루크, 우르 등으로부터 오늘날의 중동에 이르기까지 전개되어 왔다. **말**은 **셈어**를 썼다. 셈어족의 아람어는 공적 언어로 사용됐다. **먹거리 산업**은 **농업**이었다. **종교**는 각 도시의 **수호신**을 섬겼다. 셈족의 아브라함에게서 유대교·기독교·이슬람교가 유래했다.

2.2 로마 제국 시대의 도시문명

로마 제국은 BC 27년에 시작해 395년에 통일을 이뤘다. 수도는 로마(BC 27-330)였다. 로마 제국은 동·서로 나뉘었다. 서로마 제국은 395-476년 기간 존속했다. 수도는 메디올라눔(Mediolanum, 395-401), 라벤나(401-476)였다. 동로마 제국/비잔틴 제국은 330/395-1453년 기간에 존속했다. 수도는 콘스탄티노플(330-1453)이었다. 「동로마 제국」과 「비잔틴 제국」이라는 용어는 왕국이 끝난 후에 만들어졌다. 비잔틴은 비잔티움에서 유래했다. 비잔티움은 콘스탄티노플로, 이스탄불로 바뀐 도시다.[8] 로마 시민들은 그들의 제국을 로마제국으로, 스스로를 로마인이라고 불렀다. 그러나 ① 로마 제국의 중심이 로마에서 비잔티움으로 이동했고, ② 비잔틴 종교가 가톨릭에서 동방정교회로 바뀌었으며, ③ 동로마제국에서는 라틴어보다 그리스어가 우세하다는 연유로 동로마 제국/비잔틴 제국을 초기 로마제국과 구분한다.[9]

로마 제국의 영토는 117년 트라야누스 때 가장 넓었다. 영토는 원로원 속주, 황실 속주, 클라이언트 국가로 구분됐다. 속주는 전통적으로 원로원의 몫이었다. 황제 속주는 아우구스투스가 창설했다. 클라이언트 국가는 로마에 의존하나 독립적이고 자기들의 지도자가 있는 국가였다.[10] 그림 2.3

로마 제국은 BC 312년 건설한 「아피아 가도(Via Appia)」부터 시작해 80,000km의 도로를 건설했다. 아피아 가도는 로마와 이탈리아 남동부 브

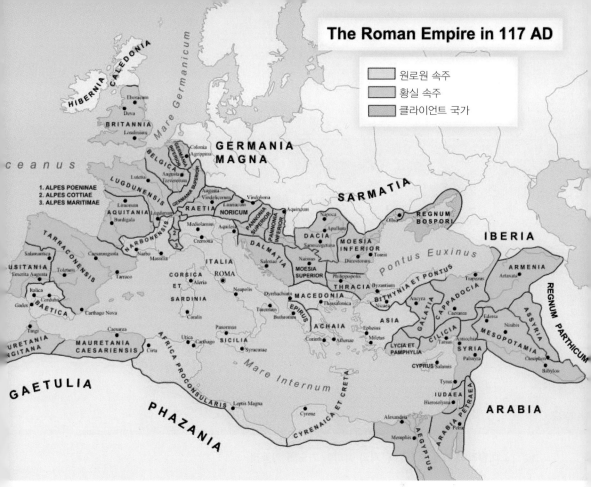

원로원 속주
황실 속주
클라이언트 국가

그림 2.3 **로마 제국의 최대 영토: 117년 트라야누스**

린디시를 연결했다. 이탈리아 남부 정복과 통신 개선을 위한 군수품의 주요 경로였다.그림 2.4 로마의 도로는 영국에서 티그리스-유프라테스강 시스템까지, 다뉴브강에서 스페인과 북아프리카까지 이어지는 도로였다. 로마의 도로는 국가의 유지와 발전에 필수적인 물리적 인프라였다. 군대·관료·민간인의 육로 이동, 공식 통신의 내륙 운송, 무역로 등으로 활용됐다. 새로 만들어진 대부분의 도로는 로마로 이어졌다. 1175년 프랑스 신학자 알랭 드 릴은 '모든 길은 로마로 통한다(All Roads Lead to Rome)'는 말을 처음 기록했다.[11]

그림 2.4 **이탈리아 카살 로톤도 근처의 아피아 가도와 기종점**

　　로마 제국은 제국의 주요 거점에 도시를 건설해 군(軍) 주둔지와 시민 정착
지로 삼았다. 로마가 세운 도시는 상업·문화의 중심지로, 교통 허브로, 세계
적 수도로 성장했다. 로마 제국이 세운 도시와 정착지는 제국 내에 870개, 제
국 밖에 90개 등, 960개였다. 이들 도시와 정착지에 33개 군단의 본부가 있
었다. 이들 도시와 정착지는 오늘날의 유럽 대부분 국가와 아시아 일부 국가
의 중심 도시로 성장 발전했다.[12] 그림 2.5

　　로마 제국이 세운 도시를 나라별로 살펴 보면 **이탈리아**는 로마(BC 753년 건설),
살레르노(BC 197), 볼로냐(BC 189), 피렌체(BC 59), 토리노(BC 28) 등이다. **스페인**은
코르도바(BC 169), 발렌시아(BC 138), 세비아(BC 49), 사라고사(BC 14), 바르셀로

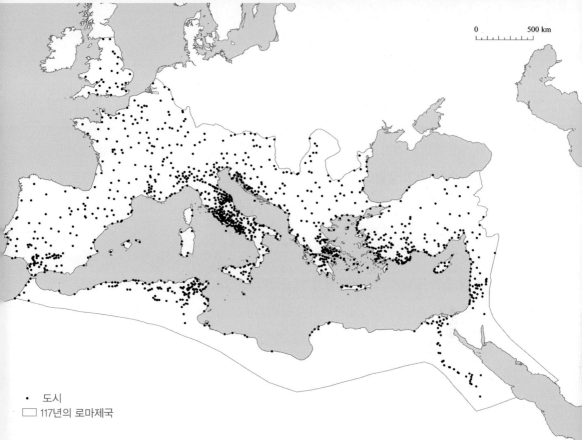

- 도시
□ 117년의 로마제국

그림 2.5 **로마 제국의 도시 분포**

나(BC 1세기) 등이다. **몬테네그로**는 코토르(BC 168)다. **프랑스**는 파리(BC 52), 리옹(BC 43), 스트라스부르(BC 12), 오를레앙(273) 등이다. **벨기에**는 통게렌(BC 50)이다. **슬로베니아**는 류블랴나(BC 50), 프투이(BC 1세기) 등이다. **스위스**는 아우구스트(BC 44), 취리히(BC 15), 로잔(BC 1세기), 아방슈(16), 바덴(1세기) 등이다. **크로아티아**는 시식(BC 35), 자그레브(1세기), 두브로브니크(7세기) 등이다. **독일**은 트리어(BC 30), 아우크스부르크(BC 15), 마인츠(BC 13-12), 본(BC 11), 코블렌츠(BC 9), 비스바덴(6), 쾰른(50), 프랑크푸르트암마인(83), 슈투트가르트(90), 하이델베르크(98), 프랑크푸르트(1세기), 아헨(1세기), 바덴바덴(210) 등이다. **이스라엘**은 가이사랴(BC 25-13)다. **이스라엘/필레스타인**은 예루살렘(131)이다. **포르투갈**은 브라가(BC 20), 코임브라(1세기) 등이다. **오스트리아**는 잘츠부르크(BC 15), 비엔나(89), 린츠(1세기), 툴른(1세기) 등이다. **영국**은 런던(43), 캔터베리(43), 도버(50), 윈체스터(70), 케임브리지(70), 요크(71), 맨체스터(79), 리즈(1세기), 뉴캐슬 어폰 타인(120) 등이다. **네덜란드**는 위트레흐트(47), 마스트리흐트(1세기) 등이다. **슬로바키아**는 브라티슬라바(85)다. **헝가리**는 부다페스트(103), 세게드(2세기) 등이다. **튀르키예**는 이스탄불(330)이다.

로마 제국이 세우지는 않았으나 로마 제국과 함께 성장한 도시는 **이탈리아**의 폼페이(BC 4세기), 밀라노(BC 222) 등이다. **그리스**는 테살로니카(BC 315), 파트라스(BC 146) 등이다. **알바니아**의 두러스(BC 229), **모로코**의 탕헤르(BC 146), **튀르키예**의 이즈미르(BC 74), **레바논**의 베이루트(BC 64), **불가리아**의 소피아(BC 29), **헝가리**의 에스테르곰(9) 등이다.[13]

로마 제국 도시 가운데 로마, 에베소, 안디옥, 카르타고, 알렉산드리아, 콘스탄티노플, 메디올라눔, 테살로니카, 론디늄 등은 제국 여러 지역의 중심도시였다. **로마**는 로마 제국의 핵심지역으로 세계 중심지였다. 오늘날 이탈리아의 수도다. 티베르(Tiber)강과 지중해를 통해 이웃 영토에 연결되었다. **에베소**는 지중해의 고대 항구였다. BC 10세기에 설립됐고 15세기까지 번성했다. 그리스 도시로 출발해 로마제국의 아시아 중심지였다. 오늘날 튀르키예 에페소스다. 기독교의 발전과 전파를 위한 중요 장소였다. **안디옥**은 로마제국의 시리아 중심지였다. BC 300년에 설립됐고 15세기 말까지 번성했다. 셀레우코스 제국의 수도였다. 오늘날 튀르키예의 안타키아다. 예수를 따르는 사람들이 처음으로 「기독교인」이라고 불린 초기 기독교 중심지였다. **카르타고**는 포에니 전쟁 동안 로마가 점령했다. 로마제국의 아프리카 북부 해안과 지중해 연안의 전략 중심지였다. 오늘날 튀니지의 카르타고다. **알렉산드리아**는 로마제국의 지적(知的) 허브였다. BC 331년 알렉산더 대왕이 세웠다. 철학자,

그림 2.6 **로마 제국의 영토와 주요 도시**

수학자, 연구자들이 많았다. 오늘날 이집트의 알렉산드리아다. 알렉산드리아 도서관은 BC 285-BC 246년에 건축한 것으로 추정됐다. 2002년에 유네스코 후원으로 새롭게 재건됐다. **콘스탄티노플**은 330년 세워진 동로마제국의 수도였다. 흑해와 지중해 사이의 관문 도시였다. 오늘날 튀르키예의 이스탄불이다. **메디올라눔**(Mediolanum)은 서로마 제국의 수도였다. 오늘날 이탈리아의 밀라노다. 성 암브로시우스가 통치했다. **테살로니카**는 유럽과 아시아를 연결하는 무역 중심지였다. BC 315년에 설립됐다. 오늘날 그리스의 테살로니키(Thessaloniki)다. **론디늄**(Londinium)은 로마 브리튼의 수도였다. 오늘날 영국의 런던이다. 영국과 북쪽으로 지나가는 무역 상품의 통과 지점이었다.[14] 그림 2.6

로마 제국의 지배적인 **언어**는 라틴어와 그리스어였다.[15] 라틴어는 로마인의 원래 언어로 로마 제국의 행정, 입법, 군대의 언어였다. 라틴어는 서양에서 링구아 프랑카(lingua franca)가 되었다. 링구아 프랑카는 국제적으로 세계 공통어 역할을 할 수 있는 언어다. 상업적, 문화적, 종교적, 외교적, 행정적 편의를 위해, 그리고 과학자와 다른 사람들 사이에 정보를 교환하는 수단으로 사용되었다.[16] BC 4세기 후반 알렉산더 대왕이 정복한 후 코이네 그리스어는 지중해 동부에서 공용어가 되었다. 그리스어의 국제적 사용은 기독교의 확산을 가능하게 했다. 그리스어는 동로마 제국의 지배적인 언어가 되었다.

로마 제국은 영토가 넓었다. 전 국민이 라틴어를 말하도록 하기 어려웠다. 대개의 지역에서는 토착어를 그대로 활용했다. 로마 제국이 분권화되면서 라틴어는 지역적으로 스페인어, 포르투갈어, 프랑스어, 이탈리아어, 카탈로니아어, 오크어, 루마니아어를 포함한 로망스어로 발전했다. 라틴어는 17세기까지 르네상스 휴머니즘 학술 연구, 외교, 법률을 위한 국제적 표현 매체로 남았다. 21세기 초까지 10억 명이 넘는 사람들이 라틴어에서 파생된 제1언어와 제2언어를 사용했다.

1-2세기 기간의 로마 제국 인구는 59,000,000-76,000,000명으로 추산됐다. 「안토닌 역병」 직전에 로마 제국 인구가 최고조에 달했을 가능성이 높다고 추정했다. 로마 제국의 최대 면적은 5,000,000㎢이었다고 추정했다. 1958년 추산된 로마 제국 초기의 도시 인구는 이탈리아 로마 350,000명, 이집트 알렉산드리아 216,000명, 시리아 안디옥 90,000명, 소아시아 서머나 90,000명, 히스파니아 카디스 65,000명, 달마티아 살로나 60,000명, 소아시아 에베소 51,000명, 아프리카 카르타고 50,000명, 그리스 고린도 50,000

명 등이다.[17]

　로마제국의 경제력은 관할했던 넓은 땅의 인적자원과 천연자원에서 나왔다. 링구아 프랑카 지위의 라틴어와 로마 군단은 경제력과 군사력에 의해 뒷받침됐다. 로마제국의 **먹거리 산업**은 농업과 무역이었다. 곡물과 포도주를 생산했다. 무역은 로마제국, 클라이언트 국가, 중국, 인도까지 확장됐다. 주요 수출품은 곡물, 와인, 올리브였다. 다양한 식품, 생선 소스, 광석, 섬유, 직물, 목재, 도자기, 유리 제품, 대리석, 파피루스, 향신료, 상아, 진주, 보석 등도 거래됐다.[18]

　광물은 스페인에서 금·은·구리·주석·납을, 갈리아에서 금·은·철을, 영국에서 철·주석을, 다뉴브 지방에서 철을, 마케도니아와 트라키아에서 금·은을, 소아시아에서 금·은·철·주석을 채광했다. 금융 거래는 황동, 청동, 귀금속 등으로 만든 주화 시스템으로 유통됐다. 황제의 초상화가 찍힌 주화가 발행됐다. 주화는 공공 건축 공사, 전쟁 등의 자금 지원에 활용됐다.

　로마 제국은 지중해를 「우리의 바다」라고 불렀다. 로마의 범선은 과달키비르, 에브로, 론, 라인강, 티베르강, 나일강 등 제국의 강과 지중해를 항해했다. 상품은 육지보다 수로 운송을 선호했다. 육지 운송이 수로 운송보다 50-60배 비쌌다. 도로 교통은 인력, 동물, 차량을 이용한 국영 우편과 운송 서비스 시스템이었다. 노새는 6.4km/h의 수레를 끄는 데 사용됐다.

　로마 제국의 군대는 상비군이었다. 전성기 때는 7,000km가 넘는 국경을 지켰다. 400,000명 이상의 군단병과 보조군으로 구성되어 있었다. 로마 군단병은 로마 군대의 전문 중보병이었다. 군사 방어, 경찰 업무, 공중 위생, 민간 재해 지원, 보건 업무, 농업, 공공 도로, 교량, 수로, 건물의 건설과 유지 관리 등 모든 유형을 담당했다. 전투시 로리카 세그멘타타를 착용했다. 군

그림 2.7 이탈리아 로마 티베르강 밀비안 다리와 Chi Rho

단병은 17-45세의 로마 시민이었다. 동쪽으로는 파르티아(오늘날 이란), 남쪽으로는 아프리카(튀니지), 아이깁투스(이집트), 북쪽으로는 브리타니아까지 관할했다. 로마 역사가 리비는 '로마 군대는 로마를 지켜준 핵심'이라고 했다.[19]

로마제국에는 268개 직업이 있었다 한다. 서기 14년 아우구스투스 시대 로마제국의 1인당 GDP는 2,022달러로 추정됐다. 영국학자 매디슨(Maddison)은 소득세를 뺀 1인당 가처분 소득(NDI)이 1,277달러라고 산정했다. 지역별 가처분 소득은 이탈리아를 포함한 로마 유럽은 1,328달러, 이탈리아를 제외한 로마 유럽은 1,071달러, 로마 아시아는 1,232달러, 로마 아프리카는 1,212달러로 설명했다.[20]

고대 로마의 종교는 다신교였다. 로마 제국은 그리스 신화를 종교로 공인하거나, 이집트와 중동의 신화를 믿기도 했다. 기원후 기독교가 로마에 들어왔다. 네로(재임 54-68)는 기독교를 박해했다. 2-3세기에 걸쳐 전국적인 기독교 대박해가 여러차례 진행됐다.[21]

165-180년 기간 로마 제국에 「안토닌 역병」이 창궐했다. 로마 제국 인구의 10% 정도가 감소한 것으로 추정했다. 천연두로 알려진 이 역병은 도시와 로마 군대에게 치명적이었다. 시신은 방치되어 거리에 넘쳐났다. 이때 기독교

인이 시신을 수습해 장사를 치뤄주고, 병자를 도와줬다. 전염병이 지나간 후 기독교는 폭발적으로 신장됐다. 기독교 박해가 진행되는 동안에도 기독교는 회중 중심의 모임을 꾸리면서 로마 제국 내에 급속도로 널리 퍼져 나갔다.[22]

콘스탄티누스 대제가 등장하면서 로마 제국의 종교적 상황은 완전히 달라졌다. 312년 콘스탄티누스 대제는 티베르강 밀비안(Milvian) 다리 전투에서 막센티우스를 이겼다. 그리스 성경학자 유세비우스는 콘스탄티누스가 그리스도의 환상을 보았기에 승리했다고 설명했다. 콘스탄티누스가 그리스도의 처음 두 글자인 그리스어 Chi Rho(키 로)를 군인의 방패에 그리고 싸운 것으로 해설했다.[23] 그림 2.7 306-337년 기간 로마 황제로 재임한 콘스탄티누스는 격증하는 기독교 인구를 포용하는 정책을 택했다. 그는 313년 『밀라노 칙령』을 발령해 기독교를 믿을 수 있도록 했다.

380년 테오도시우스 1세는 「데살로니가 칙령」을 반포해 기독교를 로마 제국의 공식 종교로 선포했다. 로마 제국이 세운 도시와 정착지에 기독교가 널리 전파됐다. 325년에는 국지적으로 전파됐으나, 600년에는 전면적으로 대폭 확대됐다. 1000년에는 유럽 대부분 전역에 기독교가 전파됐다.[24] 그림 2.8.1/2

로마제국은 서로마제국과 동로마제국으로 나뉘었다. 서로마 제국이 관리하던 도시에서는 로마 가톨릭이, 동로마 제국이 관장하던 도시에서는 동방 정교회가 자리잡았다. 1517년 종교개혁을 거치면서 유럽의 여러 도시는 가톨릭, 개신교, 정교회를 믿는 도시로 나뉘었다.

로마 제국의 도시문명은 BC 27-1453년의 기간에 펼쳐졌다. 로마 제국은 유럽 대부분 지역을 제국 영토로 점유하여 관할했다. 로마 제국의 지배적인 **말**은 **라틴어**와 **그리스어**였다. 라틴어는 서양에서 링구아 프랑카가 되었다. **먹거리 산업**은 **농업**과 **무역**이었다. 313년 이후 로마 제국 전역에 **기독교**가 전파됐다.

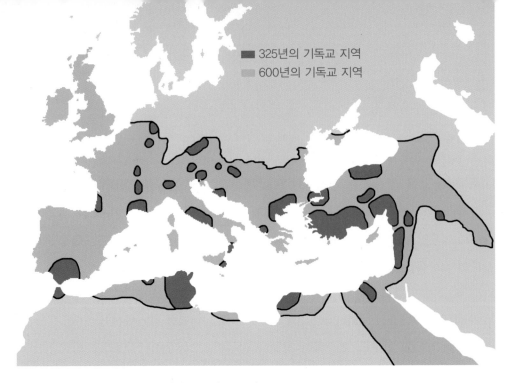

그림 2.8.1 **로마 제국의 기독교 지역, 325년, 600년**

그림 2.8.2 **로마 제국의 기독교 지역, 1000년**

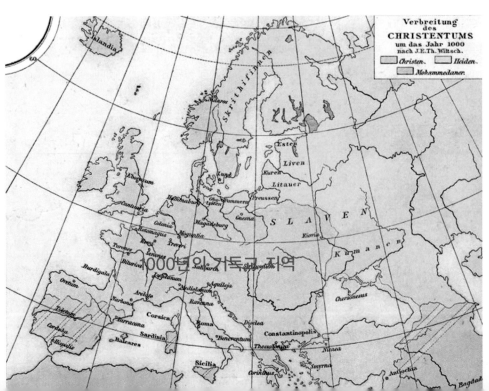

2.3   대항해 시대의 도시문명

로마 제국 시대 이후 도시문명은 대항해(Age of Discovery & Exploration)라는 세계 사적 현상을 겪으면서 공간 영역이 유럽 밖의 전 세계로 확대됐다. 대항해 에 나선 국가와 나서지 않은 국가의 도시는 전혀 다른 양상을 보이며 변천했 다. 대항해시대는 15세기 이후 포르투갈, 스페인, 프랑스, 네덜란드, 영국이 유럽 밖으로 나가 전 세계를 발견(Discovery)하고, 탐험(Exploration)한 시기다.[25]

포르투갈

포르투갈의 엔히크(1394-1460)는 대항해의 선봉에 섰다. 포르투갈은 포르투갈 제국(Portuguese Empire, 1415-1999)을 구축해 해외 영토를 확보했다. 포르투갈은 세우타 점유(1415), 마데이라 설립(1420), 아조레스 설립(1439), 카보베르데 설 립(1462), 상투메 프린시페 설립(1486), 희망봉 회항(1488), 인도항로 개척(1498), 브라질 발견(1500), 포르투갈 코친 설립(1503), 포르투갈 모잠비크 설립(1506), 포르투갈 고아 설립(1510), 포르투갈령 말라카 설립(1511), 포르투갈 호르무즈 설립(1515), 포르투갈 콜롬보 설립(1518), 포르투갈령 브라질 구축(1532), 브라 질 사우바도르 건설(1549), 중국 마카오 거류권 획득(1557), 포르투갈 나가사키 설립(1571), 포르투갈령 앙골라 설립(1571), 브라질 금 생산(1750년대), 사우바도

모국어
공식 및 행정 언어
문화 또는 보조 언어
포르투갈어를 사용하는 소수민족
포르투갈어 기반 크리올 언어

그림 2.9 **세계의 포르투갈어 사용 지역**

르에서 리우데자네이루로 이전(1763), 브라질 독립(1822), 아프리카 식민지 독립(1974-1975, 앙골라·모잠비크·기니비사우·카보베르데·상투메프린시페), 마카오 반환(1999) 등을 전개했다. 1815년 포르투갈 제국의 최대 면적은 5,400,000㎢에 달했다.[26]

포르투갈은 발견하고 탐험한 해외 영토에 **포르투갈어**를 심었다. 포르투갈어는 2020년 기준으로 260,000,000명이 사용한다. 유럽 연합, 메르코수르, 미주 기구, 서아프리카 국가 경제 공동체, 아프리카 연합, 포르투갈어 국가 공동체의 공식 언어다. 1997년 종합 학술 연구에서 포르투갈어를 세계적으로 영향력 있는 10개 언어 중 하나로 선정했다.그림 2.9

포르투갈은 유럽, 아프리카, 아메리카를 연결하는 해상교통의 지리적 결절지 역할을 했다. 금(金), 향신료, 설탕 등을 교역하며 50개국과 무역했다. 해외 영토에서 자원과 인력을 얻어 경제적 도움을 받았다. 1415년에 시작된 포르투갈 제국은 양차 세계대전을 겪은 후 1919년 소멸했다.[27]

포르투갈은 국토회복운동으로 1139년 나라를 세웠다. 국토회복운동의 원동력은 **기독교**였다. 1498년 바스코 다 가마 일행이 인도 항로로 떠나기 전 제로니무스 수도원에서 기도했다. 포르투갈은 가장 종교적인 국가 중 하나다. 대부분의 포르투갈인은 신의 존재를 확신한다. 종교는 그들의 삶에서 중요하다. 2021년 기준으로 포르투갈은 84.8%가 기독교를 믿는다. 가톨릭이 80.2%다. 포르투갈은 15세기 이후 해외로 진출하면서 남아메리카, 인도, 아프리카 등 포르투갈의 해외 영토에 **기독교**를 전파했다.[28]

스페인

스페인은 스페인 제국(Spanish Empire, 1492-1976)의 484년간 해외 영토를 확보했다. 스페인은 1492년 콜럼버스가 아메리카 신대륙을 발견한 이후 본격적으로 탐험에 나섰다. 스페인은 카나리아 제도 관할(1402-1496), 아메리카 대륙 상륙(1492), 나바르 관할(1512-1529), 아즈텍 제국 관할(1519-1521), 마젤란 세계 일주(1519-1522), 마야 관할(1524-1697), 잉카 제국 관할(1532-1572), 스페인 동인도 제도 설립(1565), 포르투갈과 아조레스 제도 관할(1580-1583). 이베리아 연합 해산(1640), 스페인 미국 독립 전쟁(1808-1833), 스페인 사하라 사막에서 철수(1976) 등 유럽, 아메리카, 아프리카, 아시아의 일부 영토를 점유했다. 1780년 스페인 제국의 최대 면적은 13,700,000㎢였다.[29]

1800년 스페인은 아메리카에 누에바 스페인 부왕령(1535-1821), 페루 부왕령(1542-1824), 누에바 그라나다 부왕령(1717-1819), 리오 데 라 플라타 부왕령(1776-1814) 등 4개의 부왕령을 설치했다. 누에바 스페인 부왕령에는 라스 캘리포니아스, 누에보 레이노 데 레온, 테리토리오 데 누트카, 누에보 산탄데르, 누에바 비즈카야, 산타페 데 누에보 멕시코, 누에바 에스트레마두라, 누에바 갈리시아, 과테말라 대령, 산티아고 해외 영토(1655년까지), 라 루이지애나(1801년까지), 스페인어 플로리다(1819년까지), 쿠바 대령(1898년까지), 푸에르토리코 대령(1898년까지), 산토 도밍고(1861-1865) 등의 지방을 두었다. 필리핀 총사령관은 1565-1821년 기간에는 뉴 에스파냐가 관할했고, 그 후 멕시코 독립 이후 1898년까지 마드리드에서 직접 관할했다. 칠레 총사령관은 1541-1818년 사이에, 베네수엘라 대령은 1777-1824년 기간에 스페인이 관할했다. 스페인이 관할했던 해외 영토에는 정착지, 거류지, 거주 취락 등 도시 형태가 구축됐다.[30]

1800년 이후 스페인의 해외 영토는 순차적으로 독립했다. 콜롬비아(1810), 파라과이(1811), 아르헨티나(1816), 칠레(1818), 에콰도르(1820), 멕시코(1821), 니카라과(1821), 엘살바도르(1821), 코스타리카(1821), 과테말라(1821), 베네수엘라(1823), 페루(1824), 볼리비아(1825), 온두라스(1838), 캘리포니아(1846), 도미니카(1865), 푸에르토 리코(1898), 모로코(1956), 적도 기니(1968) 등은 독립했다. 루이지애나(1800년 프랑스에 팔림), 아이티(1804, 1697년 프랑스가 점령), 플로리다(1821, 미국이 점령), 우루과이(1825, 1811년 브라질에 합병), 괌(1898, 미국이 점령), 쿠바(1902, 1898년 미국이 점령), 파나마(1903, 1821년 스페인에서 분리되어 1903년까지 콜롬비아에 합류), 필리핀(1948, 1898년 미국이 점령), 자메이카(1962, 1655년 영국이 점령), 트리니다드 토바고(1962, 1797년 영국으로 이양), 벨리즈(1981, 1700년대 초 영국이 점령) 등은 스페인에서 다른 나라로 관할이 바뀌었다가 독립됐다.[31]

스페인은 자국의 해외 영토에 **스페인어**를 심었다. 스페인어는 2023년 기준으로 595,000,000명이 사용한다. 스페인어를 모국어로 쓰는 인구는 486,000,000명이다. 20개국의 공식 언어다. UN의 6대 공용어 중 하나다. 영

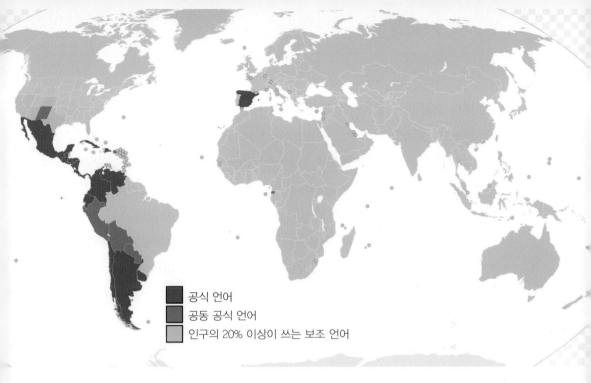

공식 언어

공동 공식 언어

인구의 20% 이상이 쓰는 보조 언어

그림 2.10 **세계의 스페인어 사용 지역**

어, 프랑스어, 스페인어, 중국어, 러시아어는 1946년 유엔 총회와 안전보장
이사회에서 UN의 공식 언어로 제정되었다. 아랍어는 1973년 총회와 1982
년 안보리에서 공식 언어가 되었다. 스페인어는 유럽연합, 미주기구, 남미
국가연합, 라틴아메리카와 카리브해 국가공동체, 아프리카연합 등의 국제
기구에서 공용어로 사용한다.[32] 그림 2.10

스페인은 아메리카로부터 농산품과 광물을 들여왔다. 감자, 토마토, 옥수
수 등 농작물은 스페인 경제와 유럽 대륙의 **먹거리**를 해결해 주었다. 금, 은
은 스페인 왕정에게 힘을 실어 주었다. 1500-1650년 기간 스페인에 181톤의
금과 16,000톤의 은이 들어왔다. 군사력을 확충하고 해군력을 강화했다. 계
속된 귀금속의 유입은 인플레이션을 일으켰다. 국내 생산품에 중과세하여
상품 가격이 올랐다. 기업가는 부를 쌓았으나 저소득층은 고통을 겪었다. 전

염병이 창궐하고 사람들이 식민지로 떠나면서 17세기 중반에 1,000,000명의 인구가 감소했다.[33]

스페인은 국토회복운동으로 1492년 이슬람을 스페인에서 몰아냈다. 국토회복운동의 원동력은 **기독교**였다. 스페인은 발견하고 관할했던 아메리카, 아시아, 아프리카 등 해외 영토에 **가톨릭**을 전파했다. 플로리다 스페인 관할 시대(1513-1763) 동안 북미 남동부 지역에 100개가 넘는 선교부를 세웠다. 아메리카에 프란체스코 수도회(1523년 시작), 도미니크 수도회(1542년 시작), 예수회(1570-1767) 등의 선교 조직으로 기독교를 전파했다.[34]

유럽인과 아메리카 토착민의 인종적 혼합을 메스티소(Mestizo)라 했다. 가톨릭은 아메리카 토착민과 메스티소 등에게 어김없이 전파되었다. 오늘날 메스티소 인구가 대다수인 나라는 파라과이(95%), 엘살바도르(90%), 온두라스(60-90%), 멕시코(55-70%), 파나마(70%), 니카라과(69%), 베네수엘라(69%), 콜롬비아(49-68%), 에콰도르(45-60%), 과테말라(55%), 벨리즈(49%), 브라질(48%), 페루(37%), 볼리비아(30-35%) 등이다.[35]

스페인과 포르투갈은 아메리카, 아시아, 아프리카 등 발견하고 탐험한 해외 영토에 **스페인어**, **포르투갈어**, **기독교**를 전파했다. 라틴 아메리카의 90%는 기독교인이다. 가톨릭이 대부분이다.

프랑스

프랑스는 제1차 프랑스 식민 제국(1534-1814)과 제2차 프랑스 식민 제국(1830-1980)의 430년간 해외 식민지, 보호령, 위임통치령을 확보했다. 아메리카의 해외 영토는 캐나다의 뉴 프랑스(1534-1763), 미국의 포트 세인트 루이스(텍사스, 1685-1689), 루이지애나(신프랑스, 1672-1764; 신스페인, 1801-1804) 등, 멕시코(1861-1867), 브라질의 에퀴녹시알(1610-1615) 등, 아르헨티나/칠레의 아라우카니아 왕국과 파타고니아(1860-1862), 아이티의 성 도밍고(1627-1804), 도미니카 공화국(1625-1763, 1778-1783, 1795-1809), 포클랜드 제도(1504, 1701, 1764-1767), 과들루프(1635-현재), 마르티니크(1635-현재), 프랑스령 기아나(1604-현재), 생 피에르 미클롱(1604-1713, 1763-현재) 등이다.

아프리카의 해외 영토는 이집트(1798-1801, 1858-1882, 1956), 알제리(1830-1962), 튀니지(1881-1956), 모로코(1912-1956), 코트디부아르(1843-1960), 다호메이(베냉, 1883-1960), 수단(말리, 1883-1960), 세네감비아와 니제르(1902-1904), 기니(1891-1958), 모리타니(1902-1960), 니제르(1890-1960), 세네갈(1677-1960), 어퍼 볼타(부르키나 파소, 1896-1960), 토고랜드(1918-1960), 나이지리아 일부(1892-1893, 1900-1927), 감비아 일부(1681-1857, 1695-1697, 1702), 차드(1900-1960), 우방이샤리(중앙아프리카 공화국, 1905-1960), 콩고 공화국(1875-1960), 가봉(1839-1960), 카메룬 일부(1918-1960), 마다가스카르(1896-1960), 프랑스 섬(모리셔스, 1715-1810), 지부티(프랑스령 소말릴란드, 1862-1977), 레위니옹(1710-현재), 마요트(1841-현재) 등이다.

아시아의 해외 영토는 프랑스 인도차이나 연합(1887-1954), 라오스(1893-1953), 캄보디아(1863-1953), 베트남의 코친차이나(1858-1949), 안남(1883-1949), 통킹(1884-1949), 베트남 국가(1949-1954), 난사군도(1933-1939), 파라셀 제도(1933-1939), 태국의 찬타부리(1893-1904), 트랏(1904-1907), 인도의 푸두체리(1765-1954), 카리칼(1725-1954), 마에(1721-1954), 야나온(1723-1954), 찬다나가르(1673-1952), 대만의 지룽(1884-1885), 중국의 광저우완 임차지역(1898-1945), 상하이 프랑스령 조계(1849-1946), 톈진(1860-1946), 한커우(1898-1946), 프랑스령 시리아(1920-1946),

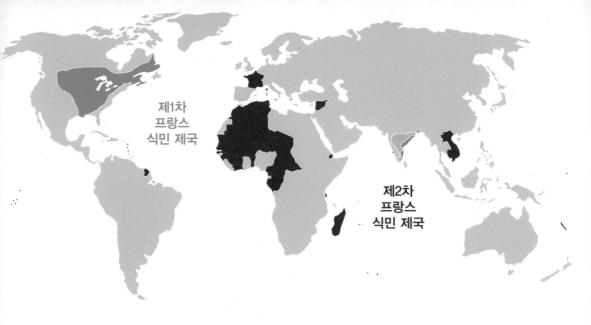

그림 2.11 **프랑스의 제1차/제2차 식민 제국 1534-1980**

알레포(1920-1924), 다마스커스(1920-1924), 대레바논(레바논, 1920-1946) 등이다.

대양주의 해외 영토는 오타헤이티(1842-1880), 루루투(오스트랄 제도, 1858-1889), 파푸아 뉴기니, 뉴 칼레도니아(1853-현재), 뉴 헤브리디스 제도(바누아투, 1887-1980), 월리스 푸투나(1887-현재) 등이다. 남극 대륙은 크로제 제도(1772-현재), 케르겔렌 제도(1772-현재), 아델리 랜드(1840-현재) 등이다.

프랑스의 제1차 해외 진출은 1534년 캐나다 퀘벡에서, 제2차 진출은 1830년 아프리카 알제리에서 출발됐다. 제1차는 아메리카, 아시아에, 제2차는 아프리카, 아시아, 남태평양에 집중됐다. 1680년 제1차 전성기 때 면적은 10,000,000㎢였다. 1920-1930년 제2차 전성기 때 면적은 13,500,000㎢였다. 1980년 남태평양 바누아투가 독립하면서 프랑스의 해외 진출은 막을 내렸다.[36] 그림 2.11

프랑스는 해외 영토로부터 경제적 도움을 받았다. 해외 영토는 프랑스의 장비, 기계, 상품에 대한 수요를 창출했다. 철도, 인프라 프로젝트에는 프랑스 엔지니어링 전문 지식과 건설을 위한 기계, 도구를 공급했다. 해외 영토의 농부와 광부에게 필요한 프랑스 산 도구, 화학 물질, 종자 등을 제공했다. 일부 해외 영토는 주요 원자재를 프랑스로 보냈다. 프랑스령 서아프리카는 커피와 코코아 공급원이었다. 설탕은 해외 영토 마르티니크, 레위니옹, 과들루프에서 들어왔다. 북아프리카, 서아프리카, 카리브해에서는 바나나, 감귤류, 파인애플, 코코넛 등의 열대 과일이 왔다. 1880년대에 프랑스와 알제리, 인도차이나, 카리브해 영토, 가봉, 튀니지, 마다가스카르 사이에 관세 면제 구역이 설정됐다. 관세 면제를 통해 프랑스와 이들 지역은 자유롭게 교역했다. 프랑스령 서아프리카, 뉴칼레도니아, 생피에르 미클롱 해외 영토에서는 프랑스 수입품에는 관세를 면제하나 프랑스로 수출할 때는 관세를 냈다. 제1차 세계대전이 발발할 무렵 프랑스 해외 영토는 프랑스의 경제적 자산이 됐다. 해외 영토는 1913년 프랑스 수출의 13%를 흡수했고 수입의 9.4%를 차지했다. 이로 인해 국민 소득이 5-6% 증가했다. 1902년부터 해외 영토 무역의 비중은 프랑스와 독일, 벨기에, 룩셈부르크와의 무역을 합친 것보다 더 컸다. 해외 영토는 섬유, 양초, 비누 등 프랑스 산업 제품의 소비지였다.[37]

프랑스는 문명화(Civilizing Mission)를 명분으로 해외 영토에 **프랑스어와 가톨릭**을 확산시켰다. 프랑스어를 사용하는 사람을 프랑코폰(Francophone, Francophonie)이라 한다. 매일 프랑스어를 행정 언어, 교육 언어로 선택한 사람, 조직, 정부의 총체를 나타낸다. 프랑콘 용어는 1880년에 만들어졌다. 프랑스어는 29개국의 공식 언어다. 84개국에서 프랑스어를 공유한다. UN에서 사용되는 6개의 공식 언어 중 하나다. 프랑스어는 문학과 과학 표준의 국제 언어다. UN, 유럽 연합, 북대서양 조약 기구, 세계 무역 기구, 국제 올림픽 위원회, 도량형 총회, 국제 적십자 위원회 등 국제 기구의 기본/제2언어로 사용된다. 2022년 기준으로 프랑스와 스위스, 벨기에, 캐나다 등지의 80,000,000

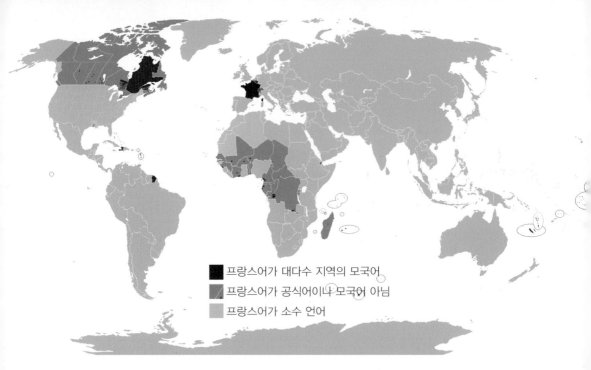

그림 2.12 **세계의 프랑스어 사용 지역**

명 프랑코폰은 프랑스어를 모국어로 사용한다. 2022년에 프랑스어를 제1/
제2언어로 사용하는 사람은 270,000,000명이다. 2023년 기준으로 프랑스
어 사용자의 51%가 아프리카에 살고 있다.[38] 그림 2.12

　프랑스는 800년 샤를 마뉴 때부터 가톨릭을 신봉했다. 1562년 가톨릭과
개신교의 갈등이 있었으나 가톨릭의 전통이 유지됐다. 프랑스는 진출한 해외
영토에 가톨릭 선교사, 사제, 수녀를 파견하고, 교회, 학교, 병원을 지었다.[39]

네덜란드

네덜란드는 1602년 네덜란드 동인도회사 설립부터 1975년 남아메리카 수
리남 독립 때까지 373년간 해외 영토를 관할했다. 네덜란드는 아시아에서

네덜란드 인도(1605-1825), 네덜란드 포모사(대만, 1624-1668), 네덜란드 벵갈(1627-1825), 네덜란드 실론(1640-1796), 네덜란드 말라카(1641-1825), 동인도 제도(1800-1949)를 개척했다. 네덜란드는 암본섬(1605), 바타비아(Batavia, 1619-1942, 자카르타 1942-현재), 말라카(1641), 콜롬보(1656), 실론(1658), 나가파티남/크랑가노레/코친(1662), 데지마((1641-1854)를 관할했다. 북아메리카에서 뉴네덜란드(1614-1674)를 설립했다. 남아메리카에서는 네덜란드 브라질(1630-1654), 네덜란드 기아나(1667-1954), 네덜란드 수리남(1954-1975)을 개척했다. 아프리카에서 네덜란드 케이프(1652-1806)를 관할했다. 새로운 무역로 개척을 위해 네덜란드 동인도회사의 헨리 허드슨이 북미 동부 해안(1609)을, 아벨 태즈먼이 호주/뉴질랜드(1642-1644)를 탐험했다.[40]

네덜란드는 1652-1784년 기간에 영국과 네 차례의 해상 교전으로 전쟁을 치뤘다. 처음 세 번의 전쟁은 무역과 해외 영토를 놓고 다퉜다. 영국은 1차 전쟁에서, 네덜란드는 2·3차 전쟁에서 승리했다. 1780-1784년의 4차 전쟁에서 네덜란드가 패했다. 네덜란드는 해외 영토와 무역 독점권을 잃었다.[41]

네덜란드는 동인도 회사와 서인도 회사를 통해 해안 요새, 공장, 항구, 정착지, 소수민족 거주지, 거점을 구축했다. 영토 확장과 원주민 영토에 대한 주권 행사보다 국제 해상수송과 상업적 교역에 중점을 두었다. 불필요한 비용을 줄이기 위해 가능한 좁은 지역을 유지하려 했다. 네덜란드는 해외영토 관할 지역에 지명, 건축물, 인프라, 스포츠 유산을 남겼다. 커피, 차, 코코아, 담배, 고무 등의 작물을 도입했다.[42]

네덜란드와 포르투갈은 아시아 서인도제도에서 해외영토를 각각 확보해 관리했다. 네덜란드는 콜롬보, 나가파티남, 크랑가노레, 코친, 말라카, 자카르타, 암보이나, 데지마를 관할했다. 포르투갈은 고아, 마카오를 관리했다.

영국

영국은 대영 제국(British Empire, 1497-1997)의 500년 동안 해외 영토를 구축했다. 대영 제국은 자치령, 식민지, 보호국, 위임통치령, 영국과 그 전신 국가가 통치하거나 관리하는 기타 영토로 구성되었다. 전성기 때는 세계 최강국이었다. 1938년 기준으로 대영 제국의 인구는 531,000,000명이었다. 1920년 기준으로 대영 제국의 면적은 35,500,000㎢였다. 당대 육지 면적의 26.4%였다. 영국은 세계 관할을 통해 영국의 헌법, 법률, 언어, 문화 유산을 세계에 널리 퍼뜨렸다. 태양이 영국 제국의 넓은 영토 중 적어도 하나 위에 떠있어서「해가 지지 않는 제국」으로 묘사됐다.[43] 그림 2.13

영국의 해외 진출은 1497년 캐나다 탐험에서 시작됐다. 종교개혁으로 영국은 성공회를 택했다. 로마 가톨릭의 스페인과 경쟁했다. 제1제국(1583-1783) 기간에는 아메리카·아프리카 진출, 프랑스와의 제2차 백년전쟁, 아시아에서 네덜란드와의 경쟁 등이 진행됐다. 제2제국(1783-1815) 기간에는 동인도 회사의 인도 관리, 아메리카의 13개 해외영토 상실, 태평양 탐험, 나폴레옹과의 쟁투, 노예 제도 철폐 등이 전개됐다. 제국주의(1815-1914) 시기에는 동인도 회사의 아시아 관할, 러시아와의 경쟁, 아프리카 케이프에서 카이로까지 관할 등을 통해 대영 제국의 전성기를 맞았다. 세계 대전(1914-1945)이 제1차(1914-1918), 전간기(1918-1939), 제2차(1939-1945)의 기간에 일어났다. 1945년 이후 대영 제국의 해외 영토가 차례로 독립했다. 1997년 홍콩을 중국에 반환하면서 대영 제국은 끝났다. 영국은 그레이트 브리튼과 북아일랜드 연합 왕국이 되었다.

아프리카의 해외 영토는 바수톨랜드(1868-1966, 레소토로 독립), 베추아날란드

그림 2.13 **대영 제국과 최대 해외 영토, 1921**

(1884-1966, 보츠와나로 독립), 영국령 카메룬(1916-1961, 북부는 나이지리아, 남부는 카메룬 공화국
에 합병), 영국령 동아프리카(1888-1920, 케냐의 보호령이 됨), 케이프 콜로니(1806-1910, 남
아공에 편입), 이집트(1801-1803, 1882-1922, 독립), 감비아(1816-1965, 독립), 골드 코스트
(1874-1957, 가나로 독립), 케냐(1920-1963, 독립), 리비아, 키레나이카, 트리폴리타니아
(1942-1951, 리비아 왕국으로 독립), 니제르, 나이지리아(1885-1960, 나이지리아 연방으로 독립),
니아살랜드(1891-1964, 말라위로 독립), 북로디지아(1911-1964, 잠비아로 독립), 짐바브웨
로디지아(1979-1980, 짐바브웨로 독립), 시에라리온(1787-1961, 독립), 남아프리카 공화
국(1910-1961, 독립), 수단, 앵글로 이집트(1899-1956, 수단 공화국으로 독립), 스와질랜드
(1902-1968, 독립), 탕가니카(1922-1961, 독립, 1964 잔지바르와 합병해 탄자니아가 됨), 브리티시
토고랜드(1914-1957, 독립후 가나와 합병), 우간다(1890-1962, 독립), 잔지바르(1890-1963, 독
립후 1964 탕가니카와 합병해 탄자니아가 됨) 등이다.

북아메리카의 해외 영토는 브리티시 컬럼비아(1858-1871, 캐나다에 편입), 캐나다 자치령(1867-1931), 캐나다 로어/어퍼(1791-1841), 캐나다(1841-1867), 캐롤라이나(1663-1783), 코네티컷(1636-1783), 이스트플로리다(1763-1783), 그루지야(조지아, 1732-1783), 매사추세츠 베이(1629-1691), 뉴브런즈윅(1784- 1867), 뉴햄프셔(1641-1783), 뉴저지(1664-1783), 뉴욕(1664-1783), 뉴펀들랜드(1497-1949), 노바스코샤(1621-1867), 퀘벡(1763-1791), 벤쿠버(1849-1866), 버지니아(1607-1783), 웨스트플로리다(1763-1783) 등이다.

중앙 아메리카 해외 영토는 앵귈라(1650-현재), 엔티가(1632- 1981, 앤티가 바부다로 독립), 바하마(1670-1973, 독립), 바베이도스(1624-1966, 독립), 온두라스(1665-1981, 독립), 영국령 버진 아일랜드(1666-현재), 케이맨 제도(670-현재), 도미니카(1763-1978, 독립), 그레나다(1762-1974, 독립), 자메이카(1655-1962, 독립), 몬세라트(1632-현재), 트리니다드 토바고(토바고 1762-1889, 트리니다드 1802-1889, 트리니다드 토바고 1889-1962, 독립), 터크스 케이커스 제도(1799-현재) 등이다. 남아메리카 해외 영토는 영국령 기아나(1831-1966, 가이아나로 독립) 등이다.

아시아의 해외 영토는 아프가니스탄(1879-1919, 독립), 바레인(1880-1971, 독립), 브루나이(1888-1984, 독립), 버마(1824-1948, 독립), 실론(1795-1948, 독립), 홍콩(1841-1997, 중국에 이양), 쿠웨이트(1899-1961, 독립), 인도 제국(1613-1947 분할 후 인도와 파키스탄으로 독립), 말라야(1824-1963, 말레이시아 연방으로 독립), 팔레스타인(1920-1948), 카타르(1916-1971, 독립), 싱가포르(1824-1965, 독립), 트란스요르단(1920-1946, 독립) 등이다.

유럽의 해외 영토는 아크로티리와 데켈리아(1960-현재), 키프로스(1878-1960, 독립), 덩케르크(1658-1662, 프랑스에 편입), 지브롤터(1704-1983, 2002-현재), 아일랜드(1172-1801, 그레이트 브리튼과 합병), 아일랜드 자유국(1922 독립, 1949 공화국 선언), 몰타(1800-1964, 독립) 등이다.

대서양의 해외 영토는 버뮤다(1612-현재), 포클랜드 제도(1766-현재), 세인트 헬레나(1588-현재), 사우스 조지아와 사우스 샌드위치 제도(1775-현재) 등이다. 인도양의 해외 영토는 영국령 인도양 지역(1810-현재), 몰디브(1796-965, 독립), 모리셔스(1809-1968, 독립), 세이셸(1794-1976, 독립) 등이다. 대양주의 해외 영토는 호주(1901-1942, 웨스트민스터 법령을 국내법으로 채택), 피지(1874-1970, 독립), 통가(1889-1970, 독립), 나우루(1914-1968, 독립), 뉴질랜드(1769-1947, 웨스트민스터 법령을 국내법으로 채택), 핏케언 제도(1838-현재), 샌드위치 제도(1794-1843), 솔로몬 제도(1889-1978, 독립), 투발루(1975-1978, 독립) 등이다. 남극 지역 해외 영토는 영국 남극 영토(1962-현재) 등이다.

1926년 영연방(Commonwealth of Nations)의 정치적 연합체가 결성됐다. 대부분 대영 제국의 영토였던 56개 회원국으로 구성되어 있다. 영연방의 인구는 2016년 추정으로 2,418,964,000명이고, 면적은 29,958,050㎢다.[44] 오늘날 남아 있는 영국 해외 영토는 앵귈라, 버뮤다, 영국 남극 영토, 영국령 인도양 지역, 영국령 버진 아일랜드, 케이맨 제도, 포클랜드 제도, 지브롤터, 몬세라트, 핏케언 제도, 세인트헬레나, 사우스 조지아와 사우스 샌드위치 제도, 아크로티리와 데켈리아, 터크스 케이커스 제도 등 14개다. 이들 지역은 어느 정도의 내부 자치권을 가지고 있으며 영국은 국방과 외부 관계에 대한 책임을 유지한다.[45]

영국은 해외 영토에 **영어**를 심었다. 1938년 기준으로 인구 531,000,000명이었고, 1920년 기준으로 육지 면적의 26.4%인 35,500,000㎢였다. 영어는 시간이 지나면서 세계 언어로 발전했다.

대영 제국은 19세기 해군력을 갖춘 강국으로 부상했다. 유럽과 세계의 상대적 평화 기간(1815-1914) 동안 대영제국은 세계 패권국이 됐다. 영국 평화(Pax Britannica) 기간을 누렸다. 대영 제국의 해외 영토는 영국에게 경제적 풍요로움을 가져다 주었다. 1870년 기준으로 대영제국 영토 내의 GDP 비율은 영국령 인도 50.04%, 영국 37.19%, 아일랜드 3.58%, 캐나다 2.39%, 호주 2.14%, 이집트 1.69%였다. 대영 제국의 GDP는 세계 전체 GDP의 24.28% 였다. 미국은 8.87%, 러시아 제국은 7.54%였다. 1913년 기준으로 대영제국 영토 내의 GDP 비율은 영국 47.04%, 영국령 인도 42.33%, 캐나다 3.50%, 호주 2.49%, 아일랜드 1.20%, 이집트 1.09%였다. 대영 제국의 GDP는 세계 전체 GDP의 36.54%였다. 미국은 18.93%, 러시아 제국은 8.5%였다.[46]

영국은 1534년 로마 가톨릭 교회로부터 분리된 성공회(Anglican Communion) 를 설립했다. 대영 제국은 해외 영토에 **성공회**를 전파했다. 나이지리아, 우간 다, 케냐, 남인도, 남수단, 호주, 남아프리카, 캐나다, 탄자니아, 북인도, 수 단, 르완다 등지의 성공회 교인이 1,000,000명을 넘는다.[47]

영국에서 종교적 자유를 추구하는 **청교도**들이 1620-1640년 사이에 미국 에 도착했다. 미국의 건국 지도자들은 개신교 정신을 강조했다. 미국은 기독 교 국가로 발전했다. 2023년 기준으로 미국의 기독교도는 68%다.[48]

대항해에 나서지 않은 지역

대항해에 나서지 않은 지역은 신성로마제국, 북부 유럽, 동부 유럽 등지(等地) 였다. 신성로마제국과 북부 유럽은 종교 개혁과 종교 전쟁(1618-1648)을 치르는 와중에 있었다. 1517년 독일에서 종교 개혁(Reformation)이 일어났다. 종교자유 를 외친 프로테스탄트의 개신교 세력과 이를 받아들이지 않으려는 가톨릭 세 력과의 싸움이었다. 싸움은 30년 전쟁(1618-1648)으로 이어졌다. 30년 전쟁은 1648년 베스트팔렌 조약으로 마무리 되었다. 30년 전쟁 후 유럽은 크게 바뀌

었다. 칼뱅파와 루터파 개신교가 승인
되었다. 가톨릭 국가 스페인은 네덜란
드를 잃었고 서유럽의 주도적 입지도
상실했다. 프랑스는 유럽 강대국으로
부상했다. 스웨덴은 발트해의 지배권
을 장악했다. 스위스와 네덜란드는 완
전한 독립국으로 승인받았다. 북부유
럽의 덴마크, 스웨덴, 노르웨이, 핀란
드 등은 개신교 국가로 바뀌었다. 독일
의 여러 도시와 공국은 처참하게 주저
앉았다. 신성로마제국은 51개의 자잘
한 자유 제국 도시(free imperial cities)들로
이루어진 소국으로 전락했다. 1648년
부터 100여 년 동안 독일은 유럽 내에
서 뚜렷한 정치 세력으로 떠오르지 못
했다. 1806년 나폴레옹에 의해 신성로
마제국은 무너졌다.[49] 그림 2.14

러시아 제국과 동부 유럽의 여러 나
라는 바다로 나가기가 용이하지 않았
다. 북해로의 해양 진출은 북부 유럽
여러 나라와의 갈등을 이겨내야 하는
지리적 여건이었다. 흑해-지중해로 나
가는 해양 통로는 스페인, 프랑스 등과

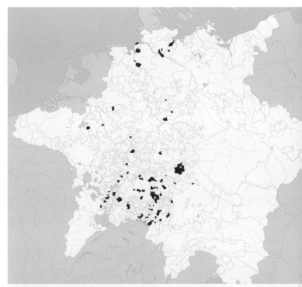
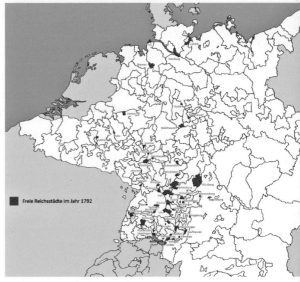

그림 2.14 **1648년 신성로마제국의 제국도시와 18세기의
자유 제국도시**

1945

■ 대영제국
■ 영연방
■ 프랑스
■ 포르투갈
■ 스페인
■ 네덜란드
■ 벨기에
■ 미국

그림 2.15 **서구 국가의 해외 영토 1945년 제2차 세계대전 말**

의 갈등을 극복해야 하는 지정학적 환경이었다. 결과론적으로 이들 지역은 내륙 지향(Inland oriented)의 생활양식을 유지했다고 여겨진다.

대항해 시대의 **도시문명**은 1415-1999년 기간에 포르투갈, 스페인, 프랑스, 네덜란드, 영국이 주도했다. 이들 국가는 해외 영토에 항구, 정착지, 거류지, 배후지 등 정주환경을 구축했다. 해외 영토에 **포르투갈어, 스페인어, 프랑스어, 영어** 등 **말**을 심었다. 이들 국가는 해외 영토로부터 자원과 인력을 공급받고 제품을 소비하게 해 **먹거리 산업**에 도움을 받았다. 해외 영토에는 **가톨릭, 개신교, 성공회** 등 **기독교**가 전파됐다. 대항해에 나섰던 국가와 해외 영토는 해양 지향(Ocean oriented)의 생활상을 갖게 됐다.그림 2.15

2.4 산업 혁명 시대의 도시문명

1760년 이후의 도시문명은 산업 혁명을 겪으면서 이제까지와는 전혀 다른 도시의 생활상을 보였다. 산업 혁명은 네 가지 단계로 설명한다.[50]

제1차 산업 혁명은 1760-1840년경까지의 기계 혁명이다. 영국에서 시작됐다. 영국은 해외 영토에서 도움을 받았다. 1765년 석탄이 등장했다. 증기력과 수력으로 기계 생산이 실현됐다. 섬유, 제조, 철, 화학, 건설, 운송 산업이 성장했다. 생산량이 증가했다. 인구가 늘면서 도시화가 전개됐다. 산업 혁명은 1인당 GDP를 논의하는 경제성장 시대를 열었다. 1840년 이후 벨기에, 프랑스, 오스트리아-헝가리, 독일, 스웨덴, 미국 등에서 산업 혁명이 진행됐다. 런던, 맨체스터, 버밍햄, 쉐필드, 리즈, 리버풀, 뉴캐슬, 파리, 베를린, 뉴욕, 필라델피아 등에서 산업 혁신이 이뤄지면서 도시는 혁명적으로 바뀌고 성장했다.[51]

제2차 산업 혁명은 1870-1914년 기간에 펼쳐진 기술 혁명이다. 1870년에 철강과 석유가 대두됐다. 전기와 전화가 발명됐다. 철도와 전신 네트워크로 사람과 아이디어가 지역과 도시 간 이동을 가속화시켰다. 가스 수도 공급, 하수 시스템 등의 도시 하부구조 시스템이 구축됐다. 화학, 석유, 전기, 자동차 산업이 성장했다. 2차 산업혁명은 영국, 독일, 미국, 벨기에, 이탈리아, 일본 등에서 진행됐다. 1863년 독일 바이엘, 1870년 미국 스탠다드 오일, 1892년

제너럴 일렉트릭, 1901년 US 스틸 등의 거대 산업 기업이 등장했다.[52]

제3차 산업 혁명은 1947-현재 기간의 디지털 혁명이다. 1947년 미국의 벨 연구소에서 트랜지스터가 발명됐다. 1947–1969년 사이에 본격적인 디지털 시대가 전개됐다. 1969년 인터넷이 등장하면서 1969–1989년 기간에 가정용 컴퓨터가 보급됐다. 1989년 월드 와이드 웹이 발명되어 1989–2005년 기간에 인터넷 웹 1.0 시대가 펼쳐졌다. 2005년 웹 2.0 시대가 열려 소셜 미디어, 스마트폰, 디지털 TV가 일상화됐다. 디지털 로직, 트랜지스터, 집적 회로 칩과 컴퓨터, 마이크로프로세서, 디지털 휴대폰과 인터넷 기술과 비즈니스가 활성화됐다. 미국의 실리콘 밸리, 영국 이스트 런던 테크 시티에서 디지털 산업이 이뤄졌다.[53]

제4차 산업 혁명은 2015-현재 기간의 인공 지능 혁명이다. 2015년 세계경제포럼의 클라우스 슈밥(Klaus Schwab)은 「21세기는 4차 산업혁명 시대」라고 진단했다. 4차 산업 혁명의 꽃은 인공 지능(Artificial Intelligence)이다. 빅 데이터, 챗봇, 드론, 로보틱스, 사물 인터넷, 클라우드 컴퓨팅, 우주 항공, 바이오, 유전자 편집, 태양광, 풍력, 배터리, 소형 원자로 등 과학 기술의 전 영역에서 기술 혁신이 일어나고 있다. 과학 기술의 혁신은 인문·사회·경제적 패러다임을 바꾸고 있다. 4차 산업 혁명의 제도적 메커니즘을 수립한 나라는 호주, 독일, 에스토니아, 인도네시아, 남아프리카공화국, **대한민국**, 스페인, 우간다 등이다. 미국, 영국, 스웨덴, 네덜란드, 호주, 벨기에, 일본, 프랑스, 오스트리아, 이탈리아 등에서 4차 산업 혁명이 빠르게 진행되고 있다.[54]

3차·4차 산업 혁명은 공간을 초월한다. 인터넷과 웹으로 지구 어느 곳에서도 디지털 산업을 일으킬 수 있기 때문이다. 3차·4차 산업 혁명이 진행될수록 도시가 분산되느냐 아니면 한 곳으로 집중되느냐에 관한 논의가 있다.

현실적으로 고급 정보와 인력은 결절 기능(Nodal function)이 높은 도시로 집중되는 양상을 보인다. 결절(結節) 기능이 높은 도시로의 집중은 대도시의 구축으로 이어진다. 현대 대도시는 조밀한 인구 밀도, 도시적 산업의 고도화, 중심지 기능을 수행한다. 중심지 기능으로 도시주변지역에 재화와 서비스를 제공한다. 도시 규모가 더욱 커지면 대도시 지역(metropolitan area)으로 발전한다. 대도시 지역은 중심도시와 주변지역으로 구성된다. 주변지역에 교외지역이 조성된다.[55]

시대에 따라 연구자에 따라 대도시 지역을 인구규모로 다양하게 정의한다. 일반적으로는 메트로폴리스(Metropolis)는 1,000,000-3,000,000명, 글로벌 시티(Global city)는 3,000,000-10,000,000명, 메가시티(Megacity)는 10,000,000명 이상, 기가시티(Gigacity)는 100,000,000명 이상의 대도시 지역이라고 설명한다.[56]

미국 달라스-포트워스는 대도시-소도시-중도시의 연담화로 메트로플렉스(Metroplex)를 형성했다. 대도시-교외지역-중소도시 등이 군락을 이루며 연속적으로 줄지어 나타나는 도시 군락을 메갈로폴리스(Megalopolis)라 한다. 프랑스 지리학자 고트만은 미국 동부 보스턴-와싱턴의 대도시 군락을 보스와시(Boswash) 메갈로폴리스라 명명했다. 그는 블라슈의 생활양식론에 입각해 보스와시 메갈로폴리스의 도시화, 토지이용 변화, 경제활동, 근린관계 등의 내용을 현지 답사를 통해 실증했다.[57]

UN 하비타트(Habitat)는 인구규모 300,000명 이상을 메트로폴리스로 정의했다. 하비타트는 2020년 기준으로 1,934 메트로폴리스에 2,590,000,000명이 거주한다고 보고했다. 전 세계 인구의 1/3, 도시 인구의 2/3다. 10,000,000명 이상이 34개, 5,000,000-10,000,000명이 51개, 1,000,000-5,000,000명

그림 2.16 **인구 300,000명 이상의 메트로폴리스, 2020**

이 394개, 300,000-1,000,000명이 1,355개라고 집계했다.[58] 그림 2.16

메가시티(Megacity)는 인구규모 10,000,000명 이상인 도시를 말한다. 일반적으로 각 도시의 생활권 인구까지를 포함한 개념이다. 1904년 텍사스 대학 기록에 처음 나왔다. 일각에서는 인구규모 5,000,000명 이상이고, 인구밀도 2,000명/㎢ 이상인 도시를 메가시티라 정의한다. 메가시티의 총수는 35개(2018년 UN), 45개(2023 *CityPopulation. de*), 44개(2023년 *Demographia*)로 집계했다. 중국, 인도, 브라질, 일본, 파키스탄, 미국에 많다. 메가시티에는 범죄, 노숙자, 교통 혼잡, 스프롤, 젠트리피케이션, 대기 오염, 에너지 부족 등의 도시 문제가 대두된다.[59]

글로벌 시티(Global city)는 글로벌 경제 네트워크의 주요 결절 역할을 하는 도시다. 파워 시티, 월드 시티, 알파 시티, 월드 센터라고도 한다. '세계화로 전 세계 금융, 무역, 문화에 미치는 영향의 정도가 전략적 지리적 계층 구조를 만들었다'는 지리학과 도시 연구에서 비롯된 개념이다. 글로벌 시티는 글로벌 도시 국제 시스템 내에서 가장 복잡하고 중요한 허브를 이룬다. 글로벌 시티는 높은 수준의 도시 개발, 많은 인구, 주요 다국적 기업의 입지, 세계화된 금융, 잘 발달되고 국제적으로 연결된 교통 인프라, 지역 또는 국가 경제 우위, 양질의 교육과 연구 기관, 전 세계적으로 영향력 있는 아이디어, 혁신 또는 문화 제품의 산출물을 가지고 있다. 글로벌 시티에서의 의사 소통은 대체로 영어를 활용한다.[60]

2015년 기준으로 글로벌 경제력지수에 따른 세계 10대 글로벌 시티는 ① 미국 뉴욕 ② 영국 런던 ③ 일본 도쿄 ④ 중국 홍콩 ⑤ 프랑스 파리 ⑥ 싱가포르 싱가포르 ⑦ 미국 로스 앤젤레스 ⑧ **대한민국** 서울 ⑨ 오스트리아 비엔나 ⑩ 스웨덴 스톡홀름 & 캐나다 토론토 등이다. 2019년 기준으로 온라인에서 많이 언급된 상위 10개 글로벌 시티는 ① 일본 도쿄 ② 미국 뉴욕 ③ 영국 런던 ④ 프랑스 파리 ⑤ 스페인 마드리드 ⑥ 아랍에미리트 두바이 ⑦ 이탈리아 로마 ⑧ 스페인 바르셀로나 ⑨ **대한민국** 서울 ⑩ 일본 오사카 등이다.[61] 그림 2.17

세계화와 세계 도시 연구 네트워크(GaWC)는 2020년 기준으로 고급 생산자 서비스 지표로 글로벌 도시 경제를 평가했다. 고급 생산자 서비스는 회계, 광고, 은행/금융, 법률의 네 가지를 선택했다. 전 세계 707개 도시의 175개 선도 기업을 분석했다. 알파++ 도시는 영국 런던과 미국 뉴욕으로, 알파+ 도시는 중국 베이징, 아랍에미리트 두바이, 홍콩 홍콩, 프랑스 파리, 중국 상하이, 싱가포르 싱가포르, 일본 도쿄로 분류했다.[62]

경제적으로 부유한 나라들은 시대의 흐름을 적시(just-in-time)에 맞춰 유연하고 다양하게 산업 혁신을 이뤄내고 있다. 산업 경제력의 결과는 국내총생

그림 2.17 세계적 글로벌 시티 미국 뉴욕의 맨해튼 도시 경관

산(Gross Domestic Product)으로 실증된다. IMF는 매년 명목 GDP를 조사해서 발표한다. IMF 자료는 각 국가의 빈부를 측정할 수 있는 **먹거리 산업**의 유효한 지표다. IMF는 2023년 기준으로 명목 GDP 상위 20개 국가를 ① 미국 ② 중국 ③ 일본 ④ 독일 ⑤ 인도 ⑥ 영국 ⑦ 프랑스 ⑧ 이탈리아 ⑨ 캐나다 ⑩ 브라질 ⑪ 러시아 ⑫ **대한민국** ⑬ 호주 ⑭ 멕시코 ⑮ 스페인 ⑯ 인도네시아 ⑰ 네덜란드 ⑱ 사우디 아라비아 ⑲ 튀르키예 ⑳ 스위스라고 집계했다.[63]

그러나 국민 개개인에 체감하는 산업 경제력은 1인당 GDP로 나타내는 경우가 많다. IMF는 2023년 기준으로 1인당 명목 GDP가 30,000달러 이상인 국가는 ① 룩셈부르크 ② 아일랜드 ③ 노르웨이 ④ 스위스 ⑤ 싱가포르

⑥ 카타르 ⑦ 미국 ⑧ 아이슬란드 ⑨ 덴마크 ⑩ 호주 ⑪ 네덜란드 ⑫ 오스트리아 ⑬ 이스라엘 ⑭ 스웨덴 ⑮ 핀란드 ⑯ 벨기에 ⑰ 산 마리노 ⑱ 캐나다 ⑲ 독일 ⑳ 아랍 에미리트 ㉑ 뉴질랜드 ㉒ 영국 ㉓ 프랑스 ㉔ 안도라 ㉕ 몰타 ㉖ 이탈리아 ㉗ 바하마 ㉘ 일본 ㉙ 브루나이 ㉚ 대만 ㉛ 키프로스 ㉜ 쿠웨이트 ㉝ **대한민국** ㉞ 슬로베니아 ㉟ 체코 공화국 ㊱ 스페인 ㊲ 에스토니아로 발표했다.[64] 1인당 GDP 30,000달러 이상의 국가로 인구 50,000,000명 이상인 나라는 미국, 독일, 영국, 프랑스, 이탈리아, 일본, **대한민국** 등 7개국이다.[65]

1760년 이후 산업혁명 시대의 도시문명은 기계, 기술, 디지털, 인공 지능으로 특징지어진다. 적시에 산업혁명의 흐름을 탄 국가와 도시는 풍요로운 **먹거리 산업**을 영위한다. 대체로 GDP 상위 국가는 해외 지향 국가다.

도시문명은 비옥한 초승달 지대, 로마제국 시대, 대항해 시대, 산업혁명 시대 등의 네 단계를 거치면서 변천되어 왔다. 말은 **셈어, 라틴어, 영어, 프랑스어, 스페인어, 포르투갈어**가 활용됐다. 산업혁명 이전까지 **먹거리 산업**은 **농업**이었다. 1760년 이후 **먹거리 산업**은 **기계, 기술, 디지털, 인공지능** 등으로 다양하다. **종교**는 로마제국 시대와 대항해 시대를 거치면서 **기독교**가 대세를 이루었다.

III

말
(Language)

3.1 셈어

땅위의 생명체 가운데 인간만이 유일하게 말을 사용한다. 말은 인간의 정체성(Identity)을 가늠하는 척도다. 말은 인간들이 어디에 살며 어느 인종에 속하는지를 알려 준다. 말은 인간들이 이루어 놓은 문화를 표현한다.

셈족(Semitic peoples)은 셈어를 사용하는 민족들의 총칭이다. 셈족은 지리적·언어적으로 가까이 분포해 살았다. 역사, 문화, 종교, 민족적 생활상을 공유했다. 셈족은 에티오피아, 이라크, 이스라엘, 요르단, 레바논, 시리아, 아라비아반도, 북아프리카 등지에 살고 있다. **셈어**는 상위 어족인 아프리카아시아어족에 속한다. 아프리카아시아어족 언어군은 베르베르어, 차드어, 쿠시어, 이집트어, 셈어, 오모어이다. 셈어에는 아랍어, 암하라어, 티그리냐어, 아람어, 히브리어, 티그레, 몰타어 등이 있다. 아랍어 사용자가 가장 많다.[1] 그림 3.1

아람어(Aramaic)는 고대시리아 지역에서 발상해 널리 퍼진 북서 셈어다. 메소포타미아, 레반트 남부, 남동부 아나톨리아, 아라비아 북동부, 시나이 등에서 3,000년 전부터 사용됐다. 고대 왕국과 제국의 공공 생활과 행정 언어였다. 예배와 종교 언어로도 사용됐다. 현대 신아람어는 아시리아인, 만대인, 미즈라히 유대인, 칼라문 산맥에서 쓰인다. 여러 서아시아 교회의 예배 언어로도 사용된다.

아람어에는 히브리어, 에돔어, 모압어, 에크로나이트, 수테아어, 페니키

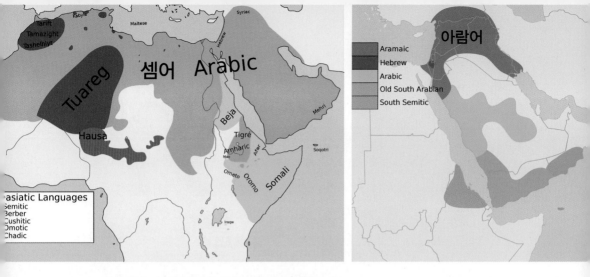

그림 3.1 아프리카아시아어족과 기원후 1세기경 셈어의 분포

아어, 아모리어, 우가 리트어 등도 포함된다. 아람어는 페니키아 알파벳으로 부터 이어진 아람어 알파벳으로 작성됐다. BC 11세기에 초기 아람어 비문이 기록됐다.

신아시리아 제국(BC 911-BC 609)과 신바빌로니아 제국(BC 626-BC 539) 시대 아람어는 공용어로 사용됐다. 아케메네스 제국(BC 705-BC 330)도 아람어를 썼다. 이들 제국의 영향력으로 아람어는 서아시아 대부분, 아나톨리아, 코카서스, 이집트의 공용어가 됐다. 라시둔 칼리프 왕조(632-661) 시대 아람어는 근동 공용어로 자리 잡았다. 오늘날 신아람어는 이라크 북부 아시리아 마을, 시리아 동서부, 터키 남동부 쿠로요, 이란 북서부 우르미아 아시리아인과 아르메니아, 조지아, 아제르바이잔, 러시아 남부의 디아스포라 공동체에서 사용된다. 이라크의 모술, 아르빌, 키르쿠크, 다후크, 니네베, 파키스탄 에쉬렛 등에서도 신아람어가 사용된다.그림 3.2

에스라서는 아람어와 히브리어로 구성됐다. 다니엘서 1-6장은 대부분 아람어로 쓰여졌다. 예레미아 10장 11절은 아람어와 히브리어로 작성됐다. 예수시대 유대에서는 일곱 가지 서부 아람어 변종이 사용됐다. 아브라함과 예수는 아람어를 사용했다. 아브라함은 BC 2000년경 메소포타미아 갈대아 우

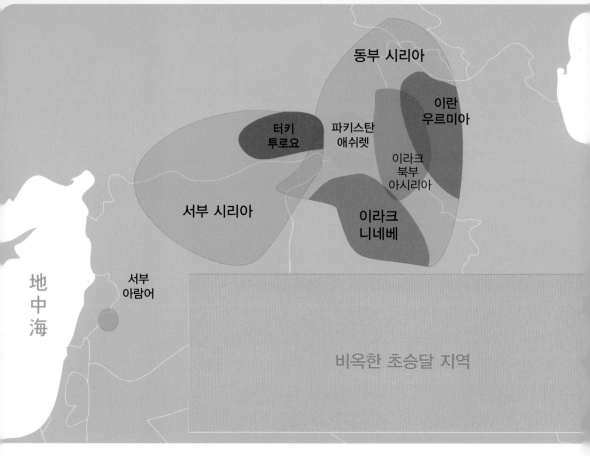

地中海

동부 시리아

이란
우르미아

터키
투로요

파키스탄
애쉬렛

이라크
북부
아시리아

서부 시리아

이라크
니네베

서부
아람어

비옥한 초승달 지역

그림 3.2 **아람어 사용 지역: 메소포타미아, 레반트, 비옥한 초승달 지역**

르에 살다가 터키의 하란을 거쳐 이스라엘의 헤브론에 정착했다. BC 2000
년경부터 기원 후 상당 기간 동안 초기 도시문명 지역에서 썼던 공용어는 **아
람어**였다고 설명한다.[2]

수메르어(Sumerian language)는 BC 2900-BC 1700년 기간에 고대 메소포타
미아 수메르에서 사용했던 언어다. 수메르는 오늘날 이라크 남부지역이다.
수메르어는 점토판에 갈대로 만든 첨필로 쓴 쐐기 모양의 설형문자다. 신성
한 의식과 문학적 언어로 사용됐다. 수메르어는 다른 어족과 연관성을 찾을
수 없는 고립된 지역어였다. 셈어인 아카드어(Akkadian)가 구어로 쓰이면서
점진적으로 수메르어가 아카드어로 대체되었다.[3]

3.2 라틴어

라틴어(Latin Language)는 이탈리아어파의 한 갈래다. 라틴 문자는 셈족 문자와 파생 문자인 페니키아, 그리스, 에트루리아에 뿌리를 두고 있다. BC 9, 8세기경 북쪽에서 이탈리아 반도로 들어온 사람들이 테베레강 유역에 정착지 라티움을 세웠다. 라티움에서 라틴어를 썼다. 라틴어는 에트루리아어, 이탈리아 북부의 켈트어 방언, 이탈리아 중부의 인도-유럽어, 이탈리아 남부의 그리스어의 영향을 받았다. 라틴(Latin) 단어는 라티움(Latium)의 형용사형이다. 오늘날 라티움 지역에 로마가 포함되어 있다. 아우구스투스 때부터 이탈리아 반도 지역을 통틀어 이탈리아라고 부르기 시작했다.[4]

로마 제국이 구축되면서 라틴 문자와 언어는 로마 정복 지역에 확산되었다. 라틴어는 로마 제국의 공식 언어가 됐다. 로마 제국의 황실, 행정, 입법, 군대 언어로 사용됐다. 황제의 칙령, 공식 통신문, 로마 시민의 출생 증명서와 유언장은 라틴어로 쓰였다. 라틴어는 로마 제국 정복 지역 주민이 쓰는 언어가 됐다. 그러나 라틴어 사용자의 이동이나 정부의 권유에 의해 라틴어가 사용된 것은 아니었다고 설명한다.그림 3.3

BC 4세기 후반 알렉산더 대왕은 중동의 상당 지역을 정복했다. 정복지인 동부 지중해와 소아시아 지역에서 코이네 그리스어가 공용어로 쓰였다. 제국의 경계를 넘어 동양에서 그리스어가 외교 통신 언어로 사용됐다. 그리스

그림 3.3 **로마 제국의 공식 언어 라틴어와 지역 언어, 150년경**

어의 국제적 사용은 기독교의 확산을 가능하게 했다. 서로마 제국이 멸망하면서 그리스어는 로마 제국의 지역 언어로 보다 중요하게 쓰였다. 대체로 서로마 제국에서는 라틴어가, 동로마 제국에서는 그리스어가 우세했다. **라틴어와 그리스어** 두 언어는 5세기 동안 행정과 교회에서 사용됐다. 6세기부터 라틴어 번역을 통해 그리스 문화가 연구됐다.[5] 그림 3.4

476년 서로마 제국이 소멸됐다. 로마 제국의 공용어인 라틴어는 지역적으로 발전하여 스페인어, 포르투갈어, 프랑스어, 이탈리아어, 카탈루니아어, 오크어, 루마니아어 등의 로망스어로 발전했다.[6] 그림 3.5

스페인어는 인도유럽어족의 로망스어다. 이베리아 반도에서 유래한 이베

그림 3.4 로마 제국의 라틴어와 그리스어 우세지역, 330년

로-로망스어 그룹이다. 서로마 제국이 멸망한 후 스페인어는 이베리아에서 쓰는 통속 구어체 라틴어의 여러 방언에서 진화했다. 13세기 카스티야 왕국의 톨레도에서 체계적으로 스페인어를 사용했다. 현대 스페인어 어휘의 75%는 라틴어에서 파생됐다 한다. 스페인어는 스페인과 아메리카 등 20개국의 공식 언어다. UN의 6개 공식 언어 중 하나다. 유럽 연합, 미주 기구, 라틴 아메리카 국가 공동체, 아프리카 연합 등에서 공식 언어로 사용된다.

　포르투갈어는 인도유럽어족의 서부 로망스어다. 이베로-로망스어 그룹이다. 중세 갈리시아 왕국과 포르투갈 백작령에서 사용하는 통속 라틴어의 여러 방언에서 진화했다. 포르투갈어는 포르투갈, 브라질, 카보베르데, 앙골라,

그림 3.5 **라틴어의 진화**

모잠비크, 기니비사우, 상투메프린시페의 공용어다. 동티모르, 적도기니, 마카오에서 공용어의 지위를 갖는다. 유럽 연합, 메르코수르, 미주 기구, 서아프리카 국가 경제 공동체, 아프리카 연합, 포르투갈어 국가 공동체의 공식 언어다. 포르투갈어를 사용하는 사람이나 국가를 루소폰(Lusophone)이라 한다.

프랑스어는 줄여서 불어(佛語)라고도 한다. 인도유럽어족의 로망스어다. 갈리아로망스어 그룹이다. 로마 제국의 갈리아에서 사용되는 통속 라틴어에서 유래했다. 북부 로마 갈리아의 토착 켈트 언어의 영향을 받았다. 29개국의 공식 언어다. 프랑스, 캐나다의 퀘벡·온타리오·뉴브런즈윅·기타 불어권 지역, 벨기에의 왈로니아·브뤼셀 수도권, 서부 스위스의 로망디, 룩셈부르크 일부, 미국의 루이지애나·메인·뉴햄프셔·버몬트, 모나코, 이탈리아의 아오스타계곡 등에서 불어를 쓴다. 알제리, 모로코, 튀니지, 세네갈 등의 제2언어다. UN에서 사용되는 6개의 공식 언어 중 하나다. UN, 유럽 연합, 북대서양 조약 기구, 세계 무역 기구, 국제 올림픽 위원회, 국제적십자위원회에서 불어를 쓴다. 프랑스어는 오랜 기간 문학과 과학의 표준 국제 언어로 사용되어 왔다. 프랑스어를 사용하는 사람이나 국가를 프랑코폰(Francophone)이라 한다.

루마니아어는 루마니아와 몰도바의 공식 언어다. 5-8세기 사이에 서부 로
망스어에서 분리된 라틴어 통속어의 여러 방언에서 진화했다. 오늘날 루마
니아 주변 국가인 불가리아, 헝가리, 세르비아, 우크라이나로 이주한 루마니
아 디아스포라가 사용한다.

383-404년 사이 성 제롬이 성경을 라틴어로 번역했다. 로마 제국이 관리
하던 유럽에 기독교가 퍼졌다. 기독교의 확산과 라틴 문자가 퍼지는 현상은
궤를 같이 했다. 라틴 문자가 들어가는 곳은 점차 기독교로 개종했다. 8-12세
기 스칸디나비아가, 15세기에 발틱 지역이 기독교화됐다. 동부 유럽은 라틴
문자와 키릴 문자가 함께 전파됐다. 로마 가톨릭은 라틴 문자를, 콘스탄티노
플 동방 정교회는 키릴 문자를 선호했다. 라틴 문자는 서부 슬라브어와 슬로
베니아어·크로아티아어 등의 남부 슬라브어를 쓰는 데 활용됐다. 키릴 문자
는 불가리아·마케도니아어 등 동남 슬라브어를 쓰는 데 사용됐다. 세르비아
어, 보스니아어, 몬테네그로어에서는 두 문자가 모두 활용됐다.[7]

키릴(826–869)과 메토디우스(815–885)는 형제다. 비잔틴 기독교 신학자로 모
라비아 선교사였다. 「슬라브인들의 사도」라 알려졌다. 그들은 구(舊) 교회 슬
라브어를 필사하려고 글라골(Glagolitic) 문자를 고안했다. 글라골은 '발언, 단
어'라는 뜻이다. 글라골은 키릴과 메토디우스의 제자들에 의해 개발됐다. 성
키릴(St. Cyril)을 기리기 위해 「키릴」이라 명명됐다. 키릴 문자는 슬라브어, 투
르크어, 몽골어, 우랄어, 코카서스어, 이란어를 사용하는 남동부 유럽, 동유
럽, 코카서스, 중앙 아시아, 북아시아, 동아시아 등의 언어에서 사용된다.
2019년 기준으로 유라시아의 250,000,000명이 키릴 문자를 자국어의 공식
문자로 사용한다. 러시아가 절반을 차지한다. 2007년 라틴 문자, 그리스 문
자, 키릴 문자 등 세 가지 문자가 유럽 연합의 공식 문자가 됐다.[8]

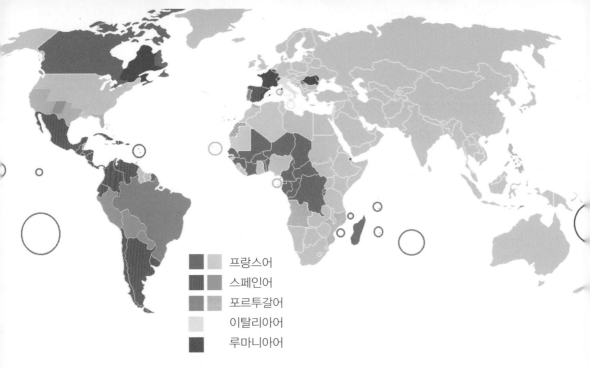

	프랑스어
	스페인어
	포르투갈어
	이탈리아어
	루마니아어

그림 3.6 「로마노폰의 세계, 라틴어를 말하는 세계」의 국가와 지역
주: 로망스어가 공식적으로 사용되는 국가(어두운 색상)
　　로망스어가 일반적으로 사용되는 국가(밝은 색상)

　　　라틴어는 17세기까지 학문, 외교, 법률의 국제적 표현 매체로 사용됐다. 라
틴어는 서양에서 링구아 프랑카인 세계 언어였다. 대항해 시대에 유럽 식민화
가 진행되면서 아메리카와 호주에 라틴 문자가 전파됐다. **라틴어**에 뿌리를 둔
스페인어·포르투갈어가 스페인·포르투갈 해외영토 지역에서 사용됐다. **불어**는
프랑스 관리지역에서 썼다. 신제국주의 시대 때 사하라 이남 아프리카, 해상
동남아시아, 태평양에 라틴 문자가 보급됐다. 라틴 문자는 BC 7세기 이탈리아
에서 유래되어 21세기까지 진화해 온 알파벳이다. 오늘날 라틴 문자는 세계에
서 가장 널리 사용되는 알파벳 쓰기 시스템이다. 로망스어를 말하는 세계를 로
마노폰(Romanophone) 세계, 네오라틴(Neolatin) 세계, 라틴어를 말하는(Latin-speak-
ing) 세계, 로망스어를 말하는(Romance-speaking) 세계라 한다.[9] 그림 3.6

3.3 영어

영어는 인도유럽어족에 속하는 서게르만어다. English라는 이름은 영국으로 이주한 고대 게르만족 중 하나인 앵글족의 이름에서 따왔다. 스코틀랜드 방언, 북부 독일·네덜란드 북동부의 낮은 독일어(Low Saxon), 네덜란드와 독일 북해 남쪽의 프리지아어(Frisian)와 밀접한 관련이 있다. 초기 영어는 5세기에 앵글로색슨 정착민이 영국에 가져온 북해 **게르만 방언** 그룹에서 진화했다. 8-9세기 고대 노르웨이어를 쓰는 바이킹 정착민의 영향을 받았다. 11세기 후반 중세 영어가 시작됐다. 고대 프랑스어와 라틴어 파생 어휘가 300년에 걸쳐 영어에 통합됐다. 15세기 후반 라틴어와 그리스어 단어와 어근이 영어로 차용됐다. 영어의 표준 스크립트는 라틴 알파벳이다. 단순히 「알파벳」이라고도 한다. 킹제임스 성경과 윌리엄 셰익스피어의 작품에서 영어가 활용됐다. 표준화한 영어 철자가 확립되었다. 17세기 이후 영어는 대영제국과 미합중국의 세계적 영향력으로 전 세계에 퍼졌다. 1837-1901년 기간 빅토리아 시대에 세계 인구의 4분의 1 이상이 영국의 관리 지역에서 살았다. 스코틀랜드 작가 존 윌슨은 '대영제국은 해가 지지 않는다.'고 말했다. 앵글로피어(Anglosphere)는 영어를 공식어로 쓰는 영미권 핵심국가를 말할 때 사용된다. 5개 핵심 국가는 영국, 미국, 캐나다, 호주, 캐나다, 뉴질랜드로 설명한다.[10] 그림 3.7

　영어는 가장 많이 사용되는 **세계 언어**다. 58개 국가의 공식어 중 하나다. 세계에서 가장 널리 학습되는 제2언어다. 영어는 영국, 미국, 호주, 뉴질랜드,

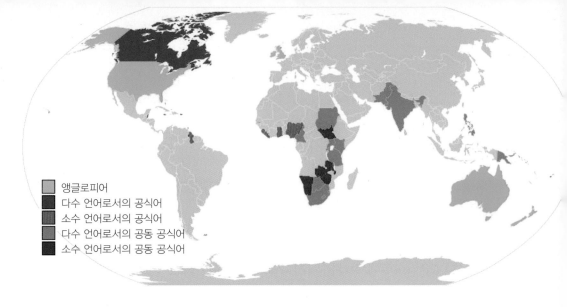

앵글로피어
다수 언어로서의 공식어
소수 언어로서의 공식어
다수 언어로서의 공동 공식어
소수 언어로서의 공동 공식어

그림 3.7 영어가 사실상 또는 법률상 공식어인 국가

아일랜드 공화국의 모국어다. 카리브해 일부 지역, 아프리카, 남아시아, 동남아시아, 오세아니아, 유엔, 유럽 연합, 여러 국제 및 지역 조직의 공동 공식 언어다. 영어는 인도-유럽 어족의 게르만어 분파 사용자의 70% 이상이 사용한다. 영어 어휘 비율은 라틴어와 프랑스어 각 29%, 게르만어 26%, 그리스어와 기타 각 6%, 고유명사 파생어 4%다.그림 3.8

2016년 기준으로 400,000,000명이 영어를 모국어로, 1,100,000,000명이 영어를 제2언어로 사용하고 있다. 영어는 사용자 수 기준으로 가장 큰 언어다. 오늘날 영어는 링구아 프랑카 글로벌 언어다. 신문, 서적, 국제 통신, 과학, 국제 무역, 대중 오락, 외교, 항해, 항공 분야에서 세계에서 널리 사용된다. 영어 사용을 기준으로 전 세계 나라들을 네 가지로 정리할 수 있다. ① 영어가 제1언어인 나라는 영국 미국, 캐나다, 호주, 뉴질랜드, 아일랜드다. ② 영어가 제2언어인 나라는 영어가 공용어로 지정되어 있으나 영어만큼 또는 영어보다 더 광범위하게 쓰이는 토착 언어가 있는 국가다. 브루나이, 필리핀, 싱가포르, 홍콩, 말레이시아, 인도, 파키스탄, 스리랑카, 몰디브, 몰타, 지브롤터, 남아프리카 공화국, 가나, 나이지리아, 남수단, 케냐, 나미비아, 짐바브웨, 모리

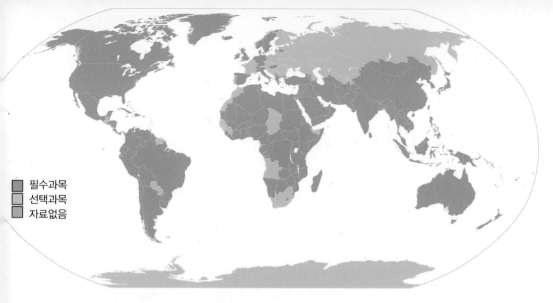

그림 3.8 **영어가 필수 또는 선택과목인 국가**

셰스, 우간다, 에리트레아, 탄자니아, 잠비아, 감비아, 카메룬, 라이베리아, 레소토, 르완다, 말라위, 보츠와나, 세이셸, 시에라리온, 에스와티니, 수단, 부룬디, 그레나다, 가이아나, 자메이카, 도미니카 연방, 몬트세랫, 바베이도스, 바하마, 버뮤다, 영국령 버진아일랜드, 미국령 버진아일랜드, 벨리즈, 세인트루시아, 세인트빈센트 그레나딘, 세인트키츠 네비스, 앵귈라, 캐나다 퀘벡, 케이맨 제도, 터크스 케이커스 제도, 포클랜드 제도, 트리니다드 토바고, 앤티가 바부다, 괌, 나우루, 니우에, 미크로네시아 연방, 마셜 제도, 바누아투, 북마리아나 제도, 사모아, 솔로몬 제도, 쿡 제도, 핏케언 제도, 토켈라우, 투발루, 통가, 파푸아뉴기니, 팔라우, 피지 등이다. ③ 영어가 공용어는 아니지만 영어가 광범위하게 사용되는 나라는 소말리아, 소말릴란드, 에티오피아, 마카오, 미얀마, 레바논, 이스라엘, 바레인, 사우디아라비아, 아랍에미리트, 오만, 카타르, 쿠웨이트, 요르단, 네팔, 방글라데시, 인도네시아, 동티모르, 부탄 등이다. ④ 영어가 공용어는 아니지만 국민 대다수가 영어 구사력을 가진 나라는 덴마크, 스웨덴, 노르웨이, 아이슬란드, 핀란드, 네덜란드, 룩셈부르크, 독일, 오스트리아, 스위스, 리히텐슈타인, 벨기에, 수리남, 키프로스 등이다.

범례:
- 필수과목
- 선택과목
- 자료없음

3.4 세계의 언어

세계 언어(World language)는 글로벌 언어, 국제 언어로도 표현한다. 세계 언어는 ① 지리적·세계적으로 널리 퍼져 있으며, ② 여러 언어 커뮤니티 구성원이 의사 소통할 수 있도록 해주는 언어다. 오늘날 세계 언어는 영어다. 영어 외 어떤 언어가 세계 언어인지에 대한 학문적 합의는 없다. 영어 이전의 세계 언어는 라틴어였다는 해석이 있다.[11]

언어는 세월의 흐름과 함께 진화하고 다양해지며 소멸한다. 21세기 초에 사용된 언어의 50-90%가 2100년까지 멸종될 것으로 예측했다. 세계의 언어는 족보적, 유형학적, 지역적으로 분류한다. 언어의 기원에 대한 논의는 다양하다. 성경에서는 「한 언어를 사용하는 사람들이 하늘에 닿으려고 바벨탑을 쌓으려 하자, 여호와가 언어를 혼잡하게 했다」고 기록했다(창세기 11:1-9). 1563년 대 피터르 브뤼헐은 이러한 내용을 『바벨탑』작품으로 남겼다.[12] 그림 3.9

어족(Language family)은 공통의 조상 원어(祖語: protolanguage)에서 갈라쳐 나와 이루어진 언어 집단(group)을 말한다. 어족은 계통적·발생적으로 하나의 단위를 형성한다. 어족은 음운, 형태, 구문 체계에서 유사한 특징을 갖는다. 어족의 하위 부류를 「어파」라, 어파의 하위 부류를 「어군」이라 부르기도 한다. 어족보다 큰 단위를 「대어족」이라 칭하기도 한다. 예를 들어, 게르만어족은 인도유럽어족의 하위 부류다.[13]

그림 3.9 대 피터르 브뤼헐의 『바벨탑』

　『*Ethnologue* 24(2021)』는 세계에 알려진 7,139개 언어 중 1% 이상을 점유하는 어족은 13개 어족이라 했다. ① 니제르–콩고어(1,542개 언어)(21.7%) ② 오스트로네시아어(1,257개 언어)(17.7%) ③ 트랜스-뉴기니어(482개 언어)(6.8%) ④ 중국-티베트어(455개 언어)(6.4%) ⑤ 인도유럽어(448개 언어)(6.3%) ⑥ 호주어(381개 언어)(5.4%) ⑦ 아프로아시아틱(377개 언어)(5.3%) ⑧ 나일로-사하라어(206개 언어)(2.9%) ⑨ 오토망게어(178개 언어)(2.5%) ⑩ 오스트로아시아어(167개 언어)(2.3%) ⑪ 타이–카다이어(91개 언어)(1.3%) ⑫ 드라비다어(86개 언어)(1.2%) ⑬ 투피아어(76개 언어)(1.1%) 등이다.『*Ethnologue* 26(2023)』은 142개의 어족에 7,168개의 언어가 분포되어 있다고 조사했다.[14]

　언어(Language)는 공식 언어(공식어), 지역 언어(지역어), 소수 언어(소수어), 국어로 나눠 설명한다. 공식 언어는 고유한 법적 지위로 지정된 언어다. 국가의 입법 기관, 공식 정부 업무에서 사용한다. 지역 언어/소수 언어는 국가의 특정 지역, 행정 구역, 영토에 한정해 공적 지위로 쓴다. 국어는 국가의 정체성을 고유하게 나타내 국가 정부에서 지정한 언어다.[15]

　『*Ethnologue* 26(2023)』에서 50,000,000명 이상의 모국어 사용자(Native speakers)가 있는 언어는 27개 언어라고 정리했다. 순위는 (단위: 백만명) ① 표준 중국어 939 ② 스페인어 485 ③ 영어 380 ④ 힌디어 345 ⑤ 포르투갈어 236 ⑥ 벵골어 234 ⑦ 러시아어 147 ⑧ 일본어 123 ⑨ 월 중국어 86.1 ⑩ 베트남어 85 ⑪ 터키어 84 ⑫ 우 중국어 83 ⑬ 마라티어 83.2 ⑭ 텔루구어 83 ⑮ **한국어** 81.7 ⑯ 프랑스어 80.8 ⑰ 타밀어 78.6 ⑱ 이집트어 구어체 아랍어 77.4 ⑲ 표준 독일어 75.3 ⑳ 우르두어 70.6 ㉑ 자바어 68.3 ㉒ 서부 펀자브어 66.7 ㉓ 이탈리아어 64.6 ㉔ 구자라트어 57.1 ㉕ 이란 페르시아어 57.2 ㉖ 보지푸리어 52.3 ㉗ 하우사어 51.7등이다.[16]

　『*Ethnologue* 26(2023)』에서 제1언어/제2언어를 합친 화자수(Total speakers)가 45,000,000명 이상인 40개 언어를 발표했다. 25위 이상인 언어는 (단위: 백만명) ① 영어 1,457 ② 표준 중국어 1,138 ③ 힌디어 611 ④ 스페인어 559 ⑤ 프랑스어 309.8 ⑥ 현대 표준 아랍어 274 ⑦ 벵골어 273 ⑧ 포르투갈어 263 ⑨ 러시아어 255 ⑩ 우르두어 231.6 ⑪ 인도네시아어 199 ⑫ 표준 독일어 133.3 ⑬ 일본어 123.2 ⑭ 나이지리아 피진어 121 ⑮ 이집트 구어체 아랍어 121 ⑯ 마라타어 99.2 ⑰ 텔루그어 96 ⑱ 튀르키예어 90 ⑲ 타밀어 86.6

표 3.1 **언어별 모국어, 제2언어, 총화자수, 어족, Branch, 2023**   (단위: 백만명)

	언어	모국어	제2언어	총화자수	어족	Branch
01	영어	380	1,077	1,457	인도유럽어	게르만어
02	표준 중국어	939	199	1,138	중국-티베트어	중국어
03	힌디어	345	266	611	인도유럽어	인도아리아어
04	스페인어	485	74	559	인도유럽어	로망스어
05	프랑스어	80.8	229	309.8	인도유럽어	로망스어
06	현대 표준 아랍어	0	274	274	아프리카아시아	셈어
07	벵골어	234	39	273	인도유럽어	인도아리안어
08	포르투갈어	236	27	263	인도유럽어	로망스
09	러시아어	147	108	255	인도유럽어	발토슬라브어
10	우르두어	70.6	161	231.6	인도유럽어	인도아리안어
11	인도네시아어	44	155	199	오스트로네시아어	말레이폴리네시아어
12	표준 독일어	75.3	58	133.3	인도유럽어	게르만어
13	일본어	123	0.2	123.2	일본어	-
14	나이지리아 피진어	5	116	121	영어 크리올	크리오
15	이집트 구어체 아랍어	77.4	25	102.4	아프리카아시아	셈어
16	마라티어	83.2	16	99.2	인도유럽어	인도아리안어
17	텔루그어	83	13	96	드라비다어	중남부
18	튀르키예어	84	6	90	투르트어	오구즈
19	타밀어	78.6	8	86.6	드라비다어	남부 사투리
20	월 중국어	86.1	1	87.1	중국 티베트어	중국의
21	베트남어	85	1	86	오스트로아시아	배에틱
22	우 중국어	83	0.1	83.1	중국 티베트어	중국의
23	타갈로그어	29	54	83	오스트로네시아	말레이폴리네시아어
24	**한국어**	81.7	0	81.7	한국어	-
25	이란 페르시아어	57.2	21	78.2	인도 유럽어	이란

출처와 주 : 위키피디아 자료를 기초로 필자가 재작성.

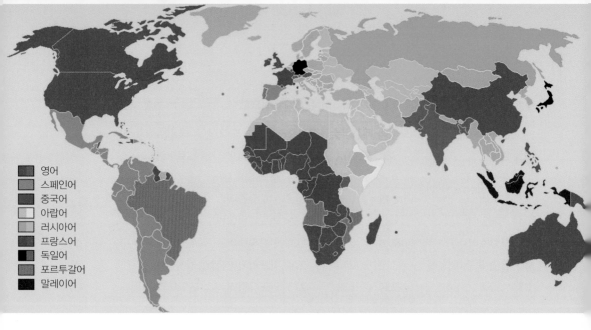

그림 3.10 **세계 언어 지도**

⑳ 월 중국어 87.1 ㉑ 베트남어 86 ㉒ 우 중국어 83.5 ㉓ 타갈로그어 83 ㉔ **한국어** 81.7 ㉕ 이란 페르시아어 78.2 등이다. 영어, 프랑스어, 현대 표준 아랍어, 우르두어, 인도네시아어, 나이지리아 피진어는 제2언어 사용자가 많다.[17] 그림 3.10, 표 3.1

한국어는 한글, 조선말로 표현한다. 한국어는 한반도 한인 81,700,000명의 모국어다. 한국어족이다. 모국어 기준으로 세계 15위, 화자수(話者數) 기준으로 세계 24위 언어다. 한국어는 중국 길림성·연변주·장백현, 러시아 사할린 한인, 중앙 아시아 고려인, 미국, 일본 등의 한인 디아스포라가 사용한다. 한국어는 중국에서는 영어, 일본어, 러시아어에 이어 네 번째로 많이 사용되는 외국어다. 21세기 들어서 세계화와 K-Culture 문화수출의 영향으로 세계 각지로 확산되고 있다.[18]

한반도에서는 이두, 향찰, 구결, 각필 등 한자를 기반으로 한 음성 표기 체계와 함께 한문이 주로 사용됐다. 한국어는 원시 한국어에서 출발해, 고대, 중세, 현대에 이르는 역사를 갖고 있다. 휘트먼(1954-)은 BC 300년경 북쪽의 원조선인이 한반도 남부로 확장해 일본 후손들과 공존했다고 주장한다. 둘 다 서로에게 영향을 미쳤고 이후의 두 어족의 내부 다양성이 나타났다고 설명했다.[19] 조선의 4대왕인 세종대왕은 문맹율을 줄이기 위해 한글을 창제했다. 1443년 완성해 1446년 『훈민정음』이라는 제목으로 반포했다. 33페이지 분량의 설명서에는 글자의 내용과 글자의 철학적 이론 및 동기가 설명되어 있다. 스크립트는 24개의 기본 문자 자모를 사용한다. 자음은 사람의 발성기관인 입, 혀, 치아가 자음과 관련된 소리를 낼 때 만드는 문양을 간략화한 것이다. 모음은 하늘을 나타내는 점과 선의 조합으로 이루어진다. 한글의 보급과 보존은 여성을 위한 책 출판, 승려들의 사용, 기독교의 한국 도입 등 세 가지 요인으로 확산됐다. 16-17세기 문학과 시의 르네상스 활동과 19세기 민족주의 팽창으로 널리 보급됐다. 1894년 11월 21일 한글은 한국의 공용 문자로 채택되어 공식 정부 문서에 사용됐다.

말(Language)은 도시문명이 전개된 이후 **셈어**, **라틴어**, **영어**가 주요 언어로 사용됐다. **셈어**는 메소포타미아, 레반트, 비옥한 초승달 지역, 북부 아라비아 등지에서 사용됐던 세계어다. 공용어는 **아람어**였다. 아람어는 공적 행정 분야, 예배, 종교 언어로 사용됐다. **라틴어**는 로마 제국과 제국의 관할 영토의 공식 언어였다. 라틴어는 서양에서 링구아 프랑카 세계어로 발전했다. 라틴어는 지역적으로 **스페인어**, **포르투갈어**, **프랑스어**, **이탈리아어**, 카탈루니아어, 오크어, 루마니아어 등의 **로망스어**로 변천했다. **영어**는 오늘날 세계에서 가장 많이 사용되는 **세계어**다. 58개 국가의 공식어 중 하나다. 세계에서 가장 널리 학습되는 제2언어. 영어는 영국, 미국, 호주, 뉴질랜드, 아일랜드 공화국의 모국어다. 카리브해 일부 지역, 아프리카, 남아시아, 동남아시아, 오세아니아, 유엔, 유럽 연합, 여러 국제 및 지역 조직의 공동 공식 언어다.

먹거리 산업

(Industry)

본 연구에서는 21세기를 선도하는 산업을 세계적 산업(Worldwide industry), 글로벌 산업(Global Industry)으로 정의한다. 세계적 산업은 지리적·세계적으로 널리 유통되며, 여러 국가나 도시에서 선호하는 제품을 생산한다. 세계적 산업은 18세기 이후 21세기에 이르기까지 꾸준히 발전한 산업으로부터 21세기에 혜성 같이 등장해 세계 시장을 선도하는 산업에 이르기까지 다양하다.

21세기 산업은 지구촌(Global villages) 시장을 무대로 빠르고 격렬하게 움직이고 있다. 지구촌의 세계 시장에서 크고 작은 수익을 올리는 세계적 제품(Worldwide products)이 세계 경제를 이끈다. 세계적 제품을 선도적으로 생산하는 국가와 도시는 어디일까? 세계적 산업 국가와 도시의 **총체적 생활상**은 어떠한가? 도시를 연구하면서 그리고 세계도시 현장을 답사 다니면서 늘 가졌던 문제의식이다.[1]

『*Fortune Global 500*』은 매년 연간 매출액을 기준으로 세계적 기업과 세계적 제품이 무엇인지를 소개하고 있다. 2022년『*Fortune Global 500*』은 연간 매출 2,000억 달러를 초과하는 24개 세계 기업을 발표했다. ① 미국 소매 월마트 ② 미국 소매 아마존 ③ 전기 중국 그리 공사 ④ 석유가스 중국 석유공사 ⑤ 석유가스 중국석유화학공사 ⑥ 석유가스 사우디 아람코 ⑦ 미국 전자제품 애플 ⑧ 독일 자동차 폭스바겐 ⑨ 건설 중국 국가 건설 공학 ⑩ 미국 보건의료 CVS 건강 ⑪ 미국 보건의료 유나이티드 헬스 그룹 ⑫ 미국 석유가스 엑슨모빌 ⑬ 일본 자동차 토요타 ⑭ 미국 재무 버크셔 해서웨이 ⑮ 영국 석유가스 쉘 PLC ⑯ 미국 보건의료 맥케슨 코퍼레이션 ⑰ 미국 정보기술 알파벳 ⑱ **대한민국** 전자제품 삼성전자 ⑲ 싱가포르 상품 트라피구라 ⑳ 대만 전자제품 폭스콘 ㉑ 미국 보건의료 Amerisource베르겐 ㉒ 재무 중국공상은행 ㉓ 스위스 상품 글렌코어 ㉔ 재무 중국 건설 은행 등이다.[2]

IMF는 매년 명목 GDP를 조사해서 발표한다. IMF 자료는 각 국가의 빈부를 측정할 수 있는 **먹거리 산업**의 유효한 지표다. IMF는 2023년 기준으로 명목 GDP 상위 20개 국가를 ① 미국 ② 중국 ③ 일본 ④ 독일 ⑤ 인도 ⑥ 영국 ⑦ 프랑스 ⑧ 이탈리아 ⑨ 캐나다 ⑩ 브라질 ⑪ 러시아 ⑫ **대한민국** ⑬ 호주 ⑭ 멕시코 ⑮ 스페인 ⑯ 인도네시아 ⑰ 네덜란드 ⑱ 사우디 아라비아 ⑲ 튀르키예 ⑳ 스위스로 정리했다.[3]

본 연구에서는 문헌 연구와 현지 답사를 바탕으로 다음의 21개 산업을 세계적 산업으로 선정해 고찰하기로 한다. **21개 산업**과 세부적 **33개 품목**은 ① 자동차(Automobile), 전기차, 2차전지 ② 조선(Shipbuilding), 컨테이너 ③ 전자(Electronics), 가전제품, 반도체 ④ 건설(Construction) ⑤ 에너지(Energy) / 전기, 석유, 천연가스, 석탄, 원자력, 재생가능 에너지/태양광 ⑥ 제조(Manufacturing) ⑦ 철강(Iron and Steel) ⑧ 의료/제약(Medical/Pharmaceutical) / 병상수(病床數), 의약품 ⑨ 방위산업(Defense) / 무기수출 ⑩ 교육(Education) / 유학생 ⑪ 관광업(Tourism) / 관광객 ⑫ 인공 지능(Artificial Intelligence) ⑬ 빅 데이터(Big Data) ⑭ 금융서비스(Financial Services) ⑮ 드론(Drone) ⑯ 로봇(Robotics) 밀도 ⑰ 우주(Space) 발사 ⑱ 휴대전화(Mobile Phone) ⑲ 바이오 메디컬(Bio Medical) ⑳ 음식(Foods) / 식품 ㉑ 문화(Culture) / 영화수익, TV세트 판매 등이다.

4.1 자동차(Automobile)

① 자동차

자동차 산업(Automobile Industry)은 자동차의 설계, 개발, 제조, 마케팅, 판매, 수리, 수정을 관장하는 기업과 조직으로 구성된다. 자동차 산업은 수익이 높고, 연구개발비가 많이 든다.[4]

자동차 산업은 1860년대 말 없는 마차를 개척하면서 시작됐다. 1929년 세계에는 32,028,500대의 자동차가 사용됐다. 미국이 90% 이상을 생산했다. 4.87명당 자동차 1대가 있는 셈이었다. 1945-1989년 사이 미국은 세계 자동차 생산량의 75%를 점유했다. 1980년 이후 미국, 일본, 중국이 자동차 생산량의 상위권을 이루고 있다.

자동차 제조는 수동 조립에서 출발해 전문화된 엔지니어 컨베이어 벨트 시스템으로 발전했다. 1960년대부터 로봇 프로세스가 도입됐다. 오늘날 대부분의 자동차는 자동화 기계로 생산된다. 경제상위국에서는 친환경 자동차를 요구한다. 유럽의 모든 신차는 2035년부터 무공해 차량이어야 한다고 규정했다.

1919년 파리에서 국제 자동차 제조업자 기구(OICA)가 설립됐다. 39개국의 자동차 산업 무역 협회가 회원으로 있는 국제 무역 협회다. OICA는 국가별

148 | 먹거리 산업(Industry)

로 승용차, 경상용차, 미니버스, 트럭, 버스, 코치를 포함한 자동차 생산대수를 집계한다.[5]

2022년 기준으로 OICA가 집계한 상위 20개 **자동차** 생산국은 ① 중국 ② 미국 ③ 일본 ④ 인도 ⑤ **대한민국** ⑥ 독일 ⑦ 멕시코 ⑧ 브라질 ⑨ 스페인 ⑩ 태국 ⑪ 인도네시아 ⑫ 프랑스 ⑬ 튀르키예 ⑭ 캐나다 ⑮ 체코 공화국 ⑯ 이란 ⑰ 슬로바키아 ⑱ 영국 ⑲ 이탈리아 ⑳ 말레이지아다.[6] 표 4.1

그림 4.1 **토요타, 폭스바겐, GM, 현대, 기아, 포드 로고**

표 4.1 국가별 자동차 생산대수, 2022, 2015, 2010

(단위: 대)

순위	국명	2022	2015	2010
	세계	85,016,728	90,780,583	77,629,127
01	중국	27,020,615	24,503,326	18,264,761
02	미국	10,060,339	12,100,095	7,743,093
03	일본	7,835,519	9,278,321	9,628,920
04	인도	5,456,857	4,160,585	3,557,073
05	**대한민국**	3,757,049	4,555,957	4,271,741
06	독일	3,677,820	6,033,164	5,905,985
07	멕시코	3,509,072	4,029,463	3,981,728
08	브라질	2,369,769	2,429,463	3,381,728
09	스페인	2,219,462	2,733,201	2,387,900
10	태국	1,883,515	1,915,420	1,644,513
11	인도네시아	1,470,146	1,098,780	702,508
12	프랑스	1,383,173	1,972,000	2,229,421
13	튀르키예	1,352,648	1,358,796	1,094,557
14	캐나다	1,228,735	2,283,474	2,068,189
15	체코공화국	1,224,456	1,303,603	1,076,384
16	이란	1,064,215	982,337	1,599,454
17	슬로바키아	1,000,000	1,035,503	561,933
18	영국	876,614	1,682,156	1,393,463
19	이탈리아	796,324	1,014,223	838,186
20	말레이시아	702,225	614,671	567,715

출처: 위키피디아.

표 4.2 생산량 기준 상위 10개 자동차 제조 회사, 2017

	그룹	국가	차량대수
01	토요타	일본	10,466,051
02	폭스바겐 그룹	독일	10,382,334
03	제너럴 모터스 (SAIC-GM-Wuling 제외)	미국 (중국)	9,027,658 (6,856,880)
04	현대/기아	**대한민국**	7,218,391
05	포드	미국	6,386,818
06	닛산	일본	5,769,277
07	혼다	일본	5,235,842
08	FCA (피아트 크라이슬러)	이탈리아/미국	4,600,847
09	르노	프랑스	4,153,589
10	그룹 PSA (푸조)	프랑스	3,649,742
11	스즈키	일본	3,302,336

출처: 위키피디아.

2017년 생산량 기준으로 OICA가 집계한 세계 상위 10개 자동차 제조 회사는 ① 토요타 ② 폭스바겐 그룹 ③ 제너럴 모터스(SAIC-GM-Wuling 제외) ④ **현대/기아** ⑤ 포드 ⑥ 닛산 ⑦ 혼다 ⑧ FCA(피아트 크라이슬러) ⑨ 르노 ⑩ 그룹 PSA (푸조) 등이다.[7] 그림 4.1 표 4.2,

② 전기차

전기자동차(Electric Car, 약칭 전기차)는 전기를 동력원으로 운행하는 자동차다. 전기차는 내연기관 대신 전기 모터를 사용해 운동 에너지를 얻는다. 배터리식 전기차(battery electric vehicle, BEV)와 플러그인 하이브리드 전기차(plug-in hybrid electric vehicle, PHEV)로 나뉜다. 배터리식 전기차는 온보드 축전지에 충전된 전기를 사용하여 전동기를 가동한다. 플러그인 하이브리드 전기차는 외부 전력에 연결해 온보드 엔진과 발전기로 배터리를 재충전한다. 전기만으로도 일정 거리를 달릴 수 있다. 차량에 저장된 전기는 바퀴에 추진력을 제공하는 에너지원이다.[8]

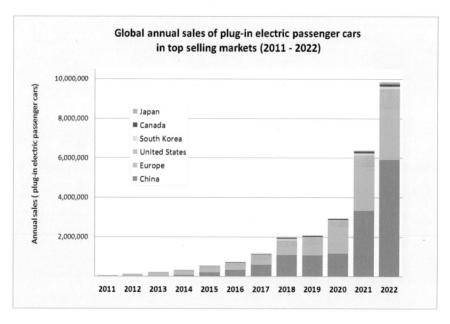

그림 4.2 **플러그인 전기 승용차의 연간 판매량, 2011-2022**

1834년 스코틀랜드에서 가솔린에 비해 소음, 냄새, 진동이 적은 전기차가 처음 시작되었다. 전기차는 내연기관(ICE) 차량에 비해 조용하고 배기가스 배출이 없다. 대기 오염을 줄일 수 있어 세금 공제, 보조금 등의 인센티브로 전기차를 장려하고 있다. 2020년 미국과 유럽연합에서 전기차의 총 소유 비용이 동급의 내연기관 자동차보다 연료와 유지 비용이 낮다고 확인됐다. 전기차는 자율 주행, 커넥티드, 공유 모빌리티의 미래 비전을 제시한다. 2011-2022년 기간 동안 국가별 플러그 인 전기차 판매는 중국, 유럽, 미국, **대한민국**, 캐나다, 일본 등에서 주로 이뤄졌다.[9] 그림 4.2

2022년 기준으로 **전기차**를 다량 생산하는 기업은 ① 중국 비야디 ② 미국 테슬라 ③ 독일 폭스바겐 ④ 미국 GM/Wuling ⑤ 미국 스텔란티스 ⑥ **대한민국** 현대/기아 ⑦ 독일 BMW ⑧ 중국 지리 ⑨ 독일 메르세데스-벤츠 ⑩ 일본 르노/닛산/미쓰비시 ⑪ 중국 GAC ⑫ 중국 SAIC ⑬ 스웨덴 볼보 ⑭ 중국 체리 ⑮ 중국 장안 순이다.[10]

③ 2차전지

2차전지는 배터리 전기차의 전기 모터에 전원을 공급하는 충전식 전기차 배터리(EVB, 견인 배터리)를 말한다. 배터리(Battery, 전지)는 1차·2차 전지로 분류된다. 1차전지는 에너지가 소진될 때까지 사용한 후 폐기된다. 2차전지는 충전이 가능해 여러 번 사용할 수 있다. 전기차 배터리는 리튬 이온 액체 2차전지를 사용한다. 충격·열이 가해지면 화학 반응으로 불이 날 수 있다. 이에 반해 전고체 배터리(Solid-state battery)는 고체 전극과 고체 전해질을 사용하는 전지다.

전고체 배터리는 가연성, 제한된 전압, 불안정한 고체 전해질 간기 형성, 사이클링 성능, 강도 등에서 리튬이온 액체 2차전지보다 우수하다.[11]

2022년 기준으로 전기차 **2차전지** 시장 점유율은 ① 중국 CATL(27.5%) ② **대한민국** LG에너지솔루션(12.3%) ③ 중국 BYD(9.6%) ④ **대한민국** 삼성 SDI(6.0%) ⑤ **대한민국** SK온(4.6%) ⑥ 일본 파나소닉(3.6%) ⑦ 중국 궈쉬안(2.8%) ⑧ 중국 CALB(2.5%) ⑨ 중국 EVE(1.1%) ⑩ 중국 SVOLT(0.9%) 순이다.[12]

2018-2022년 기간 리튬 생산 국가는 ① 호주 ② 칠레 ③ 중국 ④ 아르헨티나 ⑤ 브라질 ⑥ 짐바브웨 ⑦ 포르투갈 등이다. 미국은 2021년에, 볼리비아는 2019년, 2020년, 2021년에, 캐나다는 2018년, 2019년, 2022년에, 나미비아는 2018년에 리튬을 생산했다.[13]

4.2 조선(Shipbuilding)

① 조선

조선(造船)은 전문화된 조선소에서 선박을 건조하는 산업이다. 선박의 건조나 수리는 상업적 군사적 목적에서 이뤄진다. 선박 해체와 보트 건조도 조선에 포함된다. 제2차 세계 대전 이후 조선업이 활성화됐다. 상선과 전함을 생산하고 수리해야 할 필요성이 대두됐기 때문이다. 조선업은 조선 기술 전문가를 양성하고, 선박 강판 공급과 제작을 위한 제철업이 전제되어야 한다. 원재료를 실어나르는 철도와 도로를 건설하고, 엔진 공장을 설립해야 한다. **대한민국**의 조선업은 1974년 현대조선이 가동되면서 본격화됐다. 1980년대에는 대우조선·삼성중공업 등 대형조선소가 세워졌다.[14]

2020년 시점에서 수익 실적이 높은 **조선사**는 ① **대한민국** 현대중공업[15] ② **대한민국** STX조선해양 ③ **대한민국** 대우조선해양 ④ **대한민국** 삼성중공업 ⑤ 일본 스미토모 중공업(SHI) ⑥ 이탈리아 핀칸티에리(Fincantieri SpA) ⑦ 러시아 연합조선공사 ⑧ 중국 국영조선공사(CSSC) ⑨ 싱가포르 셈코프 마린(Sembcorp Marine) ⑩ 일본 쓰네이시(Tsuneishi) 조선 등이다. 선박 완성 톤수를 기준으로 선박 신규 시장점유율이 높은 국가는 ① **대한민국**(시장점유율 40%) ② 중국(36%) ③ 일본(7%) ④ 기타(17%)로 집계됐다.[16] 그림 4.3

그림 4.3 대한민국 현대중공업 크레인과 조선소

　　Maritimemanual.com은 2023년 기준으로 세계의 조선사를 ① 대한민국 HD한국조선해양(현대중공업 등) ② 중국 조선 그룹(중국 조선산업공사 CSIC, 중국 국영조선공사) ③ 대한민국 삼성중공업 ④ 대한민국 K조선(옛 STX조선해양) ⑤ 대한민국 한화오션(옛 대우조선해양) ⑥ 이탈리아 핀칸티에리 ⑦ 일본 스미토모 중공업 ⑧ 러시아 연합조선공사 ⑨ 일본 미쓰비시 중공업(미쓰비시 조선, 미쓰비시 중공업 선박구조물) ⑩ 프랑스 샹티에 드 라틀랑티크(옛 STX 프랑스) ⑪ 일본 이마바리조선 ⑫ 싱가포르 셈코프 마린 ⑬ 일본 쓰네이시조선 ⑭ 독일 마이어 베르프트 ⑮ 인도 코친 조선소라고 정리했다.[17]

　　오늘날의 운송은 지속가능한 친환경 운송교통을 지향한다. 선박의 경우 친환경 선박 제조가 핵심이다. 친환경 선박(Eco-friendly ships)은 액화천연가스,

액화석유가스, 메탄올, 에탄올 등 녹색연료를 사용하거나 배터리를 사용하는 선박이다. **대한민국**은 2022년 전 세계 친환경 선박 수주량의 58%를 차지했다. 2023년 상반기에 전 세계 친환경 선박 수주량의 50%를 점유했다. 클라크슨리처치는 2031년까지 메탄올, LNG 추진선 등 1,500조원의 친환경 선박 시장이 열릴 것으로 전망했다.[18]

② 컨테이너

해운에서 복합 화물을 운송하는 선박용 컨테이너 기능은 중요하다. 정기선 운송 데이터 베이스를 제공하는 Alphaliner는 2023년 기준으로 TEU 용량 규모가 큰 컨테이너 회사를 집계했다.[19]

2023년 기준으로 **컨테이너** 선사 상위 기업은 ① 스위스/이탈리아 지중해 해운 회사(MSC) ② 덴마크 머스크, 유니피더 ③ 프랑스 CMA CGM ④ 중국 COSCO 해운 라인(COSCO), 산동국제운수공사(SITC), 중국물류공사 ⑤ 독일 하팍 로이드 ⑥ 대만 에버그린 마린, 양명해운공사, 완 하이 라인 ⑦ 일본 오션 네트워크 익스프레스(ONE) ⑧ **대한민국** ㈜HMM, 한국해운공사(KMTC), Sinokor 상선 ⑨ 이스라엘 ZIM 통합 배송 서비스(ZIM) ⑩ 싱가포르 퍼시픽 인터내셔널 라인(PIL), X-프레스 피더, 바다 리드 배송 ⑪ 이란 아이리슬 그룹 등 11개국의 컨테이너 선사가 상위권을 점유하는 것으로 집계됐다.[20] 표 4.3

표 4.3 세계 컨테이너 선사의 본부, 총 TEU, 시장 점유율, 2023

	선사 이름	본부	총 TEU	시장 점유율 (%)
01	지중해 해운 회사(MSC)	스위스/이탈리아	4,832,709	18.2
02	머스크	덴마크	4,185,693	15.8
03	CMA CGM	프랑스	3,409,776	12.8
04	COSCO 해운 라인(COSCO)	중국	2,886,908	10.9
05	하팍 로이드	독일	1,798,866	6.8
06	에버그린 마린	대만	1,668,555	6.3
07	오션 네트워크 익스프레스(ONE)	일본	1,534,426	5.8
08	(주)HMM	**대한민국**	816,365	3.1
09	양명해운공사	대만	705,614	2.7
10	ZIM 통합 배송 서비스(ZIM)	이스라엘	566,935	2.1
11	완 하이 라인	대만	440,921	1.7
12	퍼시픽 인터내셔널 라인(PIL)	싱가포르	294,281	1.1
13	산동국제운수공사(SITC)	중국	167,597	0.6
14	한국해운공사(KMTC)	**대한민국**	148,659	0.6
15	중구물류공사	중국	147,834	0.6
16	X-프레스 피더	싱가포르	143,767	0.5
17	아이리슬 그룹	이란	136,606	0.5
18	유니피더	덴마크	133,202	0.5
19	바다 리드 배송	싱가포르	117,550	0.4
20	Sinokor 상선	**대한민국**	106,369	0.4

출처: 위키피디아, Alphaliner.
주: 1 TEU는 20피트 컨테이너 한 개를 뜻한다.

4.3 전자(Electronics)

① 전자

전자 산업(Electronics Industry)은 전자 장치를 생산하는 경제 부문이다. 20세기에 등장했다. 제품은 금속-산화물-반도체 (MOS) 트랜지스터와 집적 회로로 조립된다. 집적 회로는 포토리소그래피를 통해 인쇄 회로 기판에 사용된다.[21]

전자 산업 분야는 다양하다. ① B2B 전자상거래(기업간거래) ② 기술 산업(하이테크) ③ 모바일 기술 ④ B2C 전자상거래(Business-to-Consumer) ⑤ 가전 제품 ⑥ 반도체 산업 ⑦ 텔레비전 방송 서비스 ⑧ 전력전자 ⑨ TFT 액정 디스플레이(TFT LCD) ⑩ 비디오 게임 ⑪ 홈 비디오 영화 산업 ⑫ 음악 스트리밍과 다운로드 등이다.

전자 산업은 19세기에 축음기, 라디오 송신기, 수신기, 텔레비전 등의 발명품개발로 시작됐다. 1947년 벨 연구소에서 트랜지스터가 발명됐다. 1950년대 트랜지스터를 활용한 홈 엔터테인먼트 소비자 가전 산업이 출현했다. 통신 장비, 의료 모니터링 장치, 내비게이션 장비, 컴퓨터 등의 전기 전자 장비를 설계, 개발, 테스트, 제조, 설치, 수리하는 전자 엔지니어와 기술자가 배출됐다. 전자 산업 부품은 커넥터, 시스템 구성 요소, 셀 시스템, 컴퓨터 액세서리다. 재료는 합금강, 구리, 황동, 스테인리스 스틸, 플라스틱, 강철

그림 4.4 미국 애플 본사와 애플 캠퍼스

튜브 등이 쓰였다. 산업 규모, 독성 물질 사용, 재활용에 따른 전자 폐기물 문제가 발생했다. 이를 해결하려고 국제 규정과 환경법이 개발되었다.

2023년 시가 총액 기준으로 세계적인 **전자** 기업은 ① 미국 애플[22] ② 미국 엔비디아 ③ **대한민국** 삼성 ④ 미국 시스코 ⑤ 미국 AMD ⑥ 일본 소니 ⑦ 일본 도쿄 일렉트론 ⑧ 미국 시놉시스 ⑨ 미국 케이던스 디자인 시스템 ⑩ 일본 닌텐도 ⑪ 중국 하이크비전 ⑫ 대만 Foxconn(훈하이정밀공업) ⑬ 미국 암페놀 ⑭ 미국 아리스타 네트워크 ⑮ 일본 무라타 제작소 ⑯ 스위스 TE Connectivity ⑰ 미국 온세미 컨덕터 ⑱ 중국 샤오미 ⑲ 미국 아메텍 ⑳ 미국 DELL 등이다. **대한민국의 LG전자**는 39위, ㈜LG는 51위, 삼성전기는 59위, LG디스플레이는 76위다.[23] 그림 4.4

② 가전제품

가전제품(Home appliance)은 요리, 청소, 식품 보존과 같은 가사 기능을 보조하는 기계다. 가전제품에는 냉장고, 오븐, 에어프라이어, 전자레인지, 식기세척기, 세탁기, 건조기, 진공청소기, 에어컨, 히터, 다리미, 블렌더, 토스터, 커피 메이커, 주전자, 선풍기 등이 있다.[24]

2021/2022년 기준으로 **가전제품** 판매량 상위 제조업체는 ① 대한민국 LG ② 일본 파나소닉 ③ 중국 하이얼 그룹 ④ 중국 초전기 ⑤ 미국 월풀 ⑥ 독일 보쉬 ⑦ 스웨덴 일렉트로룩스AB ⑧ 프랑스 그룹 SEB SA ⑨ 미국 매이태그 ⑩ 이탈리아 인디시트 등이다.[25] 그림 4.5

그림 4.5 LG전자, 파나소닉, 하이얼, 보쉬, 월풀 로고

2023년 7월 시가총액 기준 세계 상위 가전업체는 ① 대한민국 삼성전자 ② 독일 보쉬 ③ 미국 일리노이 툴웍스 ④ 일본 다이킨 ⑤ 중국 하이얼 스마트 홈 ⑥ 중국 그린 ⑦ 싱가포르 다이슨 ⑧ 일본 파나소닉 ⑨ 중국 기술 산업 ⑩ 중국 하이얼 전자 그룹 등이다.[26]

③ 반도체

반도체 산업(Semiconductor Industry)은 트랜지스터와 집적 회로 등의 반도체·반도체 장치를 설계·제조·판매하는 산업이다. 1960년경에 형성됐다.[27]

반도체 산업에는 파운드리(fab, foundry, semiconductor fabrication plant)와 팹리스(fabless, fabrication+less)가 있다. 파운드리는 외부 업체가 설계한 반도체를 위탁받아 제조·판매하는 기업을 말한다. 집적 회로 칩셋 등의 장치를 제조하는 공장이다. 파운드리에는 대한민국 삼성과 SK하이닉스, 미국 인텔, 대만 TSMC(Taiwan Semiconductor Manufacturing Company Limited) 등의 기업이 있다. 팹리스는 반도체를 설계하는 기업을 말한다. 반도체 제품 생산은 위탁 생산한다. 팹리스에는 미디어텍, 브로드컴, 애플, 퀄컴, 엔비디아, AMD 등이 있다. 통합 장치 제조업체(Integrated Device Manufacturer, IDM)는 집적 회로(Integrated Circuit, IC) 제품을 설계·제조·판매하는 반도체 기업이다. IDM에는 인텔, 삼성, TI(Texas Instruments) 등이 있다.[28]

삼성은 NAND 플래시 메모리, DRAM, CMOS 센서, RF 트랜시버, OLED 디스플레이, SSD 등을 생산한다. SK하이닉스는 플래시 메모리, DRAM, SSD, CMOS 센서 등을 생산한다. 인텔은 x86-64 마이크로프로세서, GPU,

SSD, DRAM 등을 생산한다.[29]

2022년 매출 기준으로 상위 10대 **반도체** 기업은 ① 대만 TSMC ② **대한민국** 삼성 ③ 미국 인텔 ④ 미국 퀄컴 ⑤ **대한민국** SK 하이닉스 ⑥ 미국 브로드컴 ⑦ 미국 마이크론 테크놀로지 ⑧ 미국 엔비디아 ⑨ 미국 Applied Materials ⑩ 미국 Texas Instruments다.[30] 그림 4.6

반도체 산업 본사는 미주, 아시아 태평양 지역, 유럽에 집중되어 있다. 파운드리 본사는 ① 대만 ② 미국 ③ 중국 ④ **대한민국** ⑤ 이스라엘 등에 있다. IDM은 ① 미국 ② **대한민국** ③ 일본 ④ 유럽 연합 ⑤ 대만 등에 있다. 팹리스는 ① 미국 ② 대만 ③ 중국 ④ 유럽 연합 ⑤ 일본 등에 있다.[31]

그림 4.6 삼성전자, 인텔, 퀄컴, SK 하이닉스, 브로드컴, 엔비디아 로고

4.4 건설(Construction)

건설은 건축(Architecture)과 토목(Civil engineering)의 총칭이다. 건물을 짓고 만드는 일이다. 토목건축, 토건이라는 말도 쓰인다. **대한민국** 『건설산업기본법』에서는 「건설공사」라는 용어를 쓴다. 건설공사란 토목공사, 건축공사, 산업설비공사, 조경공사, 환경시설공사를 말한다. 명칭에 관계없이 시설물을 설치·유지·보수하는 공사를 건설이라고도 한다. 보수공사에는 시설물을 설치하기 위한 부지조성공사를 포함한다. 기계설비나 그 밖의 구조물의 설치 및 해체공사 등을 포괄한다. 건설의 종류에는 건물 건설, 고속도로 건설, 산업 건설, 산업 테스트, 재건설, 터널 건설, 다리 건설 등이 있다.[32]

OECD는 1955-2020년 기간에 진행된 **건설업** 고용 상위 국가는 ① 미국 ② 일본 ③ 러시아 ④ 멕시코 ⑤ 독일 ⑥ 영국 ⑦ **대한민국** ⑧ 프랑스 ⑨ 튀르키예 ⑩ 콜롬비아 ⑪ 캐나다 ⑫ 남아프리카 ⑬ 이탈리아 ⑭ 폴란드 ⑮ 스페인 ⑯ 호주 ⑰ 칠레 ⑱ 네덜란드 ⑲ 체코 공화국 ⑳ 스웨덴이라고 정리했다.[33]

건설은 대부분의 국가에서 주요 일자리다. 2018년 기준으로 건설 총부가가치(Gross Value Added)가 큰 국가는 ① 중국 ② 미국 ③ 일본 ④ 인도 ⑤ 독일 ⑥ 영국 ⑦ 프랑스 ⑧ 캐나다 ⑨ 러시아 ⑩ 호주 ⑪ 인도네시아 ⑫ **대한민국** ⑬ 브라질 ⑭ 멕시코 ⑮ 스페인 ⑯ 이탈리아 ⑰ 튀르키예 ⑱ 사우디아라비아 ⑲ 네덜란드 ⑳ 폴란드 ㉑ 스위스 ㉒ 아랍에미리트 ㉓ 스웨덴 ㉔ 오스트리아 ㉕ 카타르로 집계됐다.[34]

4.5 에너지(Energy)

에너지 산업(Energy Industry)은 연료의 추출, 제조, 정제, 유통을 포함해 에너지의 생산과 판매를 총괄하는 산업이다. 에너지 산업은 ① 석유, 석탄, 천연가스 등의 화석 연료 산업 ② 발전, 전력 분배, 판매 등의 전력 산업 ③ 원자력 산업 ④ 수력, 풍력, 태양열, 대체 에너지 등의 재생 에너지 산업 ⑤ 땔감, 장작 등의 전통적 에너지 산업으로 나누어 설명한다.[35]

2023년 기준으로 시가총액별 세계적 에너지 기업은 (단위: 미화 10억 달러) ① 사우디 아라비아 아람코 2112 ② 미국 엑슨모빌 470 ③ 미국 쉐브론 313 ④ 영국 쉘 207 ⑤ 중국 페트로차이나 189 ⑥ 프랑스 토탈 에너지 154 ⑦ 미국 넥스트에라

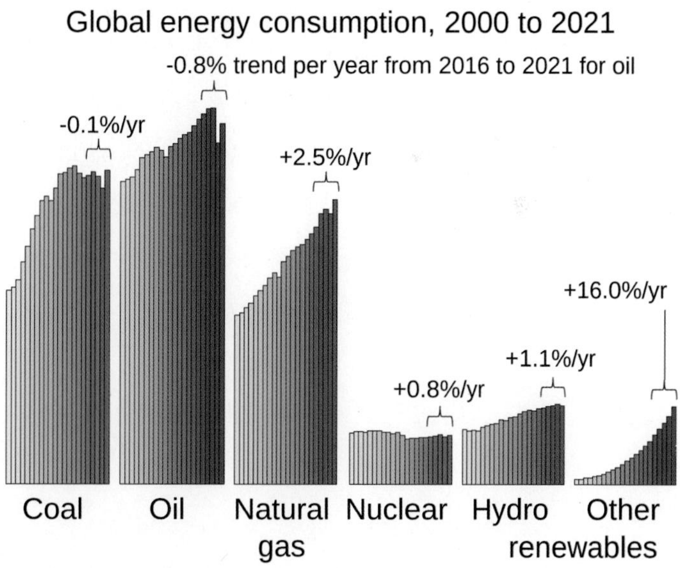

Global energy consumption, 2000 to 2021

-0.8% trend per year from 2016 to 2021 for oil

-0.1%/yr

+2.5%/yr

+16.0%/yr

+1.1%/yr

+0.8%/yr

Coal　Oil　Natural gas　Nuclear　Hydro renewables　Other

그림 4.7 **세계 에너지 소비 패턴 변화, 2000−2021**

4.5 에너지(Energy) | **165**

에너지 154 ⑧ 미국 코노코필립스 121 ⑨ 영국 BP 116 ⑩ **대한민국** LG에너지솔루션 111 등이다.[36]

2000-2021년 기간 세계의 에너지는 석유, 석탄, 천연가스, 수력, 원자력, 기타 재생에너지가 담당해 왔다. 2020년 기준으로 유형별 세계 총 1차 에너지 소비는 ① 석유 31.2% ② 석탄 27.2% ③ 천연가스 24.7% ④ 수력(재생 에너지) 6.9% ⑤ 원자력 4.3% ⑥ 기타(재생 에너지) 5.7%다.[37] 그림 4.7

여기에서는 에너지 산업을 ① 전기 ② 석유 ③ 천연가스 ④ 석탄 ⑤ 원자력 ⑥ 재생가능 에너지/태양광 부문으로 나누어 검토하기로 한다.

① 전기

에너지의 기본은 전기다. 2021년 기준으로 **전기** 생산이 많은 국가는(단위 GWh) ① 중국 8,537,000 ② 미국 4,381,000 ③ 인도 1,669,000 ④ 러시아 1,157,000 ⑤ 일본 1,030,000 ⑥ 브라질 680,000 ⑦ 캐나다 633,000 ⑧ **대한민국** 595,000 ⑨ 독일 584,000 ⑩ 프랑스 555,000 순이다.[38] 2018-2021년 기간 동안 전기 사용은 ① 중국 ② 미국 ③ 인도 ④ 러시아 ⑤ 일본 ⑥ 브라질 ⑦ 캐나다 ⑧ **대한민국** ⑨ 독일 ⑩ 프랑스 순으로 많이 썼다.[39]

② 석유

석유 산업(Petroleum Industry)은 석유를 탐사·개발·채굴·운송·정제·판매하는 산업이다. 석유산업은 업스트림, 미드스트림, 다운스트림의 세 가지로 나뉜다. 업스트림은 원유 탐사와 추출을, 미드스트림은 원유 운송과 저장을, 다운스트림은 원유를 다양한 최종 제품으로 정제하는 산업이다. 탄소(炭素) 성분의 광물성 에너지로 연료유와 휘발류가 주다. 1859년 미국에서 근대 석유 산업이 시작됐다. 20세기 초 석유는 1차 에너지 공급량의 10% 미만을 점유했다. 1980년대에 석유는 1차 에너지 공급량의 80%를 담당했다. 석유 자원은 부존 상태가 지구상에 편재되어 있다. 에너지 소비 성향에 따라 산유국과 소비국이 구분된다. 국제적인 대규모 석유 사업체가 존재한다.[40]

2012년 매장량과 생산량 기준으로 세계의 10대 석유 회사는 ① 사우디 아라비아 아람코(생산기업 아람코) ② 이란 NIOC(NJOC) ③ 카타르 카타르에너지(미국 엑슨 모빌) ④ 이라크 INOC(중국 페트로차이나) ⑤ 베네수엘라 PDVSA(영국 BP) ⑥ 아랍에미리트 애드녹(네덜란드/영국 로열 더치 쉘) ⑦ 멕시코 페멕스(페멕스) ⑧ 나이지리아 NNPC(미국 쉐브론) ⑨ 리비아 NOC(쿠웨이트 석유공사) ⑩ 알제리 소나트락(아랍에미리트 에드녹)으로 조사됐다.

2022년 기준으로 **석유** 생산이 많은 국가는 ① 미국 ② 사우디아라비아 ③ 러시아 ④ 캐나다 ⑤ 이라크 ⑥ 중국 ⑦ 아랍에미리트 ⑧ 이란 ⑨ 브라질 ⑩ 쿠웨이트 ⑪ 카자흐스탄 ⑫ 멕시코 ⑬ 노르웨이 ⑭ 카타르 ⑮ 나이지리아 순이다.[41]

2017-2022년 기간 동안 **대한민국**은 수익이 높은 석유 가스 기업을 가진 국가에 포함됐다. **대한민국**은 세계적인 정유 공장이 있는 다운스트림 국가다. **대한민국**의 석유 산업은 1935년에 시작됐다. 1962년에 대한석유공사가 설립됐다.[42]

③ 천연가스

천연가스(Natural Gas)는 메탄으로 구성된 기체 탄화수소의 자연 발생물인 화석 가스다. 간단히 '가스'라고도 한다. 메탄은 무색 무취다. 누출을 알 수 있게 유황이나 썩은 계란 냄새가 나는 취기제가 천연 가스 공급 장치에 첨가되기도 한다. 난방, 요리, 발전, 화학 원료, 차량 연료로 사용된다. 천연 가스는 표준 입방 미터 또는 표준 입방 피트로 측정된다. 압축 천연가스, 액화 천연가스 등이 있다.[43]

　2021년 기준으로 **천연가스** 생산 상위국은 ① 미국 ② 러시아 ③ 이란 ④ 중국 ⑤ 카타르 ⑥ 캐나다 ⑦ 호주 ⑧ 사우디 아라비아 ⑨ 노르웨이 ⑩ 알제리 ⑪ 투르크메니스탄 ⑫ 말레이시아 ⑬ 이집트 ⑭ 인도네시아 ⑮ 아랍 에미리트 순이다.[44]

④ 석탄

화석 연료(Fossil Fuel)는 석탄, 석유, 천연 가스와 같은 탄화수소 함유 물질이다. 죽은 식물과 동물의 잔해로부터 추출 연소되어 연료로 사용된다.[45]

　석탄(Coal)은 가연성의 흑색 또는 흑갈색 퇴적암 탄층이다. 석탄은 수소, 황, 산소, 질소 등의 다른 원소를 포함한 탄소다. 석탄은 죽은 식물 물질이 부패하여 이탄으로 변하고 수백만 년 동안 깊은 매장의 열과 압력에 의해 형성된다. 증기 기관 발명으로 석탄 소비가 증가했다. 2020년 기준으로 석탄은 세계 1차 에너지의 4분의 1과 전기의 3분의 1 이상을 공급했다.[46]

석탄은 환경을 손상시키며 온실가스의 이산화탄소를 배출한다. 2020년 석탄 연소로 인해 140억 톤의 이산화탄소가 배출됐다. 이는 총 화석 연료 배출량의 40%, 전 세계 온실 가스 총 배출량의 25% 이상이었다. 전 세계 석탄 사용은 2013년에 최고조에 달했다. 지구 온난화를 2℃ 미만으로 유지한다는 파리 협정 목표를 충족하려면 석탄 사용을 줄여야 한다.

2020년 기준으로 **석탄** 생산이 많은 국가는 ① 중국 ② 인도 ③ 인도네시아 ④ 미국 ⑤ 호주 ⑥ 러시아 ⑦ 남아프리카 ⑧ 카자흐스탄 ⑨ 독일 ⑩ 폴란드 순이다.[47]

⑤ 원자력

원자력(Nuclear Power)은 핵분열, 핵융합 반응에서 얻는 전기 에너지다. 대부분의 원자력 전기는 원자력 발전소에서 이뤄지는 우라늄과 플루토늄의 핵분열에 의해 생산된다. 원자력 전기는 1951년 12월 미국 아이다호 아르코 근처에서 처음 생성됐다. 원자력은 수력 다음의 저탄소 전력원이었다. 원자력 발전소를 줄여서 원전(原電)이라고도 한다.[48]

2022년 기준으로 국가별 **원자력** 발전량이 많은 국가는 ① 미국 ② 중국 ③ 프랑스 ④ 러시아 ⑤ **대한민국** ⑥ 캐나다 ⑦ 우크라이나 ⑧ 스페인 ⑨ 일본 ⑩ 스웨덴 순이다. 2022년 기준으로 총전력 사용량 중 원자력이 차지하는 비율이 높은 나라는 ① 프랑스 ② 슬로바키아 ③ 우크라이나 ④ 헝가리 ⑤ 벨기에 ⑥ 슬로베니아 ⑦ 체코 공화국 ⑧ 스위스 ⑨ 핀란드 ⑩ 불가리아 순이다. 프랑스, 우크라이나, 슬로바키아, 우크라이나는 국가 전력 공급의 50% 이상을 원전으로 사용하고 있다. 2022년 기준으로 원자력 발전소가 운영되는 국가는 32개국이다. 세계 전력의 10분의 1을 생산한다. 대부분은 유럽, 북미, 동아시아, 남아시아에 있다. 전 세계에 401기의 민간 핵분열 원자로가 있다. 57기의 원자로가 건설 중이다.[49] 표 4.4

표 4.4 국가별 원자력 발전, 2022

	국가	원자로		발전량 (GWh)	총전력 사용량 중 차지하는 비율(%)	비고
		운영 중	공사 중			
01	미국	93	1	772,221	18.2	
02	중국	54	21	395,354	5.0	
03	프랑스	56	1	282,093	62.6	
04	러시아	37	3	209,517	19.6	
05	**대한민국**	25	3	167,514	30.4	
06	캐나다	19	0	81,718	12.9	
07	우크라이나	15	2	81,126	55.0	2021년 전쟁 이전
08	스페인	7	0	56,150	20.3	단계적 폐지 예정
09	일본	33	2	51,908	6.1	많은 원자로 정지
10	스웨덴	6	0	50,018	29.4	
11	영국	12	2	43,605	14.2	
12	인도	19	8	41,972	3.1	
13	벨기에	7	0	41,744	46.4	단계적 폐지 연기
14	체코 공화국	6	0	29,310	36.7	
15	핀란드	5	0	24,242	35.0	

16	스위스	4	0	23,180	36.4	단계적 폐지 예정
17	대만	3	0	22,917	9.1	
18	파키스탄	6	1	22,219	16.2	
19	아랍에미리트	3	1	19,300	6.8	
20	불가리아	2	0	15,784	32.6	
21	헝가리	4	0	14,954	47.0	
22	슬로바키아	4	1	14,830	59.2	
23	브라질	2	1	13,745	2.5	
24	멕시코	2	0	10,539	4.5	
25	루마니아	2	0	10,222	19.3	
26	남아프리카	2	0	10,124	19.4	
27	아르헨티나	3	1	7,470	5.4	
28	이란	1	1	6,009	1.7	
29	슬로베니아	1	0	5,311	42.8	
30	벨라루스	1	1	4,411	11.9	
31	네덜란드	1	0	3,931	3.3	
32	아르메니아	1	0	2,631	31.0	
	방글라데시	0	2			
	이집트	0	3			
	튀르키예	0	4			
	세계 합계	**401**	**57**	**2,486,834**		

출처와 주: 위키피디아 자료를 기초로 필자가 재작성.

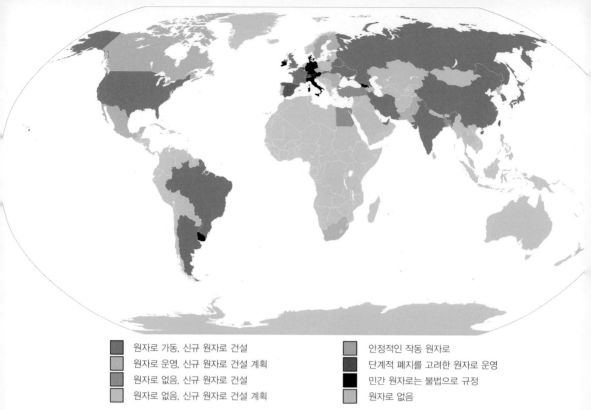

■ 원자로 가동. 신규 원자로 건설	■ 안정적인 작동 원자로
■ 원자로 운영. 신규 원자로 건설 계획	■ 단계적 폐지를 고려한 원자로 운영
■ 원자로 없음. 신규 원자로 건설	■ 민간 원자로는 불법으로 규정
■ 원자로 없음. 신규 원자로 건설 계획	■ 원자로 없음

그림 4.8 **원자력의 운영 스타일, 2023**

　　원자력이 저탄소 전력원으로 환경에 도움을 준다고 해 원전을 신규로 건설하기도 한다. 원전을 건설했다가 중단하거나 폐쇄하기도 한다. 재정적·정치적·기술적 이유로 쿠바, 리비아, 폴란드는 최초의 원자력 발전소 건설을 완료하지 못했다. 호주, 아제르바이잔, 조지아, 가나, 아일랜드, 쿠웨이트, 오만, 페루, 싱가포르는 계획된 최초의 원자력 발전소를 건설하지 못했다. 2023년 4월 기준으로 원자력 설치에 관한 논의는 지역별로 ① 원자로 가동, 신규 원자로 건설 ② 원자로 운영, 신규 건설 계획 ③ 원자로 없음, 신규 원자로 건설 ④ 원자로 없음, 신규 건설 계획 ⑤ 안정적인 작동 원자로 ⑥ 단계적 폐지를 고려한 원자로 운영 ⑦ 민간 원자력은 불법으로 규정 ⑧ 원자로 없음 등 여덟 가지로 나뉘어 진행되고 있다. 원자력은 찬핵, 반핵 등의 논의가 있다. 1979

년 스리마일 섬 사고 이후 뉴욕에서 반핵 시위가 열렸다. 2011년 후쿠시마 원전 사고 이후 독일의 17기 원자로 중 8기가 정지되었다.[50] 그림 4.8

　대한민국은 1959년에 한국원자력연구소를 발족했다. 1978년에 고리 원자력발전소를 준공했다. 2005년에 국가핵융합연구소를 설립했다. 2007년 초전도핵융합연구장치(Korea Superconducting Tokamak Advanced Research, KSTAR)를 완공했다. 2009년에 한국형 원전을 아랍에미리트에 수출했다. 2018년 KSTAR 가동 온도 1억°를, 2021년 1억°30초 유지를 달성했다. 2025년에 1억°300초 유지를 목표로 설정했다. 300초가 지나면 지속적인 핵융합이 가능해지고, KSTAR가 24시간 정상적으로 가동됨을 뜻한다.[51]

　1973년 석유 위기 이후 프랑스에 원자력이 대량 도입됐다. 1980년대 중반 이후 원자력은 프랑스의 가장 큰 전력 공급원이다. 2018년 원전 점유율은 71.67%였다. 2020년부터 61,370MWe에 달하는 56개의 가동 가능한 원자로가 있다. 프랑스는 설계의 표준 변형을 반복적으로 사용함으로써 높은 수준의 원자력 발전소 표준화를 이뤘다. 프랑스 원자력 발전소는 파리 주변의 벨빌, 담피에르, 노젠트, 생 로랑, 시농, 시보, 동쪽의 페센하임, 서쪽 대서양 연안의 블라야이스, 브레닐니스, 플라망빌, 팔루엘, 펜리, 자갈길, 북쪽의 켓테놈, 추즈, 남쪽의 버기, 슈퍼피닉스, 생 알반, 크루아스, 토리카스텐, 마르쿨/피닉스, 골프테크 등 전 국토에 골고루 입지해 있다.[52] 그림 4.9

　소형 모듈 원자로(Small Modular Reactors, SMRs)는 기존 원자로보다 작은 모듈식 원자로를 뜻한다. 원자로를 일정한 위치에서 건설해 다른 곳으로 옮겨 배송, 시운전, 운영할 수 있다. SMR은 크기, 용량, 모듈식 구성만을 의미한다. SMR에서 출력되는 전력은 발전 전기용량 300MWe 미만 또는 발전 열량 1000MWth 미만으로 예상됐다. 2014년 시점에서 미국, 영국, 프랑스,

중국, 러시아, 일본, 캐나다, **대한민국**, 스웨덴, 덴마크, 체코 공화국, 아르헨티나, 인도네시아 등에서 모듈식 원자로 설계가 진행됐다. 미국, 영국, 캐나다, 폴란드, 중국, 루마니아 등 6개국은 자국 내에 SMR 건설 사이트를 제안했다. 2023년 기준으로 19개국에서 80개 이상의 모듈식 원자로 설계가 개발 중이다. 최초의 SMR 장치는 러시아와 중국에서 운영되고 있다.[53]

그림 4.9 **프랑스 원자력 발전소의 분포**

⑥ 재생가능 에너지/태양광

재생가능 에너지(Renewable Energy)는 시간 척도에 따라 자연적으로 보충되는 재생가능 자원 에너지다. 재생가능 자원에는 햇빛, 바람, 물, 지열 등이 있다. 재생가능 에너지는 발전, 난방, 냉방에 주로 사용된다. 2011-2021년 사이에 재생가능 에너지는 전 세계 전력 공급의 20%에서 28%로 증가했다. 화석 에

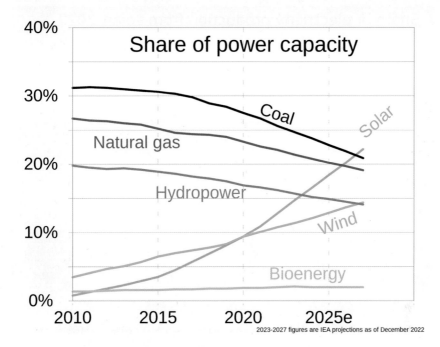

2023-2027 figures are IEA projections as of December 2022

그림 4.10 **에너지의 변천 과정, 2010–2025**

너지 사용은 68%에서 62%로, 원자력 사용은 12%에서 10%로 줄었다. 태양열과 풍력 발전은 2%에서 10%로 증가했다. 바이오매스와 지열 에너지는 2%에서 3%로 증가했다. 135개국에 3,146기가와트가 설치되어 있다. 156개국에는 재생 에너지를 규제하는 법률이 있다.[54] 그림 4.10

태양광 발전(Solar Power)은 광전지(Photovoltaics, PV)나 집광형 태양열 발전 시스템을 사용해 햇빛 에너지를 전기로 변환하는 발전이다. 광지전는 광전기 효과로 빛을 전류로 변환한다. 집광형 태양광 발전 시스템은 렌즈, 거울, 태양 추적 시스템으로 태양광을 핫스팟에 집중시켜 증기 터빈을 돌려 전기를 생산한다.[55]

태양광 발전은 일조량에 따라 달라진다. 연간 일조량은 건조한 열대 지방과 아열대 지방에서 높다. 저위도에 있는 사막은 구름이 적고 하루에 10시간 이상 햇빛을 받을 수 있다. 태양광 전력은 중앙 아메리카, 아프리카, 중

Share of electricity production from solar, 2022

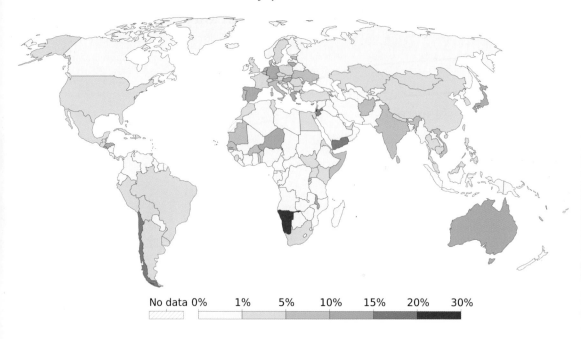

Source: Ember's Yearly Electricity Data; Ember's European Electricity Review; Energy Institute Statistical Review of World Energy

그림 4.11 **태양광 전기 생산 비율, 2022**

동, 인도, 동남아시아, 호주 등에서 저렴한 에너지원이 될 것이라고 예상됐다. 2022년 기준으로 전 세계 태양광 발전 총 용량은 1TW에 도달했다. 누적 PV 용량이 1기가 와트 이상인 국가는 40개국 이상이다. 2022년 기준으로 **태양광** 발전 용량이 큰 국가/지역은 (단위 MW) ① 중국 393,032 ② 미국 113,015 ③ 일본 78,833 ④ 독일 66,554 ⑤ 인도 63,146 ⑥ 호주 26,792 ⑦ 이탈리아 25,083 ⑧ 브라질 24,079 ⑨ **대한민국** 20,975 ⑩ 스페인 20,518 ⑪ 네덜란드 19,143 순이다.그림 4.11

풍력 발전(Wind Power)은 바람 에너지를 활용하여 생성되는 에너지다. 역사적으로 풍력은 돛, 풍차에 사용되었다. 풍력 발전은 전기 생성에 사용되며 풍력 발전소를 뜻한다. 2021년 풍력은 1800TWh 이상의 전기를 공급했다. 이

그림 4.12 **브라질의 이타이푸 수력 발전 댐**

는 세계 전기의 6%와 세계 에너지의 2%에 해당됐다. 풍력 발전은 상업적으로 사용된다. 2020년까지 풍력발전 보급률은 덴마크 56%, 우루과이 40%, 리투아니아 36%, 아일랜드 35%, 영국 24%, 포르투갈과 독일 23%, 스페인 20%, 그리스와 스웨덴 16%, EU 평균 15%, 미국 8%, 중국 6% 순이다. 2022년 기준으로 풍력 발전 용량이 큰 나라는 ① 중국 ② 미국 ③ 독일 ④ 인도 ⑤ 스페인 ⑥ 영국 ⑦ 브라질 ⑧ 프랑스 ⑨ 캐나다 ⑩ 스웨덴 순이다. **대한민국은 1,893MV로 32위다.**[56]

수력(Hydropower)은 낙하하거나 빠르게 흐르는 물을 활용해 전기를 생산하거나 기계에 동력을 공급하는 것을 뜻한다. 수력 발전은 지속 가능한 에너지다. 수력 전기 발전(Hydroelectricity)을 위해서는 강이나 높은 호수 등의 에너지 넘치는 수원이 필요하다. 수력 발전은 세계 전기의 6분의 1을 공급한다. 2010년 기준으로 아시아·태평양 지역은 세계 수력 발전의 32%를 생산했다. 2020년에 수력은 4500TWh를 생산해 모든 재생 가능 에너지원을 합친 것이나 원자력보다 많았다. 10GW(10,000MW)보다 큰 발전량을 생산하는 수력 발전소는 ① 중국 삼협댐 ② 중국 바이허탄 댐 ③ 브라질 이타이푸 댐 ④ 중국 시뤄두 댐 ⑤ 브라질 벨로 몬테 댐 ⑥ 베네주엘라 구리댐 ⑦ 중국 우동더 댐 등 7개가 있다.[57] 그림 4.12

조력 발전(Tidal Power)은 파도, 조수, 염도와 해양 온도 차이에 따라 생성되는 에너지다. 해양 에너지인 조력 발전 생산은 ① **대한민국** 시화호 조력발전소 ② 프랑스 랜스 조력 발전소 ③ 캐나다 아나폴리스 왕립 발전소 등이 있다. 세계 최초의 조력발전소는 1966년 가동을 시작한 프랑스의 랑스 조력발전소다. 2011년 8월 **대한민국** 경기도 시화호에 조력 발전소가 개장했다. 총 발전 용량이 254MW로 세계 최대 규모의 조력 발전소다. 10개의 터빈이 완비된 해벽 방어 장벽을 사용한다.[58] 그림 4.13

지열 에너지(Geothermal Energy)는 지구의 형성과 물질의 방사성 붕괴에서 발생하는 지각의 열에너지다. 지구 내부의 높은 온도와 압력으로 인해 일부 암석이 녹고 단단한 맨틀이 소성 작용을 한다. 그 결과 맨틀이 주변 암석보다 가볍기 때문에 맨틀의 일부가 위로 대류하게 된다. 핵-맨틀 경계 온도는 4000°C 이상에 이를 수가 있다. 2009년 세계적으로 13,900MW의 지열 발전을 생산했다. 지열 에너지는 지역 난방, 공간 난방, 스파, 산업 공정, 담수화, 농업 응용 분야 등에 활용된다. 2021년 기준으로 지열 에너지 발전 용량이 큰 나라는 ① 미국 ② 인도네시아 ③ 필리핀 제도 ④ 튀르키예 ⑤ 뉴질랜드 ⑥ 멕시코 ⑦ 케냐 ⑧ 이탈리아 ⑨ 아이슬란드 ⑩ 일본 순이다.[59]

화석 연료로 발생하는 이산화 탄소는 대기 오염과 기후 변화로 환경 생태계를 교란시킨다. 이런 연유로 화석 연료의 사용과 생산을 점차 0으로 줄이려는 화석 연료의 단계적 폐지(Fossil Fuel Phase-out)가 펼쳐진다. 재생 에너지로

그림 4.13 **대한민국 경기도 시화호 조력 발전소**

의 전환은 화석 연료의 단계적 폐지 가운데 하나다.[60]

    발생한 이산화 탄소를 분리·처리하고 장기 저장 장소로 운반하는 과정을 탄소 포집과 저장(Carbon Capture and Storage)으로 정의한다. 2020년 국제에너지기구와 2022년 유엔 IPCC는 탄소 포집 없이는 탄소 중립이 불가능하다고 밝혔다.[61] 탄소 포집은 에너지 관련 기업과 연구 기관에서 다양하게 시도되고 있다. 「대기나 바다에서 직접 이산화탄소를 끌어와 친환경적인 방법을 통해 영구적으로 가둘 수 있는」 탄소 포집 솔루션이 경쟁적 콘테스트 과정으로 전개되고 있다. 2021-2025년 기간에 진행되는 이 솔루션 찾기에 **대한민국**이 나섰다.[62]

4.6 제조업(Manufacturing)

제조업은 원재료를 인력, 기계력 등으로 가공하여 제품을 대량 생산하고 공급하는 산업이다. 광업·건설업과 함께 제2차 산업을 구성한다. 가전, 자동차, 도시락, 주스 등을 만드는 모든 산업이 제조업에 포함된다. 제조업은 소품종 대량 생산에서 다품종 소량 생산(multi-item small sized production)과 고부가가치 제품 생산으로 바뀌고 있다. 제조업의 기준은 나라마다 다르다. **대한민국**의 제조업은 담배, 건축자재, 군수산업체, 농업 기업, 보일러, 석유화학, 완구, 음향기기, 의류, 자동차, 자전거, 제약, 중공업, 철강생산, 축전지, 화기, 모터사이클, 엔진, 자동차 부품, 전자, 조선업, 직물, 철도차량, 항공기, 항공우주, 화장품, 화학 등 27개로 분류하고 있다.[63]

2022년 기준으로 글로벌 **제조** 생산량 상위 국가는 ① 중국 28.4% ② 미국 16.6% ③ 일본 7.2% ④ 독일 5.8% ⑤ 인도 3.3% ⑥ **대한민국** 3.0% ⑦ 이탈리아 2.3% ⑧ 프랑스 1.9% ⑨ 영국 1.8% ⑩ 멕시코 1.5% 순이다.[64]

2021년 기준으로 세계은행은 제조업 생산액 상위 국가를 발표했다. 상위 국가는 (단위 백만 달러) ① 중국 4,865,824 ② 미국 2,497,131 ③ 일본 995,309 ④ 독일 772,252 ⑤ **대한민국** 456,600 ⑥ 인도 446,504 ⑦ 이탈리아 319,843 ⑧ 영국279,389 ⑨ 프랑스 269,797 ⑩ 러시아 256,958 ⑪ 멕시코 232,107 ⑫ 인도네시아 228,325 ⑬ 아일랜드 184,306 ⑭ 튀르키예 179,229 ⑮ 캐나

다 170,222(2018) ⑯ 스페인 161,426 ⑰ 브라질 155,192 ⑱ 스위스 153,132 ⑲ 태국 136,682 ⑳ 폴란드 116,672 등이다.65

유엔산업개발기구(UNIDO)는 각 국가의 제조 능력 측정 지수(Competitive Industrial Performance, CIP)를 발표한다. CIP 지수는 국가의 총 제조 생산량을 첨단 기술 능력과 국가가 세계 경제에 미치는 영향 등을 반영해 제시한다. 2021년 기준으로 CIP 지수 상위 10개국은 ① 독일 ② 중국 ③ 아일랜드 ④ **대한민국** ⑤ 미국 ⑥ 대만 ⑦ 스위스 ⑧ 일본 ⑨ 싱가포르 ⑩ 네덜란드다.66

4.7 철강(Iron and Steel)

철강 산업은 철광석을 원료로 철과 강철을 생산하는 산업이다. 철은 강철의 기본 금속이다. 철강 제품은 강철 다리, 강철 철탑, 철근 콘크리트, 철도 선로, 전선, 자동차·기차·선박의 내부와 외부 본체, 복합 컨테이너, 스테인리스 스틸, 칼, 수술 도구, 총포, 철도 여객 차량, 우주선과 우주 정거장의 구성 요소 등이다.[67]

2022년 기준으로 **철강** 생산 상위 국가는 (단위 백만 미터톤) ① 중국 1,018 ② 인도 125.3 ③ 일본 89.2 ④ 미국 80.5 ⑤ 러시아 71.5 ⑥ **대한민국** 65.9 ⑦ 독일 36.8 ⑧ 튀르키예 35.1 ⑨ 브라질 34.0 ⑩ 이란 30.6 순이다.[68]

2022년 기준으로 상위 철강업체는(단위 백만톤 Tg) ① 중국 바오우 131.84 ② 룩셈부르크 아르셀로미탈 68.89 ③ 중국 안스틸 55.65 ④ 일본 신일본제철 44.37 ⑤ 중국 장쑤성 사강 41.45 ⑥ 중국 헤스틸 41 ⑦ **대한민국** 포스코 38.64 ⑧ 중국 건롱 스틸 36.56 ⑨ 중국 수강 33.82 ⑩ 인도 타타스틸 30.18 등이다.[69]

4.8 의료/제약(Medical/Pharmaceutical)

의료 산업(Medical Industry, Healthcare Industry)은 환자들의 병을 치료, 예방, 재활, 완화하기 위한 상품과 서비스를 제공하는 건강 경제시스템이다. 현대 의료 산업은 서비스, 제품, 금융의 세 가지 부문이 포함된다. 의료 산업은 UN의 국제표준산업분류법(ISIC)에 따라 ① 병원에서의 활동 ② 의과, 치과의 실습 활동 ③ 사람들의 건강을 위한 활동의 세 가지로 분류된다. 이 세가지 분류에는 간호사, 조산원, 물리치료사, 과학 실험실, 진단 실험실, 병리학 클리닉, 주거 보건 시설에서의 활동을 포괄한다. 검안, 의료용 마사지, 요가 치료, 작업 치료, 언어 치료, 발 치료, 유사 요법, 척추지압요법, 침술 등 건강과 관련한 직업을 포함한다.[70]

세계의 의료 시스템은 ① 보편적인 정부 지원 의료 시스템이 있는 국가 ② 보편적인 공적 보험 제도가 있는 국가 ③ 보편적인 공공-민간 보험 시스템이 있는 국가 ④ 보편적인 민영 의료 보험 시스템이 있는 국가 ⑤ 보편적이지 않은 보험 시스템이 있는 국가로 나뉜다. **대한민국**, 중국, 프랑스, 일본, 폴란드, 싱가포르 등은 보편적인 공적 보험 제도가 있는 국가에 속한다.[71]

1인당 병상수는 의료 시스템을 나타내는 중요한 지표다. 2020년 기준으로 1,000명당 **병상수**가 많은 국가는 ① **대한민국** 12.65 ② 일본12.63 ③ 독일 7.82 ④ 오스트리아 7.05 ⑤ 헝가리 6.76 ⑥ 체코 6.5 ⑦ 폴란드 6.19 ⑧ 리투

아니아 6.01 ⑨ 프랑스 5.73 ⑩ 슬로바키아 5.68 순이다.[72]

2021년 기준으로 OECD 국가 가운데 1인당 총 의료비 지출은 (단위 PPP 국제 달러) ① 미국 12,318 ② 독일 7,383 ③ 노르웨이 7,065 ④ 네덜란드 6,753 ⑤ 오스트리아 6,693 ⑥ 덴마크 6,384 ⑦ 스웨덴 6,262 ⑧ 프랑스 6,115 ⑨ 캐나다 5,905 ⑩ 아일랜드 5,836 ⑪ 영국 5,387 ⑫ 아이슬란드 5,096 ⑬ 이탈리아 4,038 ⑭ 대한민국 3,914 ⑮ 포르투갈 3,816 순이다.[73]

경제협력개발기구(OECD)는 국가별 의료 품질 수준을 발표했다. 암 5년 관찰 생존율은 암 진단을 받은 후 5년 이상 생존 한 환자의 비율이다. 2010-2014년 기준으로 위암 5년 생존율은 ① 대한민국 68.9% ② 일본 60.3% ③ 코스타리카 40.6% ④ 벨기에 37.5% ⑤ 중국 35.9% ⑥ 키프로스 35.6% ⑦ 오스트리아 35.4% ⑧ 독일 33.5% ⑨ 미국 33.1% ⑩ 이스라엘 32.3% 순이다. 대장암 생존율은 ① 키프로스 72.1% ② 대한민국 71.8% ③ 이스라엘 71.7% ④ 호주 70.7% ⑤ 아이슬란드 68.2% ⑥ 벨기에 67.9% ⑦ 일본 67.8% ⑧ 스위스 67.3% ⑨ 캐나다 67% ⑩ 노르웨이 64.9% 순이다. 직장암 5년 생존율은 ① 키프로스 75.9% ② 대한민국 71.1% ③ 호주 71% ④ 노르웨이 68.3% ⑤ 이스라엘 67.8% ⑥ 스위스67.3% ⑦ 캐나다 67.1% ⑧ 벨기에 66.6% ⑨ 뉴질랜드66% ⑩ 네덜란드 65.3% 순이다. 폐암 5년 생존율은 ① 일본 32.9% ② 이스라엘26.6% ③ 대한민국 25.1% ④ 캐나다 21.3% ⑤ 미국 21.2% ⑥ 스위스 20.4% ⑦ 아이슬란드 20.2% ⑧ 코스타리카 20.1% ⑨ 중국 19.8% ⑩ 오스트리아 19.7% 순이다. 자궁경부암 5년 생존율은 ① 아이슬란드 80.1% ② 코스타리카 78% ③ 대한민국 77.3% ④ 키프로스73.3% ⑤ 노르웨이 73.2% ⑥ 일본 71.4% ⑦ 스위스 71.4% ⑧ 덴마크 69.5% ⑨ 스웨덴 68.3% ⑩ 중국 67.6% 순이다. 2010-2012년 기준으로

그림 4.14 **제약 기업 미국 뉴욕의 화이자와 스위스 바젤의 로슈**

출혈성 뇌졸중 퇴원 100명당 30일 병원 내 사망률은 ① 일본 11.8 ② **대한민국** 13.1 ③ 핀란드 13.7 ④ 오스트리아 14.4 ⑤ 노르웨이 15.3 ⑥ 스웨덴 15.8 ⑦ 스위스 16.5 ⑧ 아이슬란드 16.7 ⑨ 덴마크 17.9 ⑩ 독일 17.5 순이다. 허혈성 뇌졸중 퇴원 100명당 30일 병원 내 사망률은 ① 일본 3.0 ② **대한민국** 3.4 ③ 덴마크 3.5 ④ 미국 4.3 ⑤ 노르웨이 5.3 ⑥ 핀란드 5.4 ⑦ 오스트리아 6.0 ⑧ 이스라엘 6.3 ⑨ 스웨덴 6.4 ⑩ 이탈리아 6.5순이다.[74]

　　제약 산업(Pharmaceutical Industry)은 허가된 의약품을 개발, 생산, 판매하는 산업이다. 제약회사는 의약품과 의료기기를 다룰 수 있도록 법에 의해 허가 받은 기업이다. 2022년 기준으로 수익 기준 상위 20개 제약 기업은 ① 미국 화이자 ② 미국 존슨 앤 존슨 ③ 스위스 로슈 ④ 미국 머크 앤 컴퍼니 ⑤ 미국 애비 ⑥ 스위스 노바티스 ⑦ 미국 브리스톨 마이어스 스큅 ⑧ 프랑스 사노피 ⑨ 영국 아스트라제네카 ⑩ 영국 GSK ⑪ 일본 다케다 ⑫ 미국 엘리 릴리 앤 컴퍼니 ⑬ 미국 길리어드 사이언스 ⑭ 독일 바이어 ⑮ 미국 암젠 ⑯ 독일 베링거인겔하임 ⑰ 덴마크 노보 노르디스크 ⑱ 미국 모더나 ⑲ 독일 머크 KGaA ⑳ 독일 바이오엔텍이다.[75] 그림 4.14

2021년 기준으로 **의약품** 생산 상위 국가는 ① 미국 ② 중국 ③ 독일 ④ 일본 ⑤ 아일랜드 ⑥ 스위스 ⑦ 프랑스 ⑧ 이탈리아 ⑨ 인도 ⑩ 벨기에 ⑪ 영국 ⑫ 스페인 ⑬ 브라질 ⑭ 캐나다 ⑮ **대한민국** ⑯ 네덜란드 순이다.[76]

4.9 방위 산업(Defense)

방위 산업(Defense Insustry, Arms Industry)은 무기와 군사 기술을 제조 판매하는 글로벌 무기 산업이다. 공공과 민간 부문에서 수행한다. 군용 재료, 장비와 시설의 연구 개발, 엔지니어링, 생산과 서비스를 진행한다. 무기 산업의 제품에는 무기, 군수품, 무기 플랫폼, 군사 통신, 기타 전자 제품 등이 포함된다. 무기 산업은 물류와 운영 지원 부문이 함께 이뤄진다.[77]

대한민국은 1970년대에 군사 개혁을 통해 자체 무기를 제조하기 시작했다. 2000년대에 이르러 대한민국은 방위 산업 국가로, 방위 수출국으로 발전했다. 대한민국은 방위 산업 제품을 다른 많은 국가에 수출하는 세계 무기 시장의 주요 공급국 중 하나가 되었다. 항공 우주부문과 조선 산업의 발달에 힘입어 항공기, 전함, 지상 차량, 지상 무기 등을 생산한다.[78]

2020년 기준으로 스톡홀름국제평화연구소(SIPRI)가 집계한 무기 수출 상위 국가는(단위 백만달러) ① 미국 937.2 ② 러시아 320.3 ③ 프랑스 199.5 ④ 독일 123.2 ⑤ 스페인 120.1 ⑥ 대한민국 82.7 ⑦ 이탈리아 80.6 ⑧ 중국 76.0 ⑨ 네덜란드 48.8 ⑩ 영국 42.9 순이다.[79]

Statista는 2018-2022년 기간에 무기 수출국의 국가별 시장 점유율을 ① 미국 40% ② 러시아 16% ③ 프랑스 11% ④ 중국 5.2% ⑤ 독일 4.2% ⑥ 이탈리아 3.8% ⑦ 영국 3.2% ⑧ 스페인 2.6% ⑨ 대한민국 2.4% ⑩ 이스라엘 2.3%로 집계했다.[80]

4.10 교육(Education)

교육은 **유학생**을 중심으로 한 교육 지표를 검토하기로 한다. 유학생은 자신이 아닌 다른 국가에서 고등 교육의 전부 또는 일부를 공부하려고 해당 국가로 이동하는 학생을 말한다. 2020년에 전 세계적으로 6,360,000명 이상의 유학생이 있었다. 유학생의 정의는 해당 국가의 교육 시스템에 따라 국가마다 다르다. 미국에서의 유학생은 '미국에서 공부하는 개인으로 F1 비자를 소지한 학생'으로 정의한다. 유럽에서는 유럽 연합에 속한 국가에서 온 학생들이 「에라스무스 프로그램」을 통해 다른 국가에서 공부할 수 있다.

2022년 기준으로 국제 **유학생** 수가 많은 상위 국가는 ① 미국 948,519명 ② 영국 633,910명 ③ 캐나다 552,580명 ④ 프랑스 364,756명 ⑤ 호주 363,859명 ⑥ 러시아 351,127명 ⑦ 독일 324,729명 ⑧ 중국 221,653명 ⑨ 일본 201,877명 ⑩ 이탈리아 125,470명 순이다.[81]

2021/2022년 기간에 미국으로 온 유학생의 출신 국가는 ① 중국 290,086명 ② 인도 199,182명 ③ **대한민국** 40,755명 ④ 캐나다 20,013명 ⑤ 베트남 20,713명 ⑥ 대만 20,487명 ⑦ 사우디 아라비아 18,206명 ⑧ 브라질 14,897명 ⑨ 멕시코 14,500명 ⑩ 나이지리아 14,438명 ⑪ 일본 13,449명 ⑫ 네팔 11,779명이다.[82]

한국교육개발원(KEDI)은 2022년 4월 1일 기준으로 **대한민국** 고등교육기관으로 유학오는 외국인 유학생 관련 통계를 집계했다. **대한민국**으로 유학오는 외국인 학생수는 2003년에 12,314명, 2004년에 16,832명, 2005년에 22,526명, 2006년에 32,557명, 2007년에 49,270명, 2008년에 63,952명, 2009년에 75,850명, 2010년에 83,842명, 2011년에 89,537명, 2012년에 86,878명, 2013년에 85,923명, 2014년에 84,891명, 2015년에 91,332명, 2016년에 104,262명, 2017년에 123,858명, 2018년에 142,205명, 2019년에 160,165명, 2020년에 153,695명, 2021년에 152,281명, 2022년에 166,892명으로 꾸준히 증가했다.[83]

2022년 166,892명의 외국인 유학생 중 유학형태별 유학생수와 비율은 ① 자비유학생 139,161명(83.3%) ② 대학초청 장학생 6,291명(3.8%) ③ 정부초청 장학생 4,062명(2.4%) ④ 자국정부파견 장학생 232(0.1%) ⑤ 기타 3,940명(2.4%)이다. 유학목적별 유학생수는 ① 대학 80,988명 ② 어학연수 27,194명 ③ 대학원 석사과정 26,923명 ④ 대학원 박사과정 16,892명 ⑤ 기타연수 14,895명이다. 대학 학부 전공별로는 ① 인문사회 56,515명 ② 공학계 10,778명 ③ 예체능계 9,196명 ④ 자연과학계 4,431명 ⑤ 의학계 68명이다. 대학원 석사과정 전공별로는 ① 인문사회 19,609명 ② 예체능계 3,111명 ③ 공학계 2,808명 ④ 자연과학계 1,209명 ⑤ 의학계 186명이다. 대학원 박사과정 전공별로는 ① 인문사회 7,126명 ② 예체능계 4,077명 ③ 공학계 3,560명 ④ 자연과학계 1,765명 ⑤ 의학계 364명이다.

2022년 기준으로 출신대륙별 **대한민국** 유학생수는 ① 아시아 147,340명 ② 유럽 10,840명 ③ 북아메리카 4,480명 ④ 아프리카 2,710명 ⑤ 남아메리카 1,210명 ⑥ 오세아니아 310명이다. 국가별 유학생수와 비율은 ① 중국 67,439명(40.4%) ② 베트남 37,940명(22.7%) ③ 우즈벡 8,608명(5.2%) ④ 몽골 7,348명(4.4%) ⑤ 일본 5,733명(3.4%) ⑥ 미국 3,369명(2.0%) ⑦ 기타 36,455(21.8%) 순이다.

4.11 관광업(Tourism)

관광업은 관광 산업(Tourist industry)이라고도 한다. 관광객에 대한 재화와 서비스를 제공하는 여행 산업이다. 오늘날 관광은 휴가나 보는 것(Sightseeing)을 뛰어넘어 일상적인 환경을 벗어난 장소에서 사회적·경제적 체험을 얻는 문화 활동으로 이해한다. 관광업은 경제적 결합도에 따라 숙박업, 요양·치료업, 특수교통업, 특수제조업, 특수 상업, 특수 서비스업과 연관을 맺는다.[84]

유엔은 해당 국가 내에서만 여행하는 국내 인바운드 관광과 다른 나라를 여행하는 해외 아웃바운드 관광이 있다고 설명했다. 세계적 유행병으로 관광이 다소 위축됐다. 그러나 최근에는 지구밖의 우주 관광이 논의되고 있다.[85]

유엔 세계 관광 기구(United Nations World Tourism Organization)는 세계 관광 순위를 집계한다. 도착한 국제 방문자 수, 인바운드 관광으로 발생한 수입, 아웃바운드 여행자의 지출 등을 검토해 순위를 매긴다. 2022년 기준으로 외국 **관광객**이 많은 상위 국가는 ① 프랑스 ② 스페인 ③ 미국 ④ 튀르키예 ⑤ 이탈리아 ⑥ 멕시코 ⑦ 영국 ⑧ 독일 ⑨ 그리스 ⑩ 오스트리아 순이다.[86]

도시 관광(Urban Tourism)은 박물관, 미술관, 종교 사원, 고층 빌딩, 역사 건물, 기념물, 기념관, 묘지 등 도시의 랜드마크 건물을 방문하는 관광이다. 도시 문화유산은 중요한 도시 관광 방문지다. 축제, 콘서트, 퍼레이드, 회의, 시위, 항의 등의 행사 참석으로 도시를 방문한다.[87]

2023년 기준으로 해외 방문객이 많은 도시는 ① 태국 방콕 2,278만 명 ② 프랑스 파리 1,910만 명 ③ 영국 런던 1,909만 명 ④ 아랍에미리트 두바이 1,593만 명 ⑤ 싱가포르 1,467만 명 ⑥ 말레이시아 쿠알라 룸푸르 1,379만 명 ⑦ 미국 뉴욕 1,360만 명 ⑧ 튀르키예 이스탄불 1,340만 명 ⑨ 일본 도쿄 1,293만 명 ⑩ 튀르키예 안탈리아 1,241만 명 ⑪ **대한민국** 서울 1,125만 명 ⑫ 일본 오사카 1,014만 명 등이다. 2022년 기준으로 사람들이 많은 찾은 도시는 ① 프랑스 파리 ② 아랍에미리트 두바이 ③ 네덜란드 암스테르담 ④ 스페인 마드리드 ⑤ 이탈리아 로마 ⑥ 영국 런던 ⑦ 독일 뮌헨 ⑧ 독일 베를린 ⑨ 스페인 바르셀로나 ⑩ 미국 뉴욕 등이다.[88]

4.12 인공지능(Artificial Intelligence)

인공지능(人工智能, AI)은 인공적으로 만든 사고력(思考力) 지능이다. 학습하고, 추론하며, 문제 해결 능력을 인공적으로 구현하는 컴퓨터 프로그램이다. AI 는 '인간의 지능이 기계로 시뮬레이션할 수 있을 것'이라는 가정에 기반한다. AI는 인간이 갖고 있는 자연 지능(Natural Intelligence)과는 대비된다.[89]

AI 기반 시스템은 두 가지다. 하나는 기계 학습이다. 대규모 데이터 세트 에서 시스템을 교육하여 예측이나 결정을 내릴 수 있도록 하는 방법이다. 다 른 하나는 딥 러닝(Deep Learning)이다. 신경망을 사용하여 시스템이 학습하고 적응할 수 있도록 하는 방법이다.그림 4.15

인공지능의 출발은 인공 존재에게 지능을 부여하는 신화에서 시작됐다. 현대에 이르러 일부 철학자들은 인간의 사고 과정을 기호의 기계적 조작으 로 설명하려 했다. 이러한 시도는 1940년대에 수학적 추론의 추상적 본질을 프로그래밍하는 단계로 발전했다. 소수의 과학자들은 전자 두뇌를 구축하 자는 아이디어를 냈다. 1956년 여름 미국 다트머스 대학의 AI 워크숍에서 인공지능의 가능성을 전망했다. 1974년 AI의 방향성 없는 연구에 대해 비판 하면서 「AI 겨울」시기를 겪었다. 2000년 이후 AI의 새로운 연구방법, 강력 한 컴퓨터 하드웨어의 적용, 방대한 데이터 세트 수집 등이 이루어지면서 기 계 학습이 가능해졌다.[90]

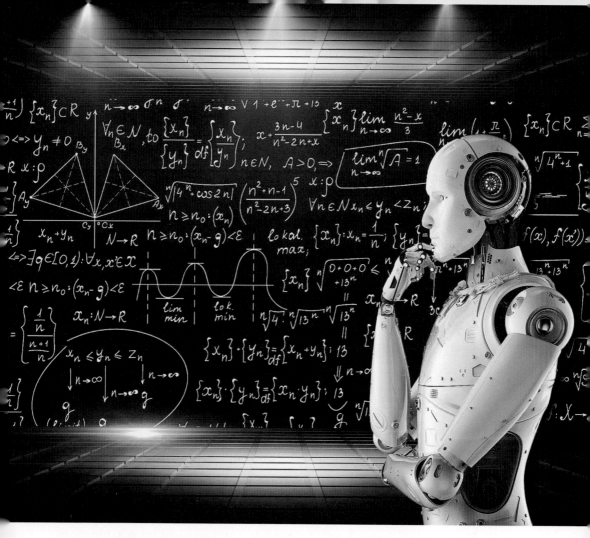

그림 4.15 **인공지능(AI)과 기계 학습**

  오늘날 산업과 학계 전반에 걸쳐 AI의 다양한 응용 프로그램이 사용되고
있다. 응용 프로그램은 ① 인터넷과 전자상거래의 검색 엔진, 추천 시스템,
웹 피드 및 게시물, 표적 광고 및 인터넷 참여 증가, 가상 비서, 스팸 필터링,
언어 번역, 안면 인식 및 이미지 라벨링 ② 게임 ③ 경제 및 사회적 과제 ④
농업 ⑤ 사이버 보안 ⑥ 교육 ⑦ 금융의 거래 및 투자, 언더라이팅, 감사, 자

금 세탁 방지, 연혁 ⑧ 정부의 군대 ⑨ 건강의 의료, 직장 보건 및 안전, 생화학 ⑩ 화학 및 생물학의 새로운 유형의 기계 학습, 디지털 고스트, AI와 AI로서의 생물학적 컴퓨팅 ⑪ 천문학, 우주 활동의 미래 또는 사람이 아닌 애플리케이션, 천체화학 ⑫ 다른 연구 분야의 유적지의 고고학, 역사 및 영상화, 물리학, 재료 과학, 리버스 엔지니어링 ⑬ 법률의 법적 분석, 법 집행 및 법적 절차 ⑭ 서비스의 인적 자원, 온라인 및 전화 고객 서비스, 환대 ⑮ 미디어의 딥 페이크, 영상 콘텐츠 분석, 감시 및 조작된 미디어 탐지, 음악, 작성 및 보고, 위키백과, 비디오, 예술, 예술 분석 ⑯ 유틸리티의 에너지, 통신 ⑰ 제조의 센서, 장난감과 게임, 석유 및 가스 ⑱ 운송의 자동차, 트래픽 관리, 군대, NASA, 해양 ⑲ 환경 모니터링의 조기 경보 시스템 ⑳ 컴퓨터 공학의 프로그래밍 지원, 신경망 설계, 양자 컴퓨팅, 역사적 기여 ㉑ 비즈니스의 고객 서비스, 콘텐츠 추출 등이다.[91]

Yahoo는 2022년 기준으로 **인공지능** 선진국은 ① 미국 ② 일본 ③ 중국 ④ **대한민국** ⑤ 독일 ⑥ 대만 ⑦ 캐나다 ⑧ 영국 ⑨ 인도 ⑩ 프랑스 ⑪ 네덜란드 ⑫ 이스라엘 ⑬ 러시아 순으로 정리했다.[92]

Yahoo는 2022년 시가총액 기준으로 AI 상위 기업은 (단위 달러) ① 애플 2조 ② 마이크로소프트 1.8조 ③ 아마존 9,370억 ④ 엔비디아 4,310억 ⑤ 메타플랫폼즈 3,000억 ⑥ 오라클 2,190억 ⑦ 씨스코 2,020억 ⑧ IBM 1,340억 ⑨ AMD 1,130억 ⑩ 인텔 1,180억 ⑪ 제너럴 일렉트릭 900억 ⑫ 마이크론 테크놀로지 600억 등이다.[93]

Spiceworks는 2022년 기준으로 AI 상위 기업을 발표했다. 상위 기업은 ① 미국 워싱턴 시애틀의 아마존 ② 미국 캘리포니아 레드우드의 C3.ai ③ 영국 런던의 딥마인드 ④ 미국 캘리포니아 마운틴 뷰의 H2O.ai ⑤ 미국 뉴욕 아몽크의 IBM ⑥ 미국 캘리포니아 멘로 파크의 메타 플랫폼 ⑦ 이스라엘 라아나나의 나이스 ⑧ 미국 샌프란시스코의 오픈AI ⑨ 홍콩의 센스타임 ⑩ 미국 캘리포니아 샌프란시스코의 세일즈포스 등이다.[94]

IndustryWired는 2022년 기준으로 AI 연구를 주도하는 국가는 ① 미국 ② 싱가포르 ③ 스위스 ④ 네덜란드 ⑤ 일본 ⑥ **대한민국** ⑦ 스웨덴 ⑧ 핀란드 ⑨ 독일 ⑩ 아일랜드 등이라고 조사했다.[95]

Tortois는 인공 지능을 이해하는 62개국을 대상으로 Global AI Index로 인공 지능의 이해도를 조사했다. Global AI Index는 인재, 인프라, 운영 환경, 연구, 개발, 정부 전략, 상업의 7개 하위 항목으로 나누어진 143개의 지표를 기초로 집계했다. 각 지표는 해당 분야의 전문가들과 협의한 후 중요도에 따라 가중치를 두었다. 산정 결과 인공지능 이해 상위국은 ① 미국 ② 중국 ③ 영국 ④ 캐나다 ⑤ 이스라엘 ⑥ 싱가포르 ⑦ **대한민국** ⑧ 네덜란드 ⑨ 독일 ⑩ 프랑스 순으로 정리됐다.[96]

4.13 빅 데이터(Big Data)

빅 데이터는 통상적으로 사용되는 데이터 수집·관리·처리 소프트웨어의 수용 한계를 넘어서는 크기의 데이터를 말한다. 빅 데이터의 사이즈는 단일 데이터 집합의 크기가 수십 테라바이트에서 수 페타바이트에 이른다. 빅데이터는 규모(volume)가 거대하고, 속도(velocity)가 빠르며, 다양성(variety)이 높다. 빅 데이터 서비스는 은행, 금융, 광고, 보험, 의료, 소비재 산업, 건물, 운송, 교육, 통신, 농업, 무역 등에서 활용된다. 빅 데이터라는 용어는 1990년대부터 사용됐다. 빅 데이터는 2012년 세계 경제 포럼에서 IT 핵심기술 가운데 하나로 논의됐다. **대한민국** 지식경제부에서는 IT 핵심기술로서의 빅 데이터의 중요성을 강조했다.[97]

Analyticsinsight.net에서는 2023년 기준으로 **빅 데이터**를 주도하는 국가는 ① 미국 ② 인도 ③ 일본 ④ 캐나다 ⑤ **대한민국** ⑥ 중국 ⑦ 러시아 ⑧ 남아프리카 ⑨ 사우디 아라비아 ⑩ 영국 등이라고 정리했다.[98]

Softwaretestinghelp.com에서는 2023년 기준으로 빅 데이터를 다룰 기업으로 ① 벤션 ② 인데이터 랩스 ③ 사이언스소프트 ④ Right Data ⑤ Integrate.io ⑥ 옥사자일 ⑦ 이노와이즈그룹 ⑧ IBM ⑨ HP 엔터프라이즈 ⑩ 테라데이타 ⑪ 오라클 ⑫ SAP ⑬ EMC ⑭ 아마존 ⑮ 마이크로소프트 ⑯ 구글 ⑰ VM웨어 ⑱ 스플렁크 ⑲ 알테릭스 ⑳ 코기토를 열거했다.[99]

2019년 하버드 비즈니스 리뷰에서는 규모, 용도, 접근성, 복합성의 네 가지 특성(criteria)으로 빅 데이터 주도 국가를 분석했다. 주도 국가는 ① 미국 ② 영국 ③ 중국 ④ 스위스 ⑤ **대한민국** ⑥ 프랑스 ⑦ 캐나다 ⑧ 스웨덴 ⑨ 호주 ⑩ 체코 공화국 ⑪ 일본 ⑫ 뉴질랜드 ⑬ 독일 ⑭ 스페인 ⑮ 아일랜드 등이다.[100]

챗봇은 온라인에서 사용자와 대화를 통해 특정한 작업을 할 수 있는 컴퓨터 소프트웨어 프로그램이다. 채터봇(Chatterbot), 토크봇(Talkbot), 채터박스(Chatterbox), 봇(Bot)이라고도 한다. 챗봇은 음성, 문자, 텍스트, 그래픽을 이용해 사용자와 대화 방식으로 상호 작용한다. 챗봇의 기본은 사용자가 메시지를 보내면, 봇이 그 메시지를 분석하고, 특정 문장이나 단어 등의 조건 일치에 따라 대답을 달리 해주는 원리다. 나아가 딥러닝으로 학습하여 사람과 대화하듯이 하는 봇도 등장했다. 챗봇은 1966년부터 논의됐다. 1994년 대화형 프로그램을 설명하기 위해 보다 구체화됐다. ChatGPT, Bing AI, Bard 등이 개발됐다.[101]

ChatGPT는 OpenAI에서 개발해 2022년 11월에 출시한 생성형 인공지능 AI 챗봇이다. ChatGPT는 '챗봇 기능'을 뜻하는 Chat과 유형인 'Generative Pre-trained Transformer'를 의미하는 GPT를 합친 말이다. 대규모 언어 모델(LLM)의 GPT-3.5와 GPT-4를 기반으로 한다. 2023년 1월까지 1억 명 이상의 사용자를 확보했다. OpenAI는 2015년 미국 캘리포니아 샌프란시스코 파이오니어 빌딩에서 설립했다. 파이오니어 빌딩은 1902년에 세워진 후, 1987년 국가 사적지에 「파이오니어 트렁크 공장」으로 등재됐다.[102]

그림 4.16

Bing AI는 Bing Chat이라고도 한다. 마이크로소프트에서 개발하여 2023

그림 4.16 OpenAI 본사: 샌프란시스코 파이오니어 빌딩

년에 출시한 인공 지능 챗봇이다. 시, 노래, 이야기, 보고서 등의 다양한 콘텐츠를 작성한다.[103] Bard는 Google에서 개발한 대화형 생성 인공 지능 챗봇이다. 2023년 3월에 영어, 일본어, **한국어** 버전으로 출시했다.[104] 2023년 5월에 다른 구글 제품과 타사 서비스와 통합해 180개국으로 확장하고, 추가 언어가 지원되는 업데이트 Bard를 발표했다.

　　대한민국은 2023년 6월 기준으로 삼성전자, LG(엑시원), 네이버(하이퍼클로바X), 카카오(KoGPT, 칼로), SKT(에이닷), KT(믿음) 등의 한국형 챗봇을 개발 중이다.[105]

4.14 금융 서비스업(Financial Services)

금융 서비스업은 신용 조합, 은행, 신용 카드, 보험, 회계, 소비자 금융, 주식 중개, 투자 펀드, 자산 관리 기업 등을 포함해 재무 관리를 제공하는 경제 서비스업이다. 1999년 미국에서 금융 서비스 현대화법으로 알려진 그램-리치-블라일리 법이 발효되면서 금융 서비스 개념이 널리 퍼졌다.[106]

『*Fortune Global 500*』는 2021년 기준으로 상장 **금융 서비스** 상위 기업은(단위 백만 달러) ① 미국 트랜스아메리카 245,510 ② 중국 핑안보험 191,509 ③ 중국 ICBC 182,794 ④ 중국건설은행 172,000 ⑤ 중국농업은행 153,884 ⑥ 중국생명보험 144,589 ⑦ 독일 알리안츠 136,173 ⑧ 중국은행 134,045 ⑨ 미국 JP 모건 체이스 129,503 ⑩ 프랑스 악사보험 128,011 ⑪ 미국 패니매 106,437 ⑫ 이탈리아 제너럴리보험 97,128 ⑬ 미국 뱅크 오브 아메리카 93,753 ⑭ 미국 씨티은행 88,839 ⑮ 중국 인민보험 84,290 ⑯ 프랑스 크레딧 아그리콜 82,958 ⑰ 프랑스 BNP파리바 81,632 ⑱ 영국 HSBC 80,429 ⑲ 미국 웰스파고 80,303 ⑳ 미국 주립 농장보험 78,898 등이라고 정리했다.[107]

4.15 드론(Drone)

무인항공기(無人航空機, Unmanned Aerial Vehicle, UAV)는 통상 드론(Drone)으로 칭한다. 약하여 무인기로 표현한다. 파일럿(drone pilot)이 탑승하지 않은 채 무선으로 운행하는 항공기다. 드론이라는 용어는 1920년대부터 사용됐다. 자동비행장치가 비행체에 탑재되는지 여부에 따라 무인항공기와 모형항공기로 나뉜다. 무인항공기에는 오토파일럿 시스템이 포함되어 있다. 모형항공기에는 오토파일럿 시스템이 포함되어 있지 않다.[108]

드론은 ① 군사용 ② 전문가 촬영용 ③ 화물 수송용 ④ 농작물 방제용 ⑤ 화재 진압용 ⑥ 범죄 단속용 ⑦ 지적 조사용 ⑧ 항만 관리용 등으로 사용된다. 해상 풍력발전 시설이나 해저 송유관 점검 등을 위해 해저 드론이 활용된다. 미국 국방부는 크기, 최대 이륙 무게, 작동 고도, 속도 등의 기준으로 5개 그룹으로 나누고 있다.

미국 교통부(Federal Aviation Administration)에 등록된 드론수는 869,472대다. 레저용 드론은 59.4%인 516,835대고, 상업용 드론은 40.0%인 348,057대다. 상업용은 농업, 산업, 건설, 인프라에서 활용된다.[109]

2021년 기준으로 **드론** 생산 상위권 국가는 ① 미국 ② 중국 ③ 프랑스 ④ 이스라엘 ⑤ 독일 등이다.[110] 2022년 기준으로 드론 매출 상위 국가는 (단위 10억 달러) ① 중국 1.25 ② 미국 1.22 ③ 프랑스 0.15 ④ 독일 0.12 ⑤ 영국 0.12

⑥ 호주 0.08 등이다.[111]

　전 세계 60여 개국이 다양한 용도로 드론을 개발, 운용한다.[112] 10개 종류 이상의 드론을 운용하는 국가는 ① 미국 276종 ② 독일 46종 ③ 중국 44종 ④ 호주 41종 ⑤ 러시아 41종 ⑥ 영국 39종 ⑦ 파키스탄 39종 ⑧ 튀르키예 37종 ⑨ 브라질 30종 ⑩ 프랑스 29종 ⑪ 인도 29종 ⑫ 이스라엘 25종 ⑬ 그리스 25종 ⑭ 캐나다 20종 ⑮ 포르투갈 20종 ⑯ 아랍에미리트 19종 ⑰ **대한민국** 14종 ⑱ 이탈리아 12종 ⑲ 태국 12종 ⑳ 스페인 11종 ㉑ 우크라이나 11종 등이다. 이란은 26곳에 드론기지를 운용한다. 미국은 세계 20여 개국에 드론 기지를 운용한다.[113]

로봇(Robotics)

로보틱스(Robotics)는 로봇의 설계, 구성, 작동, 사용을 다루는 분야다. 로봇산업(Robotics Industry)은 지능형로봇 완성품이나 로봇부품을 제조, 판매, 서비스하는 산업이다. 로봇의 3대 기능은 지능, 정보, 제어다. 로봇(Robots)이라는 말은 1920년에 출판된 체코 작가 카렐 차펙의 희곡『*RUR(Rossum's Universal Robots)*』에서 소개됐다. 로봇은 '일, 작업'이라는 뜻의 슬라브어 'robota'에서 유래됐다.[114] 2013년 한국로봇산업협회는 로봇산업군에 제조용·개인서비스·전문서비스 로봇산업, 로봇부품산업, 로봇시스템·로봇임베디드·로봇콘텐츠·로봇서비스 산업 등을 포함시켰다.[115]

산업용 로봇(Industrial Robot)은 로봇 팔을 제조하는 로봇 시스템이다. 산업용 로봇은 자동화되고, 프로그래밍이 가능하며, 3개 이상의 축에서 이동할 수 있다. 산업용 로봇의 응용 분야는 용접, 페인팅, 조립, 분해, 인쇄 회로 기판용 픽 앤 플레이스, 포장가 라벨링, 팔레타이징, 제품 검사와 테스트 등이다. 휴머노이드 로봇(Humanoid Robot)은 인체를 닮은 로봇이다. 휴머노이드 로봇은 몸통, 머리, 두 팔, 두 다리를 갖는다. 눈, 입, 팔, 다리만을 설계하기도 한다. 영국에서 개발한 로봇 손(Shadow robot)은 사람 손 기능을 수행한다. 웨어러블 로봇(Wearable Robot)은 손상된 팔다리를 보조하거나 신경근 손상의 재활을 돕는 의료용 로봇이다. 장애가 있는 개인에게 웨어러블 로봇은 신체 기

그림 4.17 **산업용 로봇과 휴머노이드 로봇 손 시스템**

능을 향상시키고 이동을 가능하게 해준다. 2021년 기준으로 로봇 활용 분야는 산업 42%, 군사 20%, 의료 13%, 농업 8%, 크리닝 8%, 기타 9%다. 산업용 로봇은 2022년 기준으로 3,600,000대가 작동했다고 집계됐다.[116] 그림 4.17

1987년에 설립된 국제로봇연맹은 제조업 근로자 10,000명 당 로봇대수를 산업 로봇 밀도(Industrial Robot density)로 정의했다. 로봇 밀도는 자동화 지표로 설명된다.[117] 2021년 기준으로 산업용 **로봇 밀도** 상위 국가는(단위 대) ① **대한민국** 1,000 ② 싱가포르 670 ③ 일본 399 ④ 독일 397 ⑤ 중국 322 ⑥ 스웨덴 321 ⑦ 대만 276 ⑧ 미국 274 ⑨ 슬로베니아 249 ⑩ 스위스 240 ⑪ 덴마크 234 ⑫ 네덜란드 224 ⑬ 이탈리아 217 ⑭ 벨기에/룩셈부르크 198 ⑮ 오스트리아 196 ⑯ 캐나다 191 ⑰ 체코 168 ⑱ 스페인 167 ⑲ 프랑스 163 ⑳ 핀란드 161 등이다. 세계 평균은 141대다.그림 4.18 2022년 기준으로 산업용 로봇 활용 상위 국가는 ① **대한민국** ② 일본 ③ 미국 ④ 캐나다 ⑤ 독일 ⑥ 이탈리아 ⑦ 스웨덴 ⑧ 덴마크 ⑨ 대만 ⑩ 중국 등이다. **대한민국**은 세계적인 전자 산업과 자동차 부문에서 산업용 로봇의 활용도가 높다.[118]

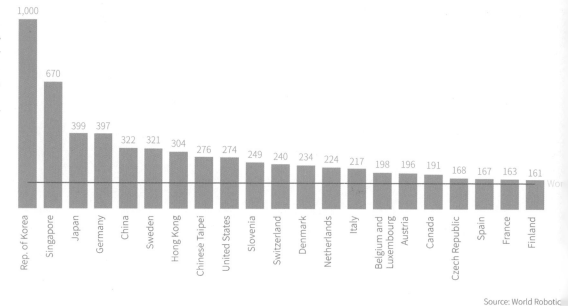

Robot density in the manufacturing industry 2021

robots installed per 10,000 employees

Rep. of Korea	1,000
Singapore	670
Japan	399
Germany	397
China	322
Sweden	321
Hong Kong	304
Chinese Taipei	276
United States	274
Slovenia	249
Switzerland	240
Denmark	234
Netherlands	224
Italy	217
Belgium and Luxembourg	198
Austria	196
Canada	191
Czech Republic	168
Spain	167
France	163
Finland	161

Source: World Robotic

그림 4.18 **산업용 로봇 밀도 순위 2021**

2022년 기준으로 로보틱스 선진국은 ① 일본 ② 싱가포르 ③ **대한민국** ④ 대만 ⑤ 독일 ⑥ 미국 ⑦ 스웨덴 ⑧ 스위스 ⑨ 덴마크 ⑩ 네덜란드 ⑪ 중국으로 제시됐다.[119]

2022년 기준으로 산업용 로봇 생산 상위 기업은 ① 스위스 취리히 ABB, ② 이탈리아 토리노 코마우, ③ 미국 캘리포니아 롱비치 덴소 로보틱스, ④ **대한민국** 수원 두산로보틱스, ⑤ 일본 토쿄 엡손 아메리카, ⑥ 일본 야마나시 화낙, ⑦ 독일 뮌헨 프랑카 에미카, ⑧ **대한민국** 성남 한화/모멘텀, ⑨ 일본 난토 카와다, ⑩ 일본 토쿄 가와사키로 정리됐다.[120]

4.17 우주(Space)

우주 산업(Space Industry)은 지구 궤도와 궤도 너머로 들어가는 구성 요소를 제조·전달하고 관련 서비스를 제공하는 경제 활동이다. 위성 산업이라고도 한다. 우주 산업의 주요부문은 ① 위성 제조 ② 지원 지상 장비 제조 ③ 발사 산업이다. 위성 제조 부문은 위성과 해당 하위 시스템 제조업체로 구성된다. 지상 장비 부문은 모바일 터미널, 게이트웨이, 컨트롤 스테이션, VSAT,[121] 직접 방송 위성 안테나와 기타 특수 장비 제조 품목으로 구성된다. 발사 부문은 발사 서비스, 차량 제조와 하위 시스템 제조로 구성된다.[122]

2023년 국가별 **우주 궤도 발사**는 (단위: 출시/성공) ① 미국 (49/45) ② 중국 (23/23) ③ 러시아 (8/8) ④ 인도 (4/4) ⑤ 일본 (2/1) ⑥ 이스라엘 (1/1) ⑦ **대한민국** (1/1) 등으로 집계됐다.[123]

대한민국은 2023년 5월 25일 오후 6시 24분 나로우주센터에서 3단 누리호 (KSLV-II)를 쏘아 올려 인공위성 궤도에 진입시켰다. 3단 누리호는 대한민국이 생산한 로켓 기술만을 이용해 만든 우주발사체다. **대한민국**은 국산 우주발사체로 국산 인공위성을 궤도에 진입시킨 상위 7개국에 들어섰다.[124]

4.18 휴대전화(Mobile Phone)

휴대전화(Mobile Phone, Cellphone)는 사용자가 이동하는 동안 무선 주파수 링크를 통해 전화를 걸고 받을 수 있는 이동전화다. 이동전화 서비스는 셀룰러 네트워크 아키텍처를 사용하므로 이동전화를 셀폰이라고 한다. 진보된 컴퓨팅 기능을 제공하는 휴대폰을 스마트폰이라고 한다. 디지털 휴대전화는 문자 메시지, 멀티미디어 메시지, 이메일, 인터넷 액세스, 단거리 무선 통신, 위성 액세스, 비즈니스 애플리케이션, 비디오 게임, 디지털 사진 등을 활용한다. 휴대전화는 1973년 뉴욕에서 모토로라가 시연했다. 1979년 일본에서 셀룰러 네트워크를 시작했다. 1983년 상용 휴대폰이 사용됐다. 1983-2014년까지 전 세계 휴대전화 가입 건수는 70억 건 이상이었다. 2016년 1분기 전 세계 최고의 스마트폰 개발기업은 **대한민국** 삼성이었다.[125]

2022년 기준으로 **휴대전화** 수출 상위국은 (단위 억 달러) ① 중국 1,388(52.4%) ② 베트남: 365(13.8%) ③ 체코: 96(3.6%) ④ 미국 88(3.3%) ⑤ 인도 74(2.8%) ⑥ **대한민국** 42(1.6%) ⑦ 오스트리아 37(1.4%) ⑧ 독일 36(1.4%) ⑨ 네덜란드 29.7(1.1%) ⑩ 이탈리아 29.6(1.1%) ⑪ 슬로바키아 29.5(1.1%) ⑫ 싱가포르 26(1%) ⑬ 스웨덴 20(0.8%) ⑭ 영국 13(0.5%) 등이다.[126]

2023년 기준으로 휴대전화 상위 기업은 ① **대한민국** 삼성 ② 미국 애플 ③ 중국 샤오미 ④ 중국 오포 ⑤ 중국 비보 ⑥ 중국 화웨이 ⑦ 중국 리얼미 ⑧ 미국 구글 ⑨ 미국 모토로라 ⑩ 중국 원플러스 등이다.[127]

4.19 바이오(Bio)

바이오 산업(Bio Industry)은 생명 공학과 생명 과학 방법론을 활용하여 생명 형태와 과정을 생성하고 변경시키려는 산업이다. 생물학을 활용한 생명공학기술을 바탕으로 생물의 기능과 정보를 사용해 제품을 생산하고 서비스를 제공한다. 생명공학(Biotechnology)은 자연 과학과 공학 과학의 통합으로 유기체와 세포의 일부 및 제품 및 서비스에 대한 분자 유사체의 응용을 달성하려는 연구 분야다. 생명공학은 분자 생물학, 생화학, 세포 생물학, 발생학, 유전학, 미생물학, 나노기술, 정보학 등을 기반으로 한다. 생명공학은 ① 질병을 예방하고 치료하는 의약품과 치료제 ② 임신 검사와 같은 의료 진단 ③ 폐기물과 오염을 줄이는 지속 가능한 바이오 연료 ④ 보다 효율적인 농업으로 이끄는 유전자 변형 유기체(GMO) 등의 영역에서 혁신적 결과를 가져왔다. 생명공학이란 용어는 1919년부터 사용됐다.[128]

산업통상자원부는 바이오산업이란 생명공학기술을 연구개발, 제조, 생산, 서비스하는 기업으로 규정했다. 국가기술표준원은 바이오산업을 ① 바이오의학산업 ② 바이오 화학·에너지 산업 ③ 바이오식품산업 ④ 바이오환경산업 ⑤ 바이오의료기기산업 ⑥ 바이오 장비 및 기기산업 ⑦ 바이오자원산업 ⑧ 바이오서비스산업 등으로 분류했다.[129]

2022년 기준으로 10억 달러 이상의 수익을 창출한 상위 **바이오 메디컬** 기업은 ① 미국 화이자 ② 미국 존슨 앤 존슨 ③ 중국 시노팜 ④ 스위스 로슈 ⑤ 미국 머크 앤 컴퍼니 ⑥ 미국 애브비 ⑦ 독일 바이엘 ⑧ 스위스 노바티스 ⑨ 프랑스 사노피 ⑩ 미국 브리스톨 마이어스 스큅 ⑪ 영국/스위스 아스트라제네카 ⑫ 미국 애보트 ⑬ 영국 글락소스미스클라인 ⑭ 중국 상하이 ⑮ 일본 다케다 등이다.[130]

2000-2020년 기간 기준으로 시가 총액 기준 10억 달러 이상의 상위 바이오 메디컬 기업은 ① 미국 존슨 앤 존슨 ② 스위스 로슈 ③ 미국 화이자 ④ 스위스 노바티스 ⑤ 미국 머크 앤 컴퍼니 ⑥ 미국 모더나(Moderna) ⑦ 미국 애보트 ⑧ 미국 애브비 ⑨ 덴마크 노보 노르디스크(Novo Nordisk) ⑩ 미국 엘리 릴리 앤 컴퍼니 등이다. **대한민국**은 2021년에 셀트리온이 40위에 진입했다.[131]

2021년 기준으로 생명공학 가치 점유율은 ① 미국 58.8% ② 중국 11.3% ③ 덴마크 6.9% ④ 네덜란드 3.1% ⑤ **대한민국** 2.8% ⑥ 영국 2.7% ⑦ 스위스 2.1% ⑧ 대만 2.1% ⑨ 독일 1.6% ⑩ 캐나다 1.6% 순이다.[132]

2023년 기준으로 생명공학 상위 기업은 ① 덴마크 노보 노디스크 ② 미국 써모 피셔 사이언티픽(Themo Fisher Scientific) ③ 미국 암젠(Amgen) ④ 미국 CLS ⑤ 미국 길리어드 사이언시스(Gilead Sciences) ⑥ 미국 베르텍스 ⑦ 미국 리제네론(Regeneron) ⑧ 일본 다이치 ⑨ 미국 모더나(Moderna) ⑩ 중국 Jiangsu Hengrui ⑪ 일본 추가이 ⑫ 미국 Biogen ⑬ 스위스 론자 ⑭ **대한민국** 삼성 바이오로직스 ⑮ 미국 애질런트(Agilent) 등이다. **대한민국** 셀트리온은 27위에 올랐다.[133]

화장품 산업은 화장품을 제조하고 유통하는 산업이다. 파운데이션·마스카라 등의 색조 화장품, 보습제·클렌저 등의 스킨케어, 샴푸·컨디셔너·헤어컬러 등의 헤어케어, 거품 목욕·비누 등의 세면도구가 포함된다. 화장품 산업 규모가 큰 기업은 ① 프랑스 로레알 ② 미국 에스티 로더 ③ 독일 니베아 ④ 미국 질레트 ⑤ 미국 도브 ⑥ 프랑스 겔랑 ⑦ 프랑스 랑콤 ⑧ 미국 크리니크 ⑨ 미국 팬틴 ⑩ 프랑스 가르니에 등이다.[134]

4.20 식품(Food)

식품 산업(Food Industry)은 사람들이 소비하는 음식을 공급하는 산업이다. 식품업, 음식산업, 식품공업의 총칭이다. 식품 산업은 노동 집약적인 소규모적 가족 운영부터 자본 집약적인 기계화된 산업 공정에 이르기까지 다양하다. 식품 산업은 농업, 목축업, 어업, 제조업, 식품가공, 마케팅, 식품유통업, 식품 규제, 식품 연구, 금융 지원 등과 관련을 맺으며 진행된다.[135]

식품의 범주는 기본 식품으로 빵, 곡물, 유제품 등이 있다. 식용 식물로 과일, 야채, 식용균류, 식용 견과류와 씨앗, 콩류, 고기, 달걀, 쌀, 해산물 등이 있다. 준비 음식으로 애피타이저, 조미료, 제과, 간편식, 디저트, 딥, 페이스트, 스프레드, 건조식품, 만두, 패스트 푸드, 발효 식품, 할랄 음식, 코셔 식품, 국수, 파이, 샐러드, 샌드위치, 소스, 스낵, 수프, 스튜 등이 있다.[136]

2022년 기준으로 국가별 **식품** 시장의 수익은 (단위: 백만 달러) ① 중국 80,366.15 ② 인도 57,252.16 ③ 일본 42,356.46 ④ 인도네시아 18,563.13 ⑤ 방글라데시 8,912.06 ⑥ 파키스탄 6,963.59 ⑦ 미국 6,474.11 ⑧ 베트남 5,441.03 ⑨ **대한민국** 4,958.73 ⑩ 태국 4,207.9 ⑪ 필리핀 3,531.85 ⑫ 나이지리아 2,770.42 순이다.[137]

세계적인 패스트 푸드 레스토랑 체인의 원산지는 대부분 미국이다. 패스트 체인은 점포수가 많고 실용적이다. 대표적인 체인은 ① 맥도날드 ②

SUBWAY ③ 스타벅스 ④ KFC ⑤ 버거킹 ⑥ 피자헛 ⑦ 도미노 피자 ⑧ 던킨 도너츠 ⑨ 크리스피 크림 ⑩ 헌트 브라더스 피자 ⑪ 타코벨 등이다.[138]

2020년 기준으로 식량농업기구 기업 통계 데이터베이스는 국가별 쌀 생산량을 발표했다. 2020년 세계 총 쌀 생산량은 756,743,722 미터톤이었다. 쌀 생산 상위 국가는 ① 중국 ② 인도 ③ 방글라데시 ④ 인도네시아 ⑤ 베트남 ⑥ 태국 ⑦ 미얀마 ⑧ 필리핀 ⑨ 브라질 ⑩ 캄보디아 등이다. **대한민국은** 18위다.[139]

4.21 문화(Culture)

대중 문화(Popular Culture)는 특정 시점과 사회에서 지배적이거나 널리 퍼진 대중 예술을 의미한다. 대중 문화는 미디어, 대중적 매력, 마케팅 등에 의해 이뤄진다. 대량 생산과 대량 소비로 진행되면서 대중 문화는 상품화되고, 획일화되는 경향이 있다.[140]

문화 산업(Culture Industry)은 문화 상품과 서비스를 제작·후원·전시·배포하는 예술과 미디어 분야의 산업 시스템이다. 문화 상품과 서비스에는 전시회, 스포츠 이벤트, 서적, 신문, 영화 등이 있다. 문화 산업(Kulturindustrie)의 용어는 프랑크푸르프 학파의 아도르노(1903-1969)와 호르크하이머(1895-1973)가 처음 사용했다. 그들은 대중 문화란 영화·라디오·잡지 등 표준화된 문화 상품을 생산하는 공장과 유사하다고 했다. 대중 문화는 대중 사회를 수동적으로 조종하는 데 사용된다고 비판했다. 매스커뮤니케이션 매체가 제공하는 대중문화는 경제적 여건이 아무리 어려워도 사람들을 유순하고 만족스럽게 만든다고 지적했다.[141]

문화콘텐츠(Culture Contents)는 문화 산업이나 문화 활동을 통해 생겨난 부호·문자·도형·색채·음성·음향·이미지·영상 등을 의미한다. **대한민국**에서의 문화콘텐츠 개념은 1999년부터 논의됐다. **대한민국**에서 문화콘텐츠로 인정되는 범위는 ① 영화 ② 드라마, 다큐멘터리 등을 포함한 방송콘텐츠 ③ 만화·웹툰·애니메이션, 캐릭터 ④ 문화원형을 이용한 콘텐츠 ⑤ 대중음악 ⑥ 뮤지컬, 오페라, 연극 등의 공연 ⑦ 컴퓨터 게임, 모바일 게임 등의 게임 ⑧ 인터넷, 모바일, 에듀테인먼트 콘텐츠 ⑨ 전시기획, 테마파크, 축제 등의 공간콘텐츠 등이다.[142]

2022년 기준으로 **영화 수익**이 큰 국가는 ① 미국/캐나다 ② 일본 ③ 영국/아일랜드 ④ 중국 ⑤ 프랑스 ⑥ 인도 ⑦ **대한민국** ⑧ 호주 ⑨ 독일 ⑩ 러시아/CIS 등이다. 2023년 기준으로 영화 제작사가 많은 나라는 ① 인도(Bollywood) ② 나이지리아(Nollywood) ③ 중국 ④ 일본(Nihon Eiga) ⑤ 미국(Hollywood) ⑥ **대한민국**(Hallyuwood) ⑦ 프랑스 ⑧ 영국 ⑨ 스페인 ⑩ 독일 등이다.[143]

세계 3대 영화제(Film Festival)는 베니스, 칸, 베를린 영화제다.[144] 베니스 영화제는 1932년에 설립됐다. 1949-2022년 기간의 베니스 영화제에서 황금사자상(Golden Lion)을 수상한 국가는 ① 프랑스 ② 미국 ③ 이탈리아 ④ 영국 ⑤ 러시아 ⑥ 독일 ⑦ 중국 ⑧ 폴란드 ⑨ 아일랜드 ⑩ 인도 ⑪ 일본 ⑫ 대만 ⑬ **대한민국** 등이다. **대한민국**은 2012년 『피에타』로 수상했다.[145]

칸 영화제는 1946년에 설립됐다. 1955-2023년 기간에 칸 영화제에서 황금종려상(Palme d'Or, Golden Palm)을 수상한 국가는 ① 프랑스 ② 미국 ③ 영국 ④ 독일 ⑤ 이탈리아 ⑥ 덴마크 ⑦ 벨기에 ⑧ 일본 ⑨ 스웨덴 ⑩ 폴란드 ⑪ 오스트리아 ⑫ 스페인 ⑬ 유고슬라비아 ⑭ 튀르키예 ⑮ 브라질 ⑯ **대한민국** 1회 등이다. **대한민국**은 2019년 『기생충』으로 수상했다.[146]

베를린 영화제는 1951년에 설립됐다. 1951-2023년 기간에 베를린 영화제에서 황금곰상(Golden Bear)을 수상한 국가는 ① 미국 ② 프랑스 ③ 이탈리아 ④ 독일 ⑤ 영국 ⑥ 스페인 ⑦ 중국 ⑧ 스웨덴 ⑨ 루마니아 ⑩ 이란 ⑪ 일본 ⑫ 아일랜드 ⑬ 헝가리 ⑭ 러시아 ⑮ 튀르키예 ⑯ 브라질 등이다.[147]

한류우드(Hallyuwood)는 '한류(韓流, Hanllyu)'와 Hollywood의 'wood'의 합성어다. 한국어 엔터테인먼트와 영화 산업을 설명하는 비공식 용어다. 2023년 기준으로 헐리우드, 볼리우드, 한류우드는 세계 엔터테인먼트 산업의 3대 기둥이다. 이 세 곳은 가장 유명한 영화 제작의 메카로 등장했다.[148]

1995-2023년 기간에 영화 시장 점유율이 큰 유통 기업은 미국의 ① 월트 디즈니(17.1%) ② 워너 브라더스(14.96%) ③ 소니 픽처스(12.45%) ④ 유니버설(12.29%) ⑤ 파라마운트(10.4%) ⑥ 20세기 폭스(10.34%) ⑦ 라이언스 게이트(4.01%) ⑧ 뉴 라인(2.48%) ⑨ 드림웍스(1.71%) ⑩ 미라맥스(1.53%) 등이다.[149]

표 4.5 주문형 비디오 스트리밍 서비스, 2006-2023 (단위: 명)

	서비스	모기업	국가	설립	가입자	유통지역
01	넷플릭스	Netflix, Inc.	미국	2007	232,500,000	전 세계
02	아마존 프라임 비디오	Amazon.com, Inc.	미국	2006	205,000,000	전 세계
03	디즈니+ & ESPN+	Disney, Hearst	미국	2019/2018	183,100,000	전 세계
04	텐센트 비디오	텐센트 홀딩스	중국	2011	119,000,000	아시아
05	아이치이	바이두	중국	2010	111,600,000	전 세계
06	맥스 & 디스커버리	워너, 디스커버리	미국	2023/2021	97,600,000	세계 일부
07	유쿠	알리바바	중국	2006	90,000,000	중국
08	유튜브 프리미엄	구글(알파벳)	미국	2015	80,000,000	101개국
09	파라마운트 & 쇼타임	파라마운트 글로벌	미국	2021/2015	77,300,000	세계 일부
10	비디오	엠텍	인도네시아	2014	60,000,000	인도네시아
11	애플 TV	애플	미국	2019	50,000,000	108개국

출처: 위키피디아.

스트리밍 미디어는 네트워크 유통 과정에서 중간 저장소 없이 콘텐츠를 연속적으로 전달 소비시키는 멀티미디어 시스템이다. 주문형 비디오 스트리밍이 큰 기업은 미국, 중국, 인도네시아 기업이다.[150] 표 4.5

문화의 일반적 전달 방법 가운데 하나가 텔레비전 보급이다. 2019-2022 **텔레비전**(TV) **세트 판매** 상위 기업은 ① 대한민국 삼성 19.6%(2022) ② 대한민국 LG 11.7%(2022) ③ 중국 TCL 11.7%(2022) ④ 중국 하이센스 ⑤ 중국 샤오미 ⑥ 중국 스카이워쓰 ⑦ 일본 소니 ⑧ 대만 AOC ⑨ 미국 Vizio ⑩ 일본 샤프 ⑪ 네덜란드 필립스 등이다.[151]

빌보드 차트(Billboard Charts)는 1913년부터 미국과 전 세계를 대상으로 노래와 앨범의 주간 인기도를 발표한다. 노래는 「빌보드 핫 100」에서, 앨범은 「빌보드 200」에서 다룬다. 「빌보드 핫 100 송 차트」는 판매량, 스트리밍, 방송 데이터를 사용한다. 「빌보드 200 앨범 차트」는 앨범, 스트리밍, 트랙 판매를 활용한다. **대한민국** 뮤지션 가운데 방탄소년단, 블랙 핑크, 슈퍼 엠, 스트레이 키즈, TXT, 뉴진스 등이 「빌보드 200」 1위에, 방탄소년단, 지민 등이 「빌보드 핫 100」 1위에 올랐다.[152]

대한민국 아이돌(Idol)은 한국의 팬덤 문화에서 K-pop 그룹의 구성원이나 솔로로 활동하는 연예인을 말한다. K-pop 아이돌은 그들을 프로듀싱하고 데뷔시키는 스타 시스템에 의해 탄생된다. 비주얼·음악·패션·댄스 등이 하이브리드로 융합된 결정체다. 한국의 아이돌은 1992년 「서태지와 아이들」부터 시작해 2023년 「방탄소년단(BTS)」까지 이어진다. 1990년대-2020년대 사이 활동한 한국의 아이돌 그룹은 거의 500개 그룹에 이른다.[153]

방탄소년단(Bangtan Boys, BTS)은 2010년에 결성해 2013년부터 활동한 **대한민국** 보이 밴드다. 힙합에서 출발해 다양한 장르로 확장했다. 정신 건강, 학령기 청소년과 청년의 고민, 상실, 자기 사랑을 향한 여정, 개인주의, 명성과 인정의 결과 등의 내용을 가사에 반영했다. 『*Love Yourself: Tear*』(2018)로「빌보드 200」1위를 차지했다. 세계적 음악 시장에서「팝의 왕자」로 평가받고 있다. 2023년 6월 BTS 10주년 페스타(Festa)가 서울에서 열려 BTS 팬 400,000명이 모여 환호했다. 외국에서 120,000명이 들어왔다. BTS 팬은 ARMY(Adorable Representative Master of Ceremonies for Youth, 청춘을 위한 사랑스러운 대변인)라 부른다.[154] 그림 4.19

1927년에 시작한「국제 쇼팽(Chopina, Chopin) 피아노 콩쿠르」는 폴란드가 주관하는 피아노 경연 대회. 쇼팽의 고향인 폴란드 바르샤바에서 5년에 한 번씩 18회 개최됐다. 쇼팽의 기일인 10월 17일 전후 3주에 걸쳐 열린다. 대한민국은 2005년에 임동혁, 임동민이 3위를 차지했다. 2015년에 조성진이 1위를 수상했다.[155]

1962년에 시작한「반 클라이번(Van Cliburn) 국제 피아노 콩쿠르」는 미국이 주최하는 국제 피아노 콩쿠르다. 1958년 차이콥스키 국제 콩쿠르 제1회 우

그림 4.19 **대한민국 보이 밴드 방탄소년단. 2022년 백악관**

승자인 미국 피아니스트 반 클라이번의 이름을 따서 지었다. 미국 대통령 취임식이 열리는 해에 맞춰 4년 단위로 16회 개최됐다. **대한민국**은 2005년에 조이스 양이, 2009년에 손열음이 은메달을 획득했다. 2017년에 선우예권이, 2022년에 임윤찬이 금메달을 수상했다.[156]

「국제 프란츠 리스트(Franz Liszt) 피아노 콩쿠르」는 헝가리 피아니스트 프란트 리스트가 사망한 지 100년 후인 1986년에 시작됐다. 네덜란드 위트레흐트에서 3년마다 개최하며 12회 열렸다. **대한민국**은 2017년에 홍민수가, 2022년에 박연민이 2등을 차지했다.[157]

퀸 엘리자베스(Elisabeth) 콩쿠르는 브뤼셀에서 열린다. 경력을 시작하는 음악가를 위한 국제 콩쿠르다. 이 대회는 벨기에의 엘리자베스 여왕(1876~1965)의 이름을 따서 명명됐다. 클래식 바이올리니스트(1937 시작), 피아니스트(1938), 성악가(1988), 첼리스트(2017)를 대상으로 한다. **대한민국**은 바이올린에서 1976년 강동석과 2012년 신현수가 3위에, 1985년 배익환이 2위에, 2015년 임지영이 1위에 올랐다. 성악에서 2011년 홍혜란, 2014년 황수미, 2023년 김태한이 1위를 차지했다. 첼로에서 2022년 최하영이 1위를 수상했다.[158]

차이코프스키 국제 콩쿠르는 1958년부터 시작됐다. 16-32세의 피아니스트, 바이올리니스트, 첼리스트와 19-32세의 성악가를 대상으로 열린다. 4년마다 러시아 모스크바와 상트페테르부르크에서 개최한다. 2022년 4월 러시아의 우크라이나 침공으로 세계국제음악콩쿠르연맹에서 퇴출됐다. **대한민국**은 피아노에서 1974년 정명훈과 2011년 손열음이 은상을, 1994년 백해선과 2011년 조성진이 청동상을 수상했다. 바이올린에서 2011년 이제혜와 2019년 김동현이 청동상을 차지했다. 2023년 김계희가 금상을 수상했다. 첼로에서 2023년 이영은이 금상을 차지했다. 여성 성악에서 2011년 서선영이 금상을 수상했다. 남성 성악에서 2002년 김돈섭과 2015년 유한성이 동상을, 2011년 박종민과 2023년 손지훈이 금상을, 2019년 김기훈이 은상을 차지했다.[159]

하계 올림픽은 1896년 14개국에서 250명 미만의 남성 선수가 참가한 42개 대회 프로그램으로 시작했다. 2021년에 206개국에서 11,420명의 선수가 참가한 339개 대회로 범위가 확대됐다. 영국이 3회(1908, 1948, 2012) 개최했다. 그리스(1896, 2004), 프랑스(1900, 1924) 독일(1936, 1972), 호주(1956, 2000), 일본(1964, 2020)이 2회 열었다. 스웨덴(1912), 벨기에(1920), 네덜란드(1928), 핀란드(1952), 이탈리아(1960), 멕시코(1968), 캐나다(1976), 소련(1980), **대한민국**(1988), 스페인(1992), 중국(2008), 브라질(2016)이 1회 개최했다.[160]

동계 올림픽은 13개 국가에서 개최됐다. 미국이 4회(1932, 1960, 1980, 2002), 프랑스가 3회(1924, 1968, 1992) 개최했다. 스위스(1928, 1948), 오스트리아(1964, 1976) 노르웨이(1952, 1994), 일본(1972, 1998년), 이탈리아(1956, 2006), 캐나다(1988, 2010)가 2회 열었다. 독일(1936), 유고슬라비아(1984), 러시아(2014), **대한민국**(2018), 중국(2022)이 1회 개최했다.[161]

FIFA 월드컵의 호스트 국가는 우루과이(1930), 이탈리아(1934), 프랑스(1938), 브라질(1950), 스위스(1954), 스웨덴(1958), 칠레(1962), 영국(1966), 멕시코(1970), 서독(1974), 아르헨티나(1978), 스페인(1982), 멕시코(1986), 이탈리아(1990), 미국(1994), 프랑스(1998), **대한민국**, 일본(2002), 독일(2006), 남아프리카(2010), 브라질(2014), 러시아(2018), 카타르(2022) 등이다. 월드컵은 17개국이 개최했다. 멕시코가 3회, 이탈리아·프랑스·브라질이 각각 2회 개최했다.[162]

국제 박람회 기구(Bureau International des Expositions, BIE)는 국제 박람회를 감독하는 정부 간 조직이다. 1928년 11월 22일 파리에서 출발했다. 170개 회원국으로 구성됐다. **대한민국**은 1987년에 가입했다. BIE는 국제 등록 박람회와 국제 인정 박람회의 두 가지 박람회를 관리한다: 국제 등록 박람회는 세계 엑스포(World Expos), 세계 박람회, 국제 전시회, 글로벌 엑스포, 엑스포 등으로 칭한다. 5년마다 열린다. 최대 6개월까지 지속된다. 국가, 국제기구, 시민사회, 기업이 참가한다. 주제는 인류가 직면한 보편적인 도전을 다룬다. 국제 인정 박람회는 전문 엑스포(Specialized Expos)라 칭한다. 세계 엑스포 사이에 열린다. 기간은 3주에서 3개월 사이다. 국가, 국제기구, 시민사회, 기업이 참가한다. 주제는 인류가 맞닥뜨린 문제에 대한 도전을 다룬다.[163]

BIE는 **대한민국**에서 개최된「대전 엑스포 '93」과「여수 엑스포 2012」두 가지 박람회를 전문 엑스포로 인정했다.「Taejon Expo '93」으로 불린 대전 세계 박람회는 1993. 8.7-11.7 기간에 대전에서 개최됐다. 엑스포의 주제는 『개발의 새로운 길에 대한 도전』이었다. 하위 주제는 "지속 가능한 '녹색' 개발"이었다. 108개국, 33개 국제 조직이 참가했다. 14,005,808명이 참관했다.[164]「Expo 2012」로 불린 여수 세계 박람회는 2012. 5.12-8.12 기간에 여수에서 개최됐다. 엑스포의 주제는『바다와 연안의 보존과 지속 가능한 개발』,『신자원 기술』,『창조적인 해양 활동』이었다. 하위 주제는 "살아 있는 바다와 해안"이었다. 105개 국가에서 8,203,956명이 참관했다.[165]

표 4.6 먹거리 산업별 상위 10위권 산업이 4개 이상인 국가

번호	품목	순위	1	2	3	3	5	6	7	7	9	10	11	12	12	12	12	16
		기준연도	미국	중국	대한민국	일본	독일	프랑스	러시아	인도	이탈리아	영국	캐나다	스페인	호주	대만	브라질	멕시코
01	자동차	2022	●	1	●	●	●			●				●			●	●
02	전기차	2022	●	1	●	●	●											
03	2차전지	2022		1	●	●												
04	조선	2020		●	1	●				●	●							
05	컨테이너	2023		●	●	●	●	●			1						●	
06	전자	2023	1		●	●												
07	가전제품	2021/2022	●	●	1	●	●				●							
08	반도체	2022	●		●											1		
09	건설	1955-2020	1		●	●	●	●		●		●						●
10	전기	2021	●	1	●	●	●	●	●	●			●				●	
11	석유	2022	1	●					●				●				●	
12	천연가스	2021	1	●					●				●		●			
13	석탄	2020	●	1			●		●	●							●	
14	원자력	2022	1	●	●	●		●	●				●	●				
15	태양광	2022	●	1	●	●	●			●	●			●	●		●	
16	제조	2022	●	1	●	●	●	●		●	●	●						●
17	철강	2022	●	1	●	●			●	●							●	
18	병상수	2020			1	●	●	●										
19	의약품	2021	1	●		●	●	●		●	●							

번호	품목	순위 / 기준연도	1 미국	2 중국	3 대한민국	3 일본	5 독일	6 프랑스	7 러시아	7 인도	9 이탈리아	10 영국	11 캐나다	12 스페인	12 호주	12 대만	12 브라질	16 멕시코
20	무기수출	2020	1	●	●		●	●	●		●	●		●				
21	유학생	2022	1	●		●	●	●	●		●	●	●			●		
22	관광객	2022	●				●	1			●			●				●
23	인공지능	2022	1	●	●	●	●	●		●		●	●				●	
24	빅데이터	2023	1	●	●	●				●	●	●	●					
25	금융서비스	2021	1	●			●	●			●	●						
26	드론	2021	1	●			●	●										
27	로봇밀도	2021	●	●	1	●	●										●	
28	우주발사	2023	1	●	●	●			●	●								
29	휴대전화	2022	●	1	●		●				●	●						
30	바이오메디컬	2022	1	●		●	●	●					●					
31	식품	2022	●	1	●	●					●							
32	영화수익	2022	1	●	●	●	●	●	●	●		●	1		●			
33	TV세트판매	2019-2022	●	●	1	●										●		
	10위권 산업수		29	28	24	24	22	16	13	13	11	10	8	5	5	5	5	4

주: 1. 위키피디아 등의 자료를 기초로 필자가 작성.

2. 먹거리 산업별 상위 10위권 산업이 4개 이상인 국가로 정리.

3. 금융 서비스는 20개 상위 기업 소재 국가로 정리.

4. 바이오메디컬은 15개 상위 기업 소재 국가로 정리.

본 연구에서는 자료와 분석이 가능한 먹거리 산업 21개 분야 33개 품목을 선정했다. 각 산업별로 세계 상위 10개국을 조사 분석했다. 원칙적으로 나라별로 분석했다. 일부 산업에서는 세계 상위 10위권 기업이 속한 국가를 분석 대상으로 정했다. 분석 결과 먹거리 산업은 각 국가의 1인당 GDP와 직접적인 관련이 있음이 확인됐다. 각 나라의 인구 규모 또한 1인당 GDP를 결정하는 요인이 되고 있다. 분석 결과를 먹거리 산업별 상위 10위 산업수에 따라 네 가지로 정리했다. 2023년 기준으로 각 국가별 1인당 GDP를 조사했다.[166]

첫째로 10위권 산업이 4개 이상인 국가는 16개국이다. 표 4.6 미국(1인당 GDP 80,034달러)은 29개 산업이 세계 10위권이다. 15개 산업이 세계 1위다. 29개 산업은 자동차, 전기차, 전자(세계 1위), 가전제품, 반도체, 건설(1위), 전기, 석유(1위), 천연가스(1위), 석탄, 원자력(1위), 태양광, 제조, 철강, 의약품(1위), 무기수출(1위), 유학생(1위), 관광객, 인공지능(1위), 빅데이터(1위), 금융서비스(1위), 드론(1위), 로봇밀도, 우주발사(1위), 휴대전화, 바이오메디컬(1위), 식품, 영화수익(1위), TV세트판매 산업이다.

중국(13,721달러)은 28개 산업이 10위권이다. 10개 산업이 세계 1위다. 28개 산업은 자동차(1위), 전기차(1위), 2차전지(1위), 조선, 컨테이너, 가전제품, 전기(1위), 석유, 천연가스, 석탄(1위), 원자력, 태양광(1위), 제조(1위), 철강(1위), 의약품, 무기수출, 유학생, 인공지능, 빅데이터, 금융서비스, 드론, 로봇밀도, 우주발사, 휴대전화(1위), 바이오메디컬, 식품(1위), 영화수익, TV세트판매 산업이다.

대한민국(33,393달러)은 24개 산업이 10위권이다. 5개 산업이 세계 1위다. 24개 산업은 자동차, 전기차, 2차전지, 조선(1위), 컨테이너, 전자, 가전제품(1위), 반도체, 건설, 전기, 원자력, 태양열, 제조, 철강, 병상수(1위), 무기수출, 인공

지능, 빅데이터, 로봇밀도(1위), 우주발사, 휴대전화, 식품, 영화수익, TV세트판매(1위) 산업이다.

일본(35,385달러)은 24개 산업이 10위권이다. 24개 산업은 자동차, 전기차, 2차전지, 조선, 컨테이너, 전자, 가전제품, 건설, 전기, 원자력, 태양열, 제조, 철강, 병상수, 의약품, 유학생, 인공지능, 빅데이티, 로봇밀도, 우주발사, 바이오메디컬, 식품, 영화수익, TV세트판매 산업이다.

독일(51,383달러)은 22개 산업이 10위권이다. 22개 산업은 자동차, 전기차, 컨테이너, 가전제품, 건설, 전기, 석탄, 태양광, 제조, 철강, 병상수, 의약품, 무기수출, 유학생, 관광객, 인공지능, 금융서비스, 드론, 로봇밀도, 바이오메디컬, 휴대전화, 영화수익 산업이다.

프랑스(44,408달러)는 16개 산업이 10위권이다. 1개 산업이 세계 1위다. 16개 산업은 컨테이너, 가전제품, 건설, 전기, 원자력, 제조, 병상수, 의약품, 무기수출, 유학생, 관광객(1위), 인공지능, 금융서비스, 드론, 바이오메디컬, 영화수익 등이다.

러시아(14,403달러)는 13개 산업이 10위권이다. 조선, 건설, 전기, 석유, 천연가스, 석탄, 원자력, 철강, 무기수출, 유학생, 빅데이터, 우주발사, 영화수익 산업이다.

인도(2,601달러)는 13개 산업이 10위권이다. 13개 산업은 자동차, 전기, 석탄, 태양광, 제조, 철강, 의약품, 인공지능, 빅데이터, 우주발사, 휴대전화, 식품, 영화수익 산업이다.

이탈리아(36,812달러)는 11개 산업이 10위권이다. 1개 산업이 세계 1위다. 11개 산업은 조선, 컨테이너(1위), 가전제품, 태양광, 제조, 의약품, 무기수출, 유학생, 관광객, 금융서비스, 휴대전화 산업이다.

영국(46,371달러)은 10개 산업이 10위권이다. 10개 산업은 건설, 제조, 무기수출, 유학생, 관광객, 인공지능, 빅데이터, 금융서비스, 바이오메디컬, 영화수익 산업이다.

캐나다(52,722달러)는 8개 산업이 10위권이다. 8개 산업은 전기, 석유, 천연가스, 원자력, 유학생, 인공지능, 빅데이터, 영화수익 산업이다.

스페인(31,223달러)은 5개 산업이 10위권이다. 자동차, 원자력, 태양광, 무기수출, 관광객 산업이다. 호주(64,964달러)는 5개 산업이 10위권이다. 천연가스, 석탄, 태양광, 유학생, 영화수익 산업이다. 대만(33,907달러)은 5개 산업이 10위권이다. 1개 산업이 세계 1위다. 컨테이너, 반도체(1위), 인공지능, 로봇밀도, TV세트판매 산업이다. 브라질(9,673달러)은 5개 산업이 10위권이다. 자동차, 전기, 석유, 태양광, 철강 산업이다. 멕시코(12,673달러)는 4개 산업이 10위권이다. 자동차, 건설, 제조, 관광객 산업이다.

둘째로 10위권 산업이 3개인 국가는 8개 국가다. 스위스(98,767달러)는 컨테이너(1위), 로봇밀도, 바이오메디컬 산업이다. 싱가포르(91,100달러)는 조선, 컨테이너, 로봇밀도 산업이다. 오스트리아(56,802달러)는 병상수, 관광객, 휴대전화 산업이다. 이스라엘(55,535달러)은 컨테이너, 드론, 우주발사 산업이다. 스웨덴(55,395달러)은 가전제품, 원자력, 로봇밀도 산업이다. 사우디 아라비아(29,922달러)는 석유, 천연가스, 빅데이터 산업이다. 튀르키예(11,931달러)는 건설, 철강, 관광객 산업이다. 인도네시아(5,016달러)는 식품, 석탄, 제조 산업이다.

셋째로 10위권 산업이 2개인 국가는 5개 국가다. 네덜란드(61,098달러)는 무기수출, 휴대전화 산업이다. 폴란드(19,912달러)는 석탄, 병상수 산업이다. 남아프리카(6,485달러)는 석탄, 빅데이터 산업이다. 베트남(4,475달러)은 휴대전화, 식품 산업이다. 이란(4,251달러)은 석유, 천연가스 산업이다.

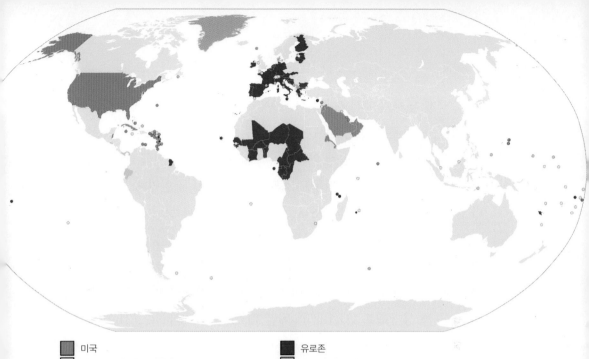

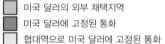

▉ 미국	▉ 유로존
▉ 미국 달러의 외부 채택지역	▉ 유로의 외부 채택지역
▉ 미국 달러에 고정된 통화	▉ 유로화에 고정된 통화
▉ 협대역으로 미국 달러에 고정된 통화	▉ 협대역으로 유로화에 고정된 통화

그림 4.20 **준비 통화의 전 세계적 사용 지역**

넷째는 10위권 산업이 1개인 국가는 13개 국가다. 아일랜드(114,581달러)는 영화, 노르웨이(101,103달러)는 천연가스, 카타르(83,891달러)는 천연가스, 덴마크(68,827달러)는 컨테이너, 벨기에(53,377달러)는 의약품, 아랍에미리트(49,451달러)는 석유, 쿠웨이트(33,646달러)는 석유, 체코(31,368달러)는 휴대전화, 그리스(22,595달러)는 관광, 카자흐스탄(12,306달러)은 석탄, 이라크(6,180달러)는 석유, 우크라이나(4,654달러)는 원자력, 알제리(4,481달러)는 천연가스 산업이다.

외환보유고(Foreign exchange reserves)는 서로 다른 준비 통화로 보유되는 중앙 은행과 통화 당국의 외화 예금이다. **준비 통화**(reserve currencies)는 국가별로 지급을 대비해 보유한 외국환을 말한다. 중앙 은행이나 기타 통화 당국이 외환 보유고의 일부로 상당한 양의 준비 통화를 보유하고 있다. 준비 통화는 국제

거래, 국제 투자 등에서 사용된다. 19세기와 20세기 전반기에는 영국의 파운드화가 준비 통화였다. 20세기 중반 이후는 미국의 달러가 준비 통화가 되었다. 2022년 기준으로 공식 외환 보유고의 통화 구성은 미국 달러 58.36%, 유로 20.47%, 엔 5.51%, 파운드 스털링 4.95%, 중국 인민폐 2.69%, 캐나다 달러 2.38%, 호주 달러 1.96%, 스위스 프랑 0.23% 등이다.[167] 그림 4.20

2023 기준으로 외환보유고 상위 국가는 (단위 백만 달러) ① 중국 3,384,853 ② 일본 1,247,179 ③ 스위스 898,588 ④ 인도 601,453 ⑤ 러시아 586,400 ⑥ 대만 564,830 ⑦ 사우디 아라비아 443,261 ⑧ **대한민국** 421,454 ⑨ 브라질 343,620 ⑩ 싱가포르 331,188 ⑪ 독일 305,140 ⑫ 미국 242,731 ⑬ 프랑스 238,277 ⑭ 이탈리아 234,034 ⑮ 태국 221,374 ⑯ 멕시코 204,130 ⑰ 이스라엘 201,895 등이다.[168]

먹거리 산업 분석 결과는 다섯 가지로 정리된다. 첫째로 미국, 일본, **대한민국**, 독일, 프랑스, 영국, 이탈리아, 캐나다, 스페인, 호주, 대만 등 해양 지향(Ocean oriented)적인 국가에는 10위권 산업이 많다. 미국, 일본, **대한민국**은 10위권 산업이 20개 이상이다. 자유 경쟁적 특성이 강하다. 1인당 GDP가 30,000달러 이상이다. 네덜란드, 싱가포르 등 1인당 GDP가 높은 국가들은 대부분 해양 지향적이다. 해양 지향형 국가들은 혁신을 통한 기술·디지털·인공지능 등 산업혁명을 실천한 국가들이 다수다.

둘째로 중국, 러시아 등 내륙 지향(Inland oriented)적인 국가에는 10위권 산업이 많으나, 1인당 GDP가 15,000달러 이하다. 권위 통제적 특성이 있다. 1인당 GDP가 높지 않은 국가들은 상당수가 내륙 지향적이다. 중국, 러시아, 인도, 브라질 등 국토면적이 넓은 국가들은 10위권 산업에 석유, 천연가스, 석탄, 태양광 등의 자원 산업이 많이 포함되어 있다.

셋째로 산업 혁명의 흐름을 적시(適時 Just-in-time)에 맞춰 유연하게 혁신(Innovation)을 진행한 국가는 다양한 산업으로 세계 시장의 상위권 국가로 자리매김하고 있다.

넷째로 10위권 산업이 5개 이상인 미국, 중국, 일본, **대한민국**, 독일, 러시아, 인도, 프랑스, 이탈리아, 대만 등은 외환 보유고가 많다.

다섯째로 10위권 산업이 4개 이상인 16개 국가 중 12개국의 제1종교가 기독교다. 12개국은 미국, **대한민국**, 독일, 프랑스, 러시아, 이탈리아, 영국, 캐나다, 스페인, 호주, 브라질, 멕시코다.

1760년 이후 산업 혁명의 흐름에 맞춰 혁신한 국가는 풍요로운 **먹거리 산업**(Industry) 국가가 됐다. 다양한 품목으로 세계 시장을 석권해 경제 상위권 국가로 발돋움했다. 먹거리 산업 품목이 많은 상위권 국가는 국민총생산(GDP)이 높다. 먹거리 산업 10위권 이상 품목이 4개 이상인 국가는 16개국이다. 이 가운데 11개국은 1인당 GDP가 30,000달러 이상이다. 10위권 산업 품목이 많은 국가는 해양 지향적이다. 자유 경쟁적 특성이 강하다. 1인당 GDP가 높지 않은 국가들은 내륙 지향적이다. 권위 통제적 특성이 있다. 10위권 산업 품목이 4개 이상인 국가는 대체로 외환 보유고가 많은 기독교 국가다.

종교

(Religion)

도시문명의 전개과정에서 종교와 문화는 밀접한 관계 아래 펼쳐지고 있다. 지리학, 역사학, 신학, 철학, 경제학, 사회학 등의 문헌 연구에서 종교와 문화와의 연관성을 검토했다.[1] 60여 개국 수백개 도시를 현지답사하면서 종교와 문화와의 공존을 직접 체험했다. 종교를 고려하지 않으면서 각 국가와 도시의 문화적 생활상을 해석하는 일은 용이하지 않았다. 종교와 문화는 떼어 놓을 수 없는 불가분의 관계다.[2]

종교(宗敎)는 초월적, 선험적, 영적인 존재에 대한 믿음을 공유하는 사람들의 신앙 공동체와 그들의 신앙 체계를 뜻한다. 종교(宗敎, Religion)는 '근본이 되는 가르침'이라는 의미다. 宗敎의 종(宗)은 '으뜸'을 나타낸다. 조상신(示)을 모시고 제사하는 종갓집(宀)을 말한다. 교(敎)는 '가르침'을 뜻한다. 곧 宗敎는 '으뜸의 가르침'이라는 설명이다. Religion은 Re(다시)와 lego(읽다, read)를 합친 말이다. 곧 종교는 '다시 읽다'는 뜻이라고도 한다. 또한 Religon은 '신과 인간을 잇는다'를 말한다고 해설한다.[3]

전 세계에는 10,000여 개의 개별 종교가 있다. 2015년 기준으로 세계 인구 가운데 각 종교가 차지하는 비율은 기독교 31.2%, 이슬람교 24.1%, 힌두교 15.1%, 불교 6.9%, 민속신앙 5.7% 등으로 집계됐다. 2023년 종교 인구 규모는 기독교 31.0%, 이슬람교 24.9%, 힌두교 15.2%, 불교 6.6%, 민간 종교 5.6%, 시크교 0.3%, 다른 종교 0.8%, 무종교 15.6% 등으로 추정했다.[4]

본 연구에서는 기독교, 이슬람교, 힌두교, 불교 등의 4대 종교와 유대교를 고찰하기로 한다.

5.1 기독교(Christianity)

기독교(基督教, Christianity)는 예수 그리스도의 삶과 가르침에 바탕을 두는 일신교다. 그리스도교, 크리스트교라고도 한다. 아브라함이 조상이다. 기독교는 예수가 구약성경에서 예언한 메시아로 인류를 구원하려 이 세상에 온 그리스도라고 믿는다. 예수의 행적은 신약성경의 네 복음서에 나온다. 기독교의 핵심은 성부·성자·성령의 삼위일체론이다. 여호와·예수·성령은 하나라는 진리다. 그리스도는 여호와 그 자체이고, 육신으로 오시어 예수로 활동하셨으며, 부활 후 성령으로 함께 계신다는 삼위일체론이다. 풀어 고찰하면 「예수가 하느님의 아들로 태어나 가르침을 펼쳤다. 십자가형을 받아 죽음으로서 인류를 죄와 지옥으로부터 구원했다. 죽음으로부터 부활한 후에 재림하여 하느님의 왕국을 세운다」는 교리다.[5]

기독교는 1세기 이스라엘 땅에서 출발했다. 예수는 살아있을 때부터 박해를 받았다. 예수가 죽임을 당한 이후 사도, 제자, 신도들은 로마 제국의 박해를 받았다. 이들은 레반트, 유럽, 아나톨리아, 메소포타미아, 이집트, 에티오피아 등에 기독교를 전파했다. 기독교의 가르침은 유대인이 아니지만 하느님을 경외하는 이방인을 포용하면서 확대됐다. 기원후 70년에 예루살렘의 유대교 성전이 함락되면서 기독교는 유대교와 갈라섰다. 기독교는 313년을 기점으로 역사적 대전환을 맞았다. 로마 황제 콘스탄티누스 1세가 밀라노

칙령을 반포했기 때문이다. 사람들은 자유롭게 기독교를 믿을 수 있게 됐다. 325년 제1차 니케아 공의회가 열려 초기 기독교가 결집됐다. 380년 황제 테오도시우스 1세는 기독교를 로마제국의 국교로 선포했다.

초기에 기독교는 하나의 보편교회로서 통일되어 있었다. 그러나 431년 에베소 공의회 이후 그리스도론에 관한 견해 차이로 네스토리우스파가 분리됐다. 451년 칼케돈 공의회 이후 칼케돈파와 비칼케돈파가 갈라섰다.[6] 칼케돈파는 보편교회라 일컫는다. 가톨릭교회, 동방 정교회, 개신교회 등이 속했다.[7] 비칼케돈파는 오리엔트 정교회로 대표된다. 콥트 정교회, 아르메니아 사도교회, 에티오피아 테와히도 정교회 등이 속했다.

1054년 성령론과 교황 문제 등으로 대분열이 일어나 서방교회와 동방교회가 갈라졌다. 16세기 서방교회는 종교 개혁을 거쳐 로마 가톨릭교회와 개신교회로 나뉘었다. 개신교회에는 루터교회, 개혁교회, 성공회 등이 속했다. 개신교회는 시대적 흐름에 따라 침례교회, 감리교회, 재림교회, 구세군, 성결교회, 오순절교회 등의 다양한 교파들이 공존하게 되었다. 동방교회는 1552년에 분열되었다. 기독교는 서양 문명의 발달에 지대한 영향을 끼쳤다. 대항해시대 이후 선교를 통해 아메리카, 대양주, 아프리카, 아시아 등에 기독교가 전파됐다.[8]

오늘날 주류 기독교는 서양 기독교와 동방 기독교로 나뉜다. 서양 기독교는 칼뱅주의, 루터교, 성공회, 아나뱁티즘, 로마 가톨릭교, 동방 카톨릭교 등을 포함한다. 동방 기독교는 동방 정교회, 동양 정교회, 동방 아시리아 교회, 동양의 고대 교회 등을 포함한다. 모두 구약성경과 신약성경을 경전으로 삼는다. 니케아 콘스탄티노폴리스 『성경』을 기준으로 삼는 보편공의회 교리를 따른다.[9] 그림 5.1 『성경』은 구약 39권과 신약 27권으로 구성됐다.

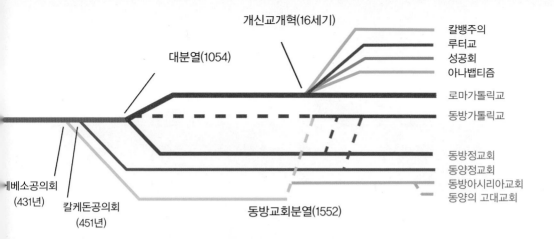

개신교개혁(16세기)

칼뱅주의
루터교
성공회
아나뱁티즘

대분열(1054)

로마가톨릭교
동방가톨릭교

동방정교회
동양정교회
동방아시리아교회
동양의 고대교회

에베소공의회
(431년)

칼케돈공의회
(451년)

동방교회분열(1552)

그림 5.1 **기독교의 주요 교파 전개과정**

　예수(Jesus)는 '구원하다(to rescue)'는 뜻이다. 예수의 이름은 예호슈아(Ye-hoshua, 히브리어)-예슈아(Yeshua, 히브리어 줄임말, 아람어)-이에수스(Iēsous, 헬라어 음역)-IESVS(Iesus, 라틴어 음역)-이에수(Iesu, 초기 중세 영어)-예수(Jesus, 현대 영어)로 변천되어 왔다고 설명한다. Yeshua는 '주는 구원이다(The Lord is Salvation)'에서 파생했다. Lord는 야훼(Yahweh, YHWH)와 같은 말로 '주(主)'를 뜻한다. 한글 이름「예수」는 라틴어 음역 Iesus에서 유래했다. 영어는 지저스, 독일어는 예주스, 스페인어는 헤수스, 포르투갈어는 제주스 등으로 표현한다. 예수 이름은 가브리엘 천사가 마리아에게 예수의 탄생을 예고하면서 지어준 이름이다. 구세주명을 나타낸다. 예수 이름으로 나오는 임마누엘(Immanuel)은 '우리와 함께 있다'는 뜻의 임마누(Immanu)와 '하나님'의 뜻인 엘(El)을 합친 말이다. '하나님이 우리와 함께 계시다'로 번역된다(마태복음 1:21-23).[10]

　그리스도(Christ)는 '기름부음 받은 자(anointed one)'란 뜻이다. 그리스도는 예수를 지칭한다. 예수 그리스도는 '기름부음 받은 사람', '구세주(Savior)'라는 의미다. 구약 성경에서 왕, 제사장, 예언자를 세울 때 '기름부음 받은 자'라고 했다. 메시아(Meshicha, 아람어), 마쉬아흐(Mashiach, 히브리어), 크리스토스(Christos, 헬라어)와 같은 말이다. 헬라어 크리스토스를 음역해서「그리스도」라 표현했

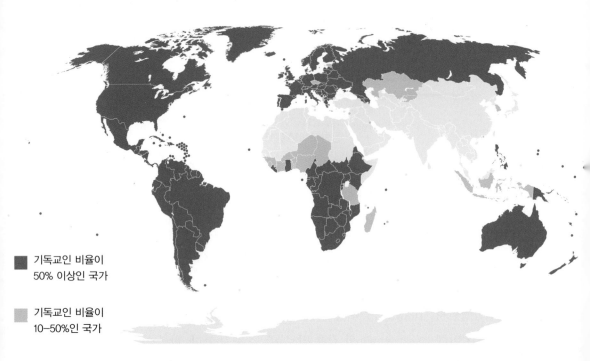

그림 5.2 **기독교인 비율이 높은 국가, 2010**

다. 그리스도는 중국어 음역으로 「기리사독(基利斯督)」으로 표기됐다. 기독교의 '기독'(基督)은 중국어 음역인 基利斯督의 줄임말이다. **대한민국**에서 기독교는 예수 그리스도를 구세주로 믿는 개신교, 로마 가톨릭, 동방 정교회 등을 포괄하는 모든 종교를 의미한다. 좁은 의미로 개신교만을 일컫기도 한다.[11]

기독교는 유럽, 아메리카, 필리핀, 동티모르, 사하라 이남 아프리카, 오세아니아에서 지배적인 종교다. 2010년 기준으로 유엔 회원국과 종속 영토의 기독교인 비율이 50% 이상인 지역은 프랑스의 51.1-66%부터 대양주 핏케언 제도 100%까지 118개 국가와 영토다. 기독교인 비율이 10-50%인 지역은 시리아 10.0%부터 베넹 48.5%까지 31개 국가와 영토다.[12] 그림 5.2

퓨 리서치 센터는 2010년 기준으로 기독교인수가 많은 상위 10개국은 ①
미국 ② 브라질 ③ 멕시코 ④ 러시아 ⑤ 필리핀 제도 ⑥ 나이지리아 ⑦ 중국
⑧ 콩고 DR ⑨ 독일 ⑩ 남아프리카 등이라고 집계했다.표 5.1

표 5.1 기독교인수 상위 10개국, 2010

	국가	기독교인수 (명)	인구대비 %
01	미국	246,790,000	79.5
02	브라질	175,700,000	90.2
03	멕시코	107,780,000	95.0
04	러시아	105,220,000	73.6
05	필리핀	86,790,000	93.1
06	나이지리아	80,510,000	50.8
07	중국	67,070,000	5.0
08	콩고 DR	63,150,000	95.7
09	독일	58,240,000	70.8
10	남아프리카	52,886,000	85.3

출처: 위키피디아.

주: %는 각 국가인구대비 기독교인 비율.

퓨 리서치 센터는 2010년 기준으로 인구대비 백분율 기준 기독교 상위 10
개국과 종속 영토는 ① 바티칸 시국 ② 루마니아 ③ 파푸아 뉴기니 ④ 통가
⑤ 동티모르 ⑥ 아르메니아 ⑦ 나미비아 ⑧ 마셜 제도 ⑨ 몰도바 ⑩ 솔로몬
제도 등이라고 발표했다.표 5.2

표 5.2 백분율 기준 기독교 상위 10개국과 종속 영토, 2010

	국가	백분율 (%)	기독교인수 (명)
01	바티칸 시국	100	800
02	루마니아	99.0	21,490,000
03	파푸아 뉴기니	99.0	6,860,000
04	통가	99.0	100,000
05	동티모르	99.0	1,120,000
06	아르메니아	98.5	3,090,000
07	나미비아	97.6	2,280,000
08	마셜 제도	97.5	50,000
09	몰도바	97.5	3,570,000
10	솔로몬 제도	97.5	520,000

출처: 위키피디아.

주: %는 각 국가인구대비 기독교인 비율.

2015년 인구센서스 기준으로 **대한민국**의 기독교인수는 13,566,000명으로 전국 인구 대비 27.6%다. 개신교는 9,676,000명으로 19.7%, 가톨릭은 3,890,000명으로 7.9%다.[13]

2020년 기준으로 퓨 리서치 센터(Pew Research Center, Pew)는 기독교인수가 2,382,750,000명으로 세계 인구 대비 31.7%라고 발표했다. 규모가 큰 기독교 그룹은 가톨릭, 개신교, 동방 정교회다. 가톨릭은 1,329,610,000명으로 15.91%, 개신교는 900,640,000명으로 11.6%, 동방 정교회는 220,380,000명으로 3.8%, 다른 기독교는 28,430,000명으로 0.4% 등이라고 집계했다.[14]

2020년 기준으로 유엔 회원국과 종속 영토의 가톨릭 비율이 50% 이상인

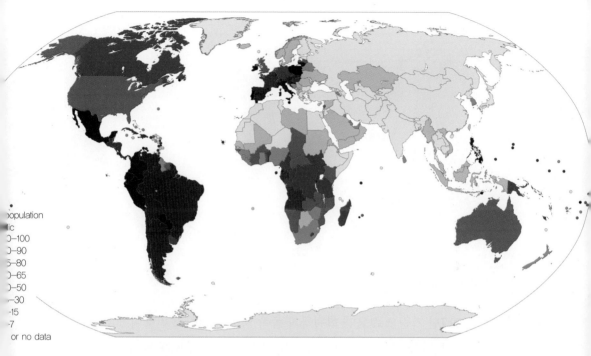

그림 5.3 **각 국가별 가톨릭 신자 비율, 2010**

곳은 가봉 50%부터 바티칸 시국 100%까지 40개 국가와 영토다. 가톨릭 비
율이 10-50%인 곳은 가나 10.0%부터 엘살바도르 37-50%까지 56개 국가
와 영토다. [15] 그림 5.3

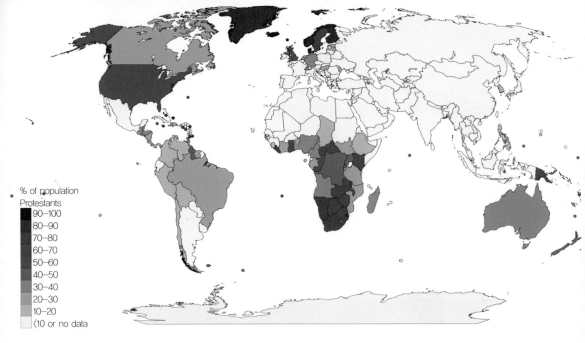

% of population
Protestants
90–100
80–90
70–80
60–70
50–60
40–50
30–40
20–30
10–20
<10 or no data

그림 5.4 **각 국가별 개신교 신자 비율, 2010**

　　2017년 기준으로 유엔 회원국과 종속 영토의 개신교 비율이 50% 이상인 곳은 아프리카 레소토 50%부터 대양주 투발루 94%까지 29개 국가와 영토다. 개신교 비율이 10-50%인 곳은 북아메리카 세인트루시아 10%부터 대양주 사모아 49.8%까지 63개 국가와 영토다.[16] 그림 5.4

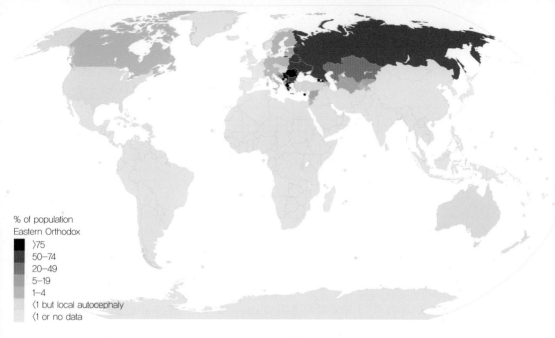

% of population
Eastern Orthodox
>75
50–74
20–49
5–19
1–4
<1 but local autocephaly
<1 or no data

그림 5.5 각 국가별 동방 정교회 신자 비율, 2010

동방 정교회 신자 비율이 50% 이상인 국가는 ① 몰도바(93.3%) ② 트란스니스트리아(91%) ③ 그리스(90%) ④ 키프로스(89.1%) ⑤ 세르비아(84%) ⑥ 조지아(83.4%) ⑦ 벨로루시(83.3%) ⑧ 루마니아(81.1%) ⑨ 몬테네그로(81%) ⑩ 러시아(72%) ⑪ 북마케도니아(69.8%) ⑫ 우크라이나(65.4-76.6%) ⑬ 불가리아(59.4%) 등 13개국이다.[17] 그림 5.5

기독교는 바티칸 시국(가톨릭), 아르헨티나(가톨릭), 모나코(가톨릭), 리히텐슈타인(가톨릭), 몰타(가톨릭), 코스타리카(가톨릭과 사도교회), 아르메니아(아르메니아 사도교회), 영국(성공회), 덴마크 왕국(덴마크 루터교), 노르웨이(루터교), 페로 제도(페로제도 교회), 그린란드(복음주의 루터교), 아이슬란드(루터교), 그리스(그리스 정교회), 세르비아(세르비아 정교회), 조지아(조지아 정교회), 헝가리(기독교), 잠비아(기독교), 사모아(기독교), 에티오피아(기독교), 통가(감리교), 투발루(칼뱅주의 투발루교) 등에서 국교이거나 국가 중심 종교다.[18]

5.2 이슬람교(Islam)

이슬람교(al-islām, Islam, 回敎)는『꾸란』과 무함마드의 가르침을 중심으로 하는 일신교다. 무함마드는 유일신 알라(Allāh)의 사도이고 예언자라 한다. 이슬람(al-islām)은 '유일신 알라에게 복종하다'라는 뜻이다. '복종·순종'을 뜻하는 '아살라마(asalama)'에서 파생했다. 무함마드가 만들었다. 알라는 아랍어로 정관사 al(알)과 '신'을 의미하는 일라흐(ilāh)가 붙은 알일라흐가 동화되어 알라흐(알라)가 되었다고 한다. 이슬람을 믿는 남자 신자를 무슬림으로, 여자 신자를 무슬리마라고 한다.[19]

이슬람의 경전은『꾸란 *Quran*, 영어 *Koran*』이다. 예언자 무함마드가 천사 가브리엘로부터 받은 알라의 말을 기록한 원문이다. 원문은 114장이다. '읽다'(아랍어 qara'a, 카라아)의 뜻인 동사에서 파생한 명사로 '읽기'를 의미한다. 무함마드의 언행록『하디스 *Hadīth*』는 무함마드가 말하고, 행동하며, 다른 사람의 행위를 묵인한 내용을 기록한 책이다.『꾸란』과『하디스』는 이슬람법 샤리아에서 중요한 원천이다.[20]

일각에서 이스마일의 후손이 이슬람을 창시했다는 설이 있다. 아브라함의 아들 이스마일(이스마엘)이 사우디아라비아의 메카에 도착했다는 내용이다. 이스마일을 보러온 이브라힘(아브라함)이 아들 이스마일과 함께 메카의 카바(Kaaba) 신전을 건축했다는 설명이다.[21]

무함마드(Muhammad)는 마호메트(Mahomet), 모하메드(Mohammed) 등으로도 표현한다. 570년 아라비아 메카에서 태어났다. 632년 아라비아 메디나에서 사망했다. 610년 히라(Hira') 동굴에서 가브리엘로부터 계시를 받았다. 히라 동굴은 사우디 아라비아 헤자즈 메카 인근에 위치한 자발 알누르(Jabbal An-Nour) 산에 있다. 높이 642m의 자발 알누르는 '빛의 산'이란 뜻이다. 613년 무함마드는 계시를 중심으로 메카에서 설교를 시작했다. 622년 박해를 받아 메카를 떠나 메디나로 이주했다. 이슬람에서는 이를「헤지라, Hijrah(성천)」라 한다. 622년은 이슬람력의 원년이 되었다. 629년 10,000명의 무슬림 개종자 군대를 이끌고 메카로 들어와 도시를 점령했다. 메카 무혈 정복을 하면서 연호했던 '알라는 위대하다, Allahu Akbar, 알라후 아크바르' 표현은 무슬림의 신앙 고백으로 사용된다.[22]

무함마드 사후 이슬람 공동체인 움마(Ummah)는 할리파가 이끌었다. 할리파(칼리파, 칼리프)는 '뒤따르는 자'라는 뜻이다. 할리파는 이슬람 국가의 지도자나 이슬람 종교 권위자에게도 사용되는 칭호다.[23]

아들이 없던 무함마드의 계승자를 누구로 보느냐에 따라 이슬람은 수니파와 시아파로 나뉘었다. 수니파는 아부 바크르(Abū Bakr)와 역대 할리파를 계승자로 여겼다. 수니파(Sunni)는 '순나를 따르는 자'라는 뜻이다. 순나(Sunnah)는 무함마드의 가르침을 말한다. 시아파는 무함마드의 사촌이자 사위인 알리(Alī)를 계승자로 간주했다. 알리는 이라크에서 쿠데타 세력에게 암살당했다. 알리의 추종자들은「무함마드의 혈족인 알리만이 할리파의 자격이 있다」며 시아파(Shia Islam, Shi'ite)를 결성했다.[24]

퓨 리서치 센터는 2022년 기준으로 무슬림이 전 세계 인구의 24.9%인 1,976,000,000명이라고 집계했다. 2014년 기준으로 대륙별 인구 가운데

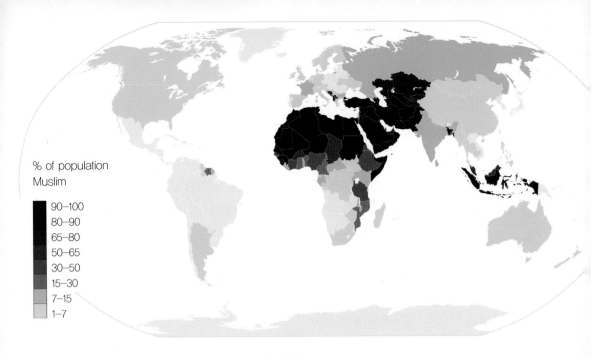

% of population
Muslim

90–100
80–90
65–80
50–65
30–50
15–30
7–15
1–7

그림 5.6 **각 국가별 무슬림 인구 비율, 2014 추정치**

무슬림 비율은 중동-북아프리카 91.2%, 중앙 아시아 81%, 아프리카 47%, 동남아시아 40%, 남아시아 31.4%, 사하라 이남 아프리카 29.6%, 아시아 23.3%로 추정했다.[25] 그림 5.6

퓨 리서치 센터는 2017년 기준으로 무슬림 비율이 50% 이상인 국가는 보스니아-헤르체고비나 50.7%부터 아프리카 모리타니 99.9%까지 53개 국가라고 보고했다. 무슬림 비율이 90% 이상인 국가는 31개국이다.

2023년 기준으로 수니파 무슬림이 50% 이상인 국가는 레바논 52%로부터 이집트 99.9%까지 19개 국가다. 2009년 기준으로 시아파 무슬림이 50% 이상인 국가는 이란, 바레인, 이라크, 아제르바이잔 등 4개국이다. 이바디 이슬람은 카와리즈 운동의 온건파 이슬람이다. 2020년 기준으로 이바디 이슬람이 50%인 국가는 오만이다.[26] 그림 5.7

수니파 무슬림의 의례적 의무는 샤하다(신앙선언), 살라(기도예배), 자카트(구제),

SUNNI
HANAFI
HANBALI
MALIKI
SHAFI'I

SHIA
ISMAILI
JAFARI
ZAIDI
OTHER

OTHER
IBADI

그림 5.7 **이슬람 수니파, 시아파, 이바디파의 분포**

금식, 하지(성지순례)의 다섯 기둥(Five Pillars)이다. 이슬람의 3대 성지는 메카, 메디나, 예루살렘이다. 다마스쿠스의 우마이야 모스크와 헤브론의 이브라히미 모스크, 이라크 중부의 카르발라 등지도 성지다. 이슬람 종교 축제는 두 가지가 있다. 이드 알피트르(Eid al-Fitr, 줄임말 Eid)는 금식 기간 라마단이 끝났음을 축하하는 무슬림의 휴일이다. 이드 알아드하(Eid al-Adha)는 이슬람력 12월 10일에 열린다. 제물을 바치는 정규 축제다.[27]

아브라함에 대한 예배를 중심으로 한 종교집단을 **아브라함 종교**라 한다. **기독교, 이슬람교, 유대교** 등이 대표적이다. 아브라함은 기독교 성경, 이슬람 꾸란, 히브리 성경에 광범위하게 언급되어 있다. 유대 전통에서는 이스라엘의 열두 지파가 아브라함의 아들 이삭과 손자 야곱을 거쳐 가나안에서 이스라엘 민족을 이루었다고 주장한다. 이슬람 전통에서는 이스마엘인으로 알려진 12개의 아랍 부족이 아라비아 반도에 있는 아브라함의 아들 이스마엘을

	아브라함 종교		힌두교

그림 5.8 **아브라함 종교의 분포**

통해 아랍 민족을 구성했다고 주장한다.[28]

　이스라엘 종교는 청동기 시대 가나안 종교에서 파생됐다. 철기시대에 다신교를 버리고 야훼교 유일신 종교를 고수했다. 바벨론 포로 이후 더욱 발전해 확고한 유일신 종교 운동으로 자리잡았다. 유대교에서 벗어난 종교가 이스라엘 땅에서 일어났다. 기독교다. 서기 1세기 기독교는 이스라엘 땅에서 나자렛 예수와 사도들에 의해 발전했다. 4세기 로마 제국이 기독교를 국교로 선택한 이후 유럽과 전 세계로 퍼졌다. 7세기 이슬람은 아라비아 반도에서 무함마드에 의해 창시되었다. 그의 죽음 이후 무슬림 정복을 통해 널리 확산됐다. 신도수가 적은 아브라함 종교에는 유대교, 바하이 신앙, 드루즈교, 사마리아교, 라스타파리교가 있다. 2023년 기준으로 아브라함을 조상으로 믿는 종교의 비율은 기독교 31%, 이슬람교 25% 등 56% 이상이다.그림 5.8

5.3 힌두교(Hinduism)

힌두교(Hinduism)는 산스크리트어로 사나타나 다르마(Sanātana Dharma 영원한 법)라 한다. 인도 신화와 브라만교를 기반으로 형성된 다신교다. Hindū(힌두)라는 말은 인더스강의 산스크리트 명칭인 Sindhu(신두)에서 유래했다. 신두는 큰 강(大河)을 뜻한다.

힌두교의 기본 주제는 우주론, 삼사라(Samsara, 윤회), 브라흐만(Brahman, 우주의 진리), 신(브라마, 비슈누, 시바) 아트만(Atman, 생명, 숨), 카르마(Karma, 업), 다르마(Dharma, 법), 모크샤(Mokṣa, 깨달음) 등이다. 힌두교에는 전통적인 종교 질서, 중앙 집중식 권위, 예언자가 없다. 힌두교도는 다신론자, 일신론자, 범신론자, 일원론자, 불가지론자, 인본주의자, 무신론자일 수 있다. 국가별 힌두교에 대한 평가는 다양하다.[29]

국가별 힌두교 인구의 추정치는 퓨 리서치 센터와 미국 국무부의 국제 종교 자유 보고서에 발표됐다. 2020년 기준으로 힌두교 인구는 약 12억 명으로 추정됐다. 그 중 약 11억 명이 인도에, 약 1억 명이 인도 이외에 거주했다. 힌두교도 비율이 50% 이상인 국가는 네팔 81.3%(2011), 인도 79.8%(2011), 남아프리카 모리셔스 50.63%(2020) 등 3개 국가다. 피지 27.9%, 가이아나 24.9%, 부탄 22.6-25%, 수리남 22.3-27.4%, 트리니다드 토바고 18.2%(2011), 카타르 15.1%(2020), 스리랑카 12.6%(2011), 쿠웨이트 12% 등지에 10-30%의 힌

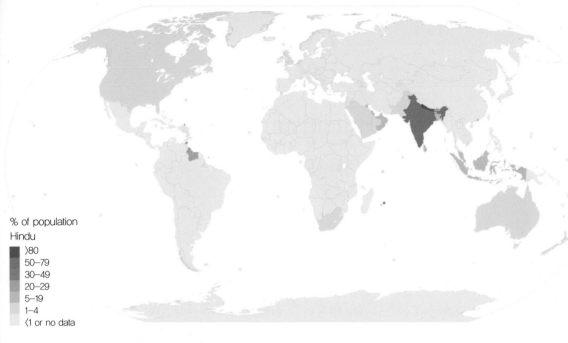

% of population
Hindu

▮ >80
▮ 50–79
▮ 30–49
▮ 20–29
▮ 5–19
▮ 1–4
▮ <1 or no data

그림 5.9 **각 국가별 힌두교도 비율**

두교도가 산다.[30] 그림 5.9

　힌두교도는 순례 여행을 떠난다. 순례 장소는 '교차점, 여울목'을 뜻하는 산스크리트어 티르타(Tirtha)라 한다. 신성한 장소, 텍스트, 사람을 지칭한다. 모든 산, 모든 히말라야, 모든 강, 호수, 현인(리시, Rishis)의 거주지, 사원, 외양간, 큰 숲, 모든 바다를 포함하여 신성한 존재를 대상으로 한다. 『리그베다 *Rigveda*』에 나온다. 주요 강이 만나거나 바다에 합류하는 지형은 성지다. 갠지스강과 야무나강의 합류점에 있는 프라야그라즈(Prayagraj), 갠지스강의 수원 근처에 있는 하리드와르(Haridwar), 시프라강의 우자인(Ujjain), 고다바리 강둑의 나시크(Nashik) 등 4개 장소는 주요 순례지다. 인도의 바라나시, 라메쉬와람, 칸치푸람, 드와르카, 푸리, 하리드와르 등은 성지다. 바라나시, 프라야그, 푸리, 단테와다, 스리사알람, 칸치, 스리랑감 등 티르타의 상당 지역은 유네스코 세계문화유산으로 등재됐다.

5.4 불교(Buddhism)

불교(佛敎, Buddhism)는 석가모니의 가르침을 따르고, 불경을 경전으로 삼는 종교다. 불교는 BC 6-5세기경 싯다르타 고타마(Siddhārtha Gautama, 석가모니)에 의해 창시됐다. 싯다르타의 출생지는 룸비니(Lumbini)다. 성장지는 가비라 성(Kapilavastu)이다. 수도(修道), 정각(正覺), 포교(布敎)의 종교 활동은 네팔과 인도 북동부 지방에 있던 마가다(Magadha) 왕국을 중심으로 전개됐다. 이런 연유로 불교 발생의 중심지는 마가다 왕국이라고 설명한다. 싯다르타는 갠지스 강 주변의 슈라바스티 왕국의 기원정사와 마가다 왕국의 죽림정사에서 많은 제자를 이끌었다. 싯다르타의 인생과 관련된 주요 장소를 팔대성지라 부른다.[31]

석가모니가 열반에 든 후 제자들 사이에 견해 차이가 생겼다. 열반 후 100년경에 보수적인 상좌부(上座部)와 진보적인 대중부(大衆部)로 분열됐다. 이어서 이 두 부파(部派, 종파)로부터 다시 분열이 일어나 여러 종파의 부파불교(部派佛敎, Early Buddhist Schools)로 나뉘었다.[32]

인도 마우리아 왕조(BC 4-BC 2세기)의 3대 왕 아소카는 불교에 귀의했다. 아소카 이후 불교는 북방 경로와 남방 경로 두 갈래로 전파됐다. 북방 경로는 인도에서 출발해 간다라·티베트·페르시아·아프가니스탄·타클라마칸 지역으로 전파됐다. 서역이라 불렸던 이 지역에 불경과 불상이 전래되고 경전이 한

역됐다. 중국에 전해진 불교는 중국 도교 사상과 조우했다. 중국의 한역 불경과 산스크리트어 불경이 한국과 일본에 전파됐다. 북방 경로로 전파된 북방 불교는 마하야나(Mahayana) 불교, 대승 불교라 불린다. **대한민국**, 중국, 일본은 북방 불교가 주류다. 대승 불교의 한 종류로 밀교(바라야나, Vajrayana, 금강 불교)가 있다. 밀교는 불교 부파에서 따로 분류하기도 한다. 티베트 불교가 대표적이다. 티베트 불교는 독자적으로 발전해 라마교로 성장했다. 대승 불경을 읽지 않는 남방 불교를 소승 불교(Hinayana)라고 했다. 1950년 이후 소승 불교라는 표현은 비하적이라고 해서 쓰지 않기로 했다. 남방 경로는 스리랑카·태국·캄보디아·미얀마에 전파됐다. 동남아시아에는 상좌부 불교가 있다. 상좌부 불교는 부처님 당대에 쓰였던 구어체 빠알리어 경전을 갖추었다. 상좌란 '장로'란 뜻이다. 남방 경로로 전파된 남방 불교는 상좌부 불교, 테라바다(Theravada) 불교라 부른다.

불교 부파는 교리적, 철학적, 문화적 관점에서 다양하다. 학계에서는 대체로 대승 불교(Mahāyāna), 상좌부 불교(Theravāda), 밀교(Vajrayāna)로 나눈다.[33]

불교는 연기법(Dependent Origination)을 바탕으로 자비(Compassion)를 베푸는 종교 사상이다. 연기법은 이 세상 모든 것은 무수한 인연에 의해서 생성되고 소멸된다는 진리다. 자비는 생멸의 과정에서 무아(無我) 사상을 바탕으로 다른 사람이 겪는 고통을 이해하고 도와주는 불교적 사랑이다.[34]

2010년 기준으로 불교 신자수는 487,540,000명이다. 세계 전체 인구의 7.1%다. 퓨 리서치 센터는 2010년 기준으로 불교신자 비율이 높은 상위 10개 국가를 ① 캄보디아 97.9% ② 태국 93.2% ③ 미얀마 89.9% ④ 부탄 74.7% ⑤ 스리랑카 69.3% ⑥ 라오스 66.1% ⑦ 몽골 55.1% ⑧ 일본 36.2% ⑨ 싱가포르 33.9% ⑩ **대한민국** 22.9%라고 발표했다. 2020년 기준으로 불

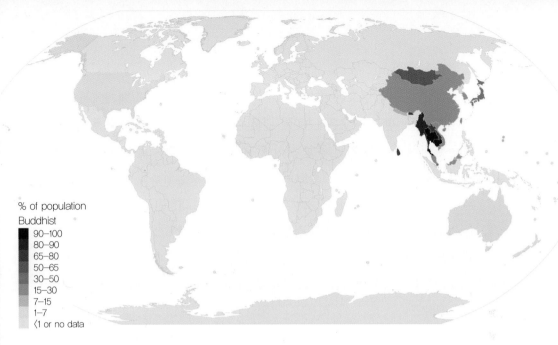

% of population
Buddhist
90–100
80–90
65–80
50–65
30–50
15–30
7–15
1–7
‹1 or no data

그림 5.10 **각 국가별 불교 신자 비율**

교신자 비율이 높은 상위 10개 국가는 ① 캄보디아 96.80% ② 태국 92.60%
③ 미얀마 79.80% ④ 부탄 74.70% ⑤ 스리랑카 68.60% ⑥ 라오스 64.00%
⑦ 몽골 54.50% ⑧ 일본 33.20% ⑨ 싱가포르 32.30% ⑩ **대한민국** 21.90%
다. 2020년 기준으로 불교신자 비율이 각 국가 전체인구의 50% 이상인 국
가는 캄보디아, 태국, 미얀마, 부탄, 스리랑카, 라오스, 몽골 등 7개국이다.[35]

그림 5.10

　　2010년 기준으로 불교 신자수가 많은 10개 국가는 ① 중국 244,130,000
명 ② 태국 64,420,000명 ③ 일본 45,820,000명 ④ 미얀마 38,410,000명 ⑤
스리랑카 14,450,000명 ⑥ 베트남 14,380,000명 ⑦ 캄보디아 13,690,000명
⑧ **대한민국** 11,050,000명 ⑨ 인도 9,250,000명 ⑩ 말레이시아 5,010,000명
이라고 집계했다.

　　대승 불교는 1세기에 중국으로, 4세기 삼국시대에 한반도로, 이어서 일

본으로 전파됐다. 불교는 372년 고구려, 528년 신라, 552년 백제에서 국교로 채택됐다. 한국 불교는 1700여 년의 기간 동안 토착화되면서 한국인에 맞는 한국적 특성을 지닌 종교 사상이 됐다. 한국 불교는 불교 사상을 융합하려는 통불교적 노력을 기울였고, 수행을 통해 자심(自心)을 밝히려 했으며, 위태로운 때는 호국불교(護國佛教)의 사상을 보였다. **대한민국** 문화체육관광부는 2014년 기준으로 944개의 전통 사찰이 있다고 발표했다. 종단별로는 ① 대한불교조계종 754(80%) ② 한국불교태고종 100(11%) ③ 재단법인 선학원 28(3%) ④ 대한불교법화종 18(2%) ⑤ 대한불교원효종 3(1%) ⑥ 기타 41(4%)로 집계했다.[36]

5.5 유대교(Judaism)

유대교(Judaism)는 유태교(猶太敎), 유다교라고도 한다. 유대인의 민족 종교로 유일신교다. 아브라함이 조상이다. 유대 종교에는 사두개파, 에세네파, 젤롯파 등의 유파가 있었으나 1세기에 단절됐다. BC 2세기에 형성된 바리새파는 친로마제국적 태도로 회당, 전승, 문서를 보존해 현재의 주류 유대교를 형성했다. 현재 유대교 정경은 히브리어 성경『타나크 *Tanakh*』다.『타나크』의 일부가『토라』다.『토라 *Torah*』는 구약성서의 첫 다섯 편을 일컫는다. 창세기·출애굽기·레위기·민수기·신명기의 모세오경이다. 토라는 히브리어로 '가르침, 법'을 뜻한다.『탈무드 *Talmud*』는 유대교의 율법, 윤리, 철학, 관습, 역사 등에 대한 랍비의 토론을 담은 유대교의 주석 문헌이다.[37]

2020년 기준으로 유대인은 16,064,000명으로 집계된다. 유대인은 ① 이스라엘 6,340,600명 ② 미국 5,700,000명 ③ 프랑스 448,000명 ④ 웨스트뱅크 432,800명 ⑤ 캐나다 393,000명 ⑥ 영국 292,000명 등에 각 200,000명 이상이 산다.[38]

전 세계에는 10,000여 개의 개별 종교가 있다. 2023년 기준으로 주요 종교 예상 인구 비율은 기독교 31.0%, 이슬람교 24.9%, 힌두교 15.2%, 불교 6.6% 등이다.[39] 2010년 기준으로 유엔 회원국과 종속 영토의 기독교인 비율이 50% 이상인 지역은 118개 국가와 영토다. 2017년 기준으로 무슬림 비

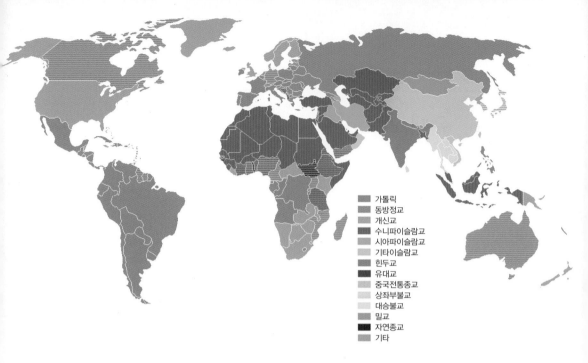

그림 5.11 **국가별 가장 많은 신자수를 가진 종교 분포도**

율이 50% 이상인 국가는 53개국이다. 2011년과 2020년 기준으로 힌두교도
비율이 50% 이상인 국가는 3개국이다. 2020년 기준으로 불교신자 비율이
50% 이상인 국가는 7개국이다.그림 5.11

　　현지답사에서는 종교적 건축물이 각 국가와 도시의 주요 문화재로 지정
되는 사례를 다수 관찰하게 된다. 바티칸 시국은 전 세계 가톨릭의 총본산이
다.[40] 이탈리아 로마 내에 위치한 독립국 영토다. 1929년 라테란 조약으로
이탈리아로부터 독립했다. 국제법상 주권실체인 교황청의 관할권 아래 있
다. 49ha 면적에 764명이 살고 있다. 바티칸 시국에는 성 베드로 대성당, 성
베드로 광장, 시스티나 성당, 바티칸 사도 도서관, 바티칸 정원, 바티칸 박물
관 등의 종교 문화 유적지가 있다.그림 5.12, 5.13

그림 5.12 **바티칸 시국, 바티칸 정원, 바티칸 박물관**

그림 5.13 **바티칸 성 베드로 광장**

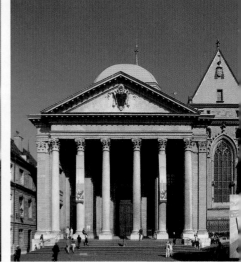

그림 5.14 **독일의 모든 성도 교회와 스위스 생 피에르 성당과 칼뱅 의자**

모든 성도 교회(All Saints' Church)는 궁전예배당(Schlosskirche), 종교개혁 기념 교회라고도 한다. 독일 작센안할트 비텐베르크에 있는 루터교 교회다. 1517년 마틴 루터가 95개 조항을 게시해 개신교 종교개혁을 시작한 교회다. 1883년 기념 장소로 복원됐다. 1892년 10월 31일 다시 개장됐다. 종교적 중요성과 종교개혁의 간증 장소다. 1996년 「아이슬레벤과 비텐베르크의 루터 기념관」으로 유네스코 세계문화유산 목록에 등재됐다.[41] 생 피에르(Saint Pierre) 대성당은 스위스 제네바에 있는 개신교 교회다. 개신교 종교개혁가 장 칼뱅이 활동했던 교회다. 교회 내부에 칼뱅이 사용했던 나무 의자가 있다. 4세기부터 가톨릭 대성당이 있었다. 1160년경 축조됐다. 외관은 신고전주의 고딕 양식이다. 1890년대 대형 측면 예배당을 다색 고딕 양식의 부흥 스타일로 재장식했다. 스위스 국가 및 지역적 중요성을 지닌 문화재 목록에 등재됐다.[42] 그림 5.14

전 세계에는 10,000여 개의 개별 종교가 있다. 그러나 세계인 다수가 선택한 **종교**(Religion)는 몇 개의 종교에 집중되어 있다. 2023년 종교 인구 규모는 **기독교 31%, 이슬람교 25%, 힌두교 15%, 불교 7%** 등으로 추정했다. 2010년 기준으로 유엔 회원국과 종속 영토의 기독교인 비율이 50% 이상인 지역은 118개 국가와 영토다. 2017년 기준으로 무슬림 비율이 50% 이상인 국가는 53개국이다. 2011년과 2020년 기준으로 힌두교도 비율이 50% 이상인 국가는 3개국이다. 2020년 기준으로 불교신자 비율이 50% 이상인 국가는 7개국이다. 기독교와 이슬람교, 유대교의 공통 조상은 아브라함이다. 2023년 기준으로 **아브라함**을 조상으로 믿는 **종교**의 비율은 56% 이상이다.

VI

경제상위국의
사례 분석

경제 발전 정도를 평가하는 기준은 국내총생산(GDP), 국민총생산(GNP), 국민총소득(GNI), 1인당 소득, 산업화 수준, 인프라 규모, 생활수준, 인간개발지수(HDI) 등을 활용한다. 국내총생산(Gross Domestic Product, GDP)은 한 나라의 국경 안에서 생산된 모든 물질적 부를 합친 수치다. 국민총생산(Gross National Product, GNP)은 국민총소득 개념으로 변천됐다. 국민총소득(Gross National Income, GNI)은 한 나라의 국민이 국내와 해외에서 벌어들인 모든 소득을 말한다. GDP에서 외국인 거주자가 벌어들인 요소소득을 뺀 값이다. 예를 들어, 한국의「국민총소득 = 국내총생산 – 국내 외국인 소득 + 해외 한국인 소득 + 교역조건에 따른 손익」으로 산출된다.[1]

국제통화기금(IMF), 세계은행(World Bank), UN 등에서는 각 국가와 국민의 경제 발전 정도, 생활 수준 등을 가늠할 때 1인당 GDP와 1인당 GNI 등을 활용한다. 1인당 GDP는 국가의 생활 수준을 나타내는 지표로 간주된다. 1인당 GDP는 명목(nominal) GDP와 구매력 평가(purchasing power parity, PPP) GDP로 설명한다. 1인당 명목 GDP는 국내총생산(Gross Domestic Product, GDP)을 연도 평균 (또는 연도 중반) 인구로 나눈 수치다. 1인당 명목 GDP는 개인 소득의 척도로서 한계를 지닌다. 이런 연유로 소득 비교는 여러 국가의 환율, 물가 등을 반영한 생활비 차이를 조정해 구매력 평가 기준으로 측정한다. 구매력 평가지수를 기반으로 계산한 GDP를 GDP(PPP)로 표기한다. GDP(PPP)는 각국의 통화단위로 산출된 GDP를 단순히 달러로 환산해 비교하지 않고, 각국의 물가 수준 등을 함께 반영하는 GDP다. 1인당 GDP(PPP)는 국내총생산의 PPP 가치를 연도 평균(또는 연도 중반) 인구로 나눈 수치다. 1인당 명목 GDP와 유사하지만 각 국가의 생활비를 조정한 수치다. 1인당 명목 GDP는 약하여 1인당 GDP로 표기하기도 한다.[2]

1인당 명목 GDP와 1인당 GDP(PPP)는 일반적으로 국제 달러로 측정된다. 국제 달러는 모든 경제에서 동일한 구매력을 갖는 가상 통화다. 국제 통화는 통상 미국 달러를 쓰고, 미국의 구매력을 기준으로 계산한다. 전체적으로 1인당 GDP(PPP)는 1인당 명목 GDP 수치보다 분포 범위가 좁다.[3]

IMF가 2023년 기준으로 발표한 1인당 명목 GDP는 (단위: 달러) ① 룩셈부르크 132,372 ② 싱가포르 114,246 ③ 아일랜드 101,509 ④ 노르웨이 101,103 ⑤ 스위스 98,767 ⑥ 카타르 83,891 ⑦ 미국 80,034 ⑧ 아이슬란드 75,180 ⑨ 덴마크 68,827 ⑩ 호주 64,964 ⑪ 네덜란드 61,098 ⑫ 오스트리아 56,802 ⑬ 이스라엘 55,535 ⑭ 스웨덴 55,395 ⑮ 핀란드 54,351 ⑯ 벨기에 53,377 ⑰ 산 마리노 52,949 ⑱ 캐나다 52,722 ⑲ 독일 51,383 ⑳ 아랍 에미리트 49,451 ㉑ 뉴질랜드 48,826 ㉒ 영국 46,371 ㉓ 프랑스 44,408 ㉔ 안도라 44,387 ㉕ 몰타 36,989 ㉖ 이탈리아 36,812 ㉗ 바하마 35,458 ㉘ 일본 35,385 ㉙ 브루나이 35,103 ㉚ 대만33,907 ㉛ 키프로스 33,807 ㉜ 쿠웨이트 33,646 ㉝ **대한민국** 33,393 ㉞ 슬로베니아 32,214 ㉟ 체코 공화국 31,368 ㊱ 스페인 31,223 ㊲ 에스토니아 31,209 순이다.[4] 그림 6.1

IMF가 2023년 기준으로 발표한 1인당 GDP(PPP)는 (단위: 달러) ① 룩셈부르크 142,490 ② 싱가포르 140,281 ③ 아일랜드 124,596 ④ 아랍에미리트 88,221 ⑤ 스위스 87,963 ⑥ 노르웨이 82,655 ⑦ 미국 80,035 ⑧ 산 마리노 78,926 ⑨ 브루나이 75,583 ⑩ 덴마크 73,386 ⑪ 대만 73,344 ⑫ 네덜란드 72,973 ⑬ 아이슬란드 69,779 ⑭ 오스트리아 69,502 ⑮ 안도라 68,998 ⑯ 독일 66,132 ⑰ 스웨덴 65,842 ⑱ 벨기에 65,501 ⑲ 호주 65,366 ⑳ 사우디 아라비아 64,836 ㉑ 몰타 61,939 ㉒ 핀란드 60,897 ㉓ 가이아나 60,648 ㉔ 바레인 60,596 ㉕ 캐나다 60,177 ㉖ 프랑스 58,828 ㉗ **대한민국** 56,706 ㉘ 영

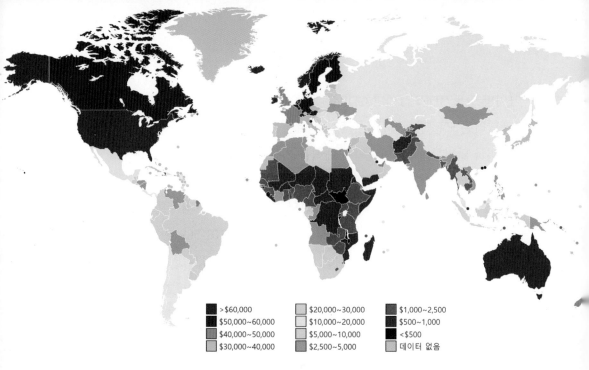

> \$60,000
\$50,000~60,000
\$40,000~50,000
\$30,000~40,000

\$20,000~30,000
\$10,000~20,000
\$5,000~10,000
\$2,500~5,000

\$1,000~2,500
\$500~1,000
<\$500
데이터 없음

그림 6.1 **2023년 국가/영토별 1인당 명목 GDP**

국 56,471 ㉙ 이스라엘 54,997 ㉚ 키프로스 54,611 ㉛ 이탈리아 54,216 ㉜ 뉴질랜드 54,046 ㉝ 쿠웨이트 53,037 ㉞ 슬로베니아 52,641 ㉟ 일본 51,809 ㊱ 체코 공화국 50,961 순이다.[5] 그림 6.2

　1인당 GNI는 한 국가의 1년 최종 소득을 인구로 나눈 달러 가치다. 해당 국가 시민의 세전 소득 평균이 반영된다. 한 국가의 1인당 GNI는 해당 국가의 경제적 강점과 일반 시민이 누리는 일반적인 생활 수준을 이해하게 해 준다. 1인당 GNI는 1인당 명목 GNI와 GNI(PPP)로 나누어 설명한다.[6]

　세계은행은 매년 7월 1일에 재설정되는 Atlas 방법을 사용하여 계산한 1인당 국민 총소득을 기준으로 세계 경제를 ① 고소득 국가(선진국과 유사) ② 중상위 소득 국가 ③ 중저소득 국가 ④ 저소득 국가(최빈국과 유사)의 네 가지 그룹으로 분류한다. 1993년부터 세계은행이 채택한 아틀라스(Atlas) 방법은 미국

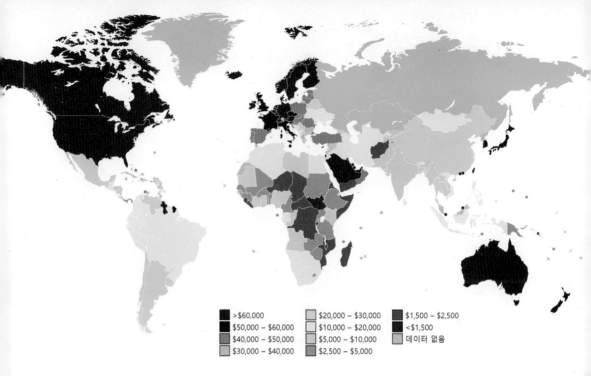

그림 6.2 **2023년 국가/지역별 1인당 GDP(PPP)**

달러 기준 국민총소득(GNI)을 토대로 각 국가의 경제 규모를 측정하는 데 활용된다. 한 국가의 GNI를 현지 통화에서 미국 달러로 변환하기 위해 Atlas 변환 계수를 사용한다. 일시적 환율 변동의 영향을 완화하기 위해 3년 평균 환율을 이용한다. 또한 해당 국가와 여러 선진국 간의 인플레이션율 차이를 조정한다. 조정된 미국 달러 GNI를 해당 국가의 연도 인구로 나누어 1인당 GNI를 산정한다. 세계은행은 국가의 상대적 경제규모를 비교하는 수단으로 아틀라스(Atlas) 방법을 활용한다.[7]

세계은행은 1인당 명목 GNI를 발표했다. 고소득층 국가의 1인당 GNI는 ① 리히텐슈타인 116,600(2009) ② 노르웨이 95,510 ③ 룩셈부르크 91,200 ④ 스위스 89,450 ⑤ 아일랜드 81,070 ⑥ 미국 76,370 ⑦ 덴마크 73,200 ⑧ 카타르 70,500 ⑨ 아이슬란드 68,220 ⑩ 싱가포르 67,200 ⑪ 스웨덴 62,990

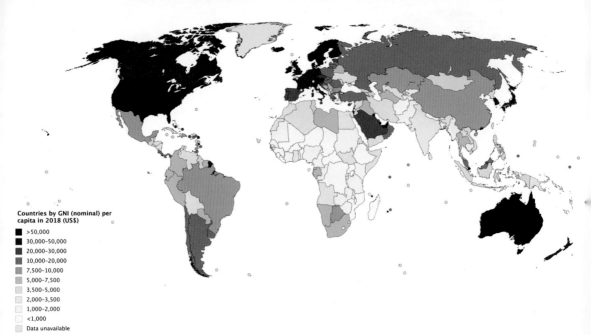

Countries by GNI (nominal) per
capita in 2018 (US$)
■ >50,000
■ 30,000-50,000
■ 20,000-30,000
■ 10,000-20,000
■ 7,500-10,000
■ 5,000-7,500
■ 3,500-5,000
■ 2,000-3,500
■ 1,000-2,000
□ <1,000
■ Data unavailable

그림 6.3 **Atlas 방법에 따른 국가별 1인당 명목 GNI, 2018**

⑫ 호주 60,430 ⑬ 네덜란드 57,430 ⑭ 오스트리아 56,140 ⑮ 이스라엘 54,650 ⑯ 핀란드 54,360 ⑰ 독일 53,390 ⑱ 캐나다 52,960 ⑲ 아랍 에미리트 48,950 ⑳ 영국 48,890 ㉑ 벨기에 48,700 ㉒ 뉴질랜드 48,460 ㉓ 산 마리노 47,120 ㉔ 안도라 46,530(2019) ㉕ 프랑스 45,860 ㉖ 일본 42,440 ㉗ 쿠웨이트 39,570 ㉘ 이탈리아 37,700 ㉙ **대한민국 35,990** ㉚ 몰타 33,550 ㉛ 스페인 31,680 ㉜ 바하마 31,530 ㉝ 브루나이 31,410 ㉞ 슬로베니아 30,600 ㉟ 키프로스 30,540 순이다.[8] 그림 6.3

세계은행은 1인당 GNI(PPP) 40,000달러 이상의 국가를 보고했다. 소득별 국가는 (괄호는 연도) ① 싱가포르 120,450(2021) ② 카타르 92,080(2021) ③ 룩셈부르크 83,230(2021) ④ 노르웨이 82,840(2021) ⑤ 대만 79,450(2023) ⑥ 스위스 75,860(2021) ⑦ 미국 70,480(2021) ⑧ 브루나이 67,580(2021) ⑨ 덴마크 66,720(2021) ⑩ 아랍 에미리트 66,680(2020) ⑪ 네덜란드 63,360(2021) ⑫

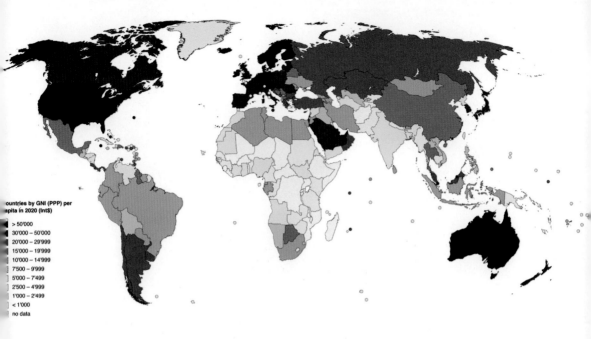

countries by GNI (PPP) per
apita in 2020 (Int$)

> 50'000
30'000 – 50'000
20'000 – 29'999
15'000 – 19'999
10'000 – 14'999
7'500 – 9'999
5'000 – 7'499
2'500 – 4'999
1'000 – 2'499
< 1'000
no data

그림 6.4 Atlas 방법에 따른 국가별 1인당 GNI(PPP), 2020

스웨덴 61,090(2021) ⑬ 독일 59,680(2021) ⑭ 벨기에 59,460(2021) ⑮ 쿠웨이트 59,040(2019) ⑯ 오스트리아 58,370(2021) ⑰ 핀란드 55,940(2021) ⑱ 아이슬란드 55,920(2021) ⑲ 호주 55,290(2021) ⑳ 프랑스 51,850(2021) ㉑ 캐나다 51,690(2021) ㉒ 영국 49,420(2021) ㉓ 사우디 아라비아 47,700(2021) ㉔ 대한민국 47,490(2021) ㉕ 이탈리아 46,490(2021) ㉖ 뉴질랜드 45,440(2021) ㉗ 일본 44,570(2021) ㉘ 몰타 44,550(2021) ㉙ 이스라엘 44,060(2021) ㉚ 슬로베니아 43,060(2021) ㉛ 체코 공화국 42,560(2021) ㉜ 에스토니아 41,570(2021) ㉝ 리투아니아 41,250(2021) ㉞ 스페인40,980(2021) ㉟ 바레인 40,730(2020) 순이다.[9] 그림 6.4

국제통화기금(IMF)과 세계은행(World Bank)은 선진국에 대한 다양한 정의를 내린다. 선진국(Developed countries)은 고소득 국가를 지칭한다. 1인당 GDP, 3차·4차 산업화의 수준, 인간개발지수 등을 토대로 선진국을 가늠한다. 선

정리 6.5 **IMF와 유엔이 제시한 선진국, 개발도상국, 최빈개도국, 2023**

진국은 삶의 질이 높고, 선진 경제 시스템이며, 첨단 기술 인프라를 갖췄다. 1인당 GDP(PPP)가 22,000달러 이상인 국가를 선진국이라 제시되기도 했다. IMF는 2023년 기준으로 선진국의 명목 가치 기준은 전 세계 GDP의 57.3%, 구매력 평가(PPP) 기준은 전 세계 GDP의 41.1%를 차지한다고 발표했다.[10] 그림 6.5

인간개발지수(Human Development Index, HDI)는 기대 수명, 평균 교육 이수 기간과 입학할 때 예상되는 교육 기간, 1인당 국민총소득(PPP) 지표를 기반으로한 통계 복합 지수다. 인간 발달의 수명이 길고, 교육 수준이 높으며, 1인당 국민총소득(PPP)이 높을수록 국가의 HDI 수준이 더 높다. 파키스탄 경제학자 마부크 올 하크(1934-1998)가 연구했다. 유엔 개발계획(UNDP)은 연간 인간개발 보고서에서 전 세계 191개국의 HDI를 산출했다. HDI는 시간 경과에 따라 특정 국가의 건강, 교육, 소득 생활 발전의 수준을 측정할 수 있다.[11]

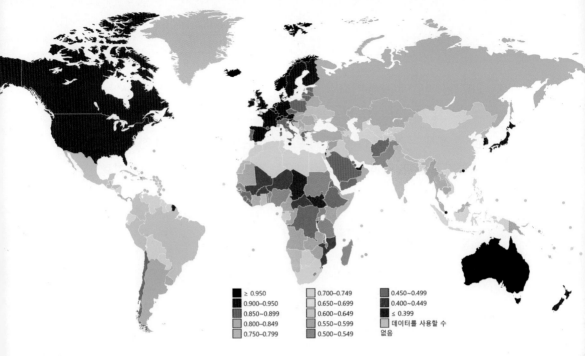

그림 6.6 **인간개발지수에 따른 국가별 발전 수준, 2021/2022**

UNDP가 2021년 자료를 토대로 2022년에 발표한 인간개발지수 0.9 이상의 국가/지역은 ① 스위스 0.962 ② 노르웨이 0.961 ③ 아이슬란드 0.959 ④ 홍콩 0.952 ⑤ 호주 0.951 ⑥ 덴마크 0.948 ⑦ 스웨덴 0.947 ⑧ 아일랜드 0.945 ⑨ 독일 ⑩ 네덜란드 0.941 ⑪ 핀란드 0.940 ⑫ 싱가포르 0.939 ⑬ 벨기에 0.937 ⑭ 뉴질랜드 0.937 ⑮ 캐나다 0.936 ⑯ 리히텐슈타인 0.935 ⑰ 룩셈부르크 0.930 ⑱ 영국 0.929 ⑲ 일본 0.925 ⑳ **대한민국** 0.925 ㉑ 미국 0.921 ㉒ 이스라엘 0.919 ㉓ 몰타 0.918 ㉔ 슬로베니아 0.918 ㉕ 오스트리아 0.916 ㉖ 아랍 에미리트 0.911 ㉗ 스페인 0.905 ㉘ 프랑스 0.903 순이다.[12] 그림 6.6

본 연구에서는 **1인당 명목 GDP 30,000달러 이상의 국가**를 **경제상위국**으로 정의한다.[13] 1인당 GDP는 IMF, UN, 세계은행에서 산출해 보고됐다. IMF는 2023년 기준으로, UN은 2021년 시점으로 산정했다. 세계은행은 2011-

2021년 기간에 걸친 자료를 토대로 제시했다. 이에 본 연구에서는 2023년 기준으로 산정한 IMF 보고서를 중심으로 분석하기로 한다. 그리고 말·먹거리·종교 세 가지 패러다임이 어떻게 상호 관련성을 맺으며 전개되는가를 검토하기로 한다. 각 국가의 관련지표는 각 국가별로 확인 고찰하기로 한다.

6.1 1인당 명목 GDP 30,000달러 이상인 국가

2023년 시점에서 1인당 명목 GDP 30,000달러 이상인 나라는 37개국이다. 37개국 중 2021/2023년 시점에서 인구 100,000,000명 이상인 국가는 미국 335,340,000명, 일본 124,540,000명 등 2개국이다. 인구 1,000,000-100,000,000명인 나라는 27개국이다. 37개국의 73%로 절대 다수다. 1,000,000명 미만인 국가는 룩셈부르크 660,809명, 아이슬란드 394,200명, 산 마리노 33,847명, 안도라 83,523명, 몰타 519,562명, 바하마 397,360명, 브루나이 440,715명, 키프로스 918,100명 등 8개국이다. 국토 면적이 1,000,000㎢ 이상인 국가는 캐나다 9,984,670㎢, 미국 9,833,520㎢, 호주 7,692,024㎢ 등 3개국이다. 국토 면적이 100,000-1,000,000㎢인 국가는 12개국이다. 국토 면적 100,000㎢ 미만인 나라는 22개국이다.표 6.1

표 6.1 1인당 명목 GDP 30,000달러 이상 국가의 관련지표

번호	국가명	인구수	면적 (㎢)	말	1인당 GDP (2023)	노벨 상수 상자	10위 권산 업수	종교 (연도)
01	룩셈부르크	660,809 (2023)	2,586.4	룩셈부르크어, 불어, 독어	132,372	2		기독교 53% (2021)
02	싱가포르	5,453,600 (2022)	734.3	영어, 말레이어 북경어, 타밀어	114,246		3	불교31% 기독교 19% 이슬람교 16% (2020)
03	아일랜드	5,149,139 (2022)	84,421	아일랜드어 영어	101,509	11	1	기독교 75.6% (2022)
04	노르웨이	5,504,329 (2023)	385,207	노르웨이어 사미어	101,103	13	1	기독교 74.9% (2021)
05	스위스	8,865,270 (2023)	41,285	독어, 불어, 이탈리아어, 로망슈어	98,767	27	3	기독교 62.6% (2020)
06	카타르	3,005,069 (2023)	11,581	아랍어	83,891		1	이슬람교 65.5% 힌두교 15.1% 기독교 14.2% (2020)
07	미국	335,340,000 (2023)	9,833,520	영어	80,034	406	29	기독교 63% (2021)
08	아이슬란드	394,200 (2023)	102,775	아이슬란드어	75,180	1		기독교 72.4% (2022)
09	덴마크	5,944,145 (2023)	42,943	덴마크어	68,827	14	1	기독교 75.8% (2020)
10	호주	26,686,700 (2023)	7,692,024	영어	64,964	14	5	기독교 43.9% (2021)
11	네덜란드	17,897,400 (2023)	41,865	네덜란드어	61,098	22	2	기독교 37.5% (2020)

12	오스트리아	9,129,652 (2023)	83,871	독어	56,802	22	3	기독교 64.1% (2021)
13	이스라엘	9,756,300 (2023)	20,770-22,072	히브리어	55,535	13	3	유대교 73.6% 이슬람교 18.1% (2022)
14	스웨덴	10,540,886 (2023)	447,425	스웨덴어	55,395	33	2	기독교 61.4% (2020)
15	핀란드	5,547,549 (2023)	338,145	핀란드어, 스웨덴어	54,351	5		기독교 68.6% (2021)
16	벨기에	11,765,225 (2023)	30,528	네덜란드어, 불어, 독어	53,377	11	1	기독교 63.7% (2020)
17	산 마리노	33,847 (2023)	61.2	이탈리아어	52,949			기독교 97% (2011)
18	캐나다	40,244,900 (2023)	9,984,670	영어 불어	52,722	28	8	기독교 53.3% (2021)
19	독일	84,432,670 (2023)	357,592	독어	51,383	114	22	기독교 52.7% (2021)
20	아랍 에미리트	9,282,410 (2020)	83,600	아랍어	49,451		1	이슬람교 76% 기독교 9% (2022)
21	뉴질랜드	5,199,100 (2023)	268,021	영어, 마오리어, 뉴질랜드수화	48,826	3		기독교 37.3% (2018)
22	영국	67,026,292 (2021)	209,331	영어	46,371	138	10	기독교 46.3% (2021)
23	프랑스	68,128,000 (2023)	643,801	불어	44,408	73	16	기독교 50% (2021)
24	안도라	83,523 (2023)	467.63	카탈로니아어	44,387			기독교 88.2%
25	몰타	519,562 (2021)	316	몰타어 영어	36,989			기독교 88.5% (2021)

26	이탈리아	58,784,790 (2023)	301,230	이탈리아어	36,812	21	11	기독교 84.4% (2020)
27	바하마	397,360 (2022)	13,878	영어	35,458			기독교 93.0% (2020)
28	일본	124,540,000 (2023)	377,975	일어	35,385	29	24	신도 70.5% 불교 67.2% (2020)
29	브루나이	440,715 (2021)	5,765	말레이어	35,103			이슬람교 80.9% (2016)
30	대만	23,373,283 (2023)	36,197	표준중국어	33,907	4	5	불교 35.1% 도교 33% (2020)
31	키프로스	918,100 (2021)	9,251	그리스어 튀르키예어	33,807	1		기독교 72.3% 이슬람교 25.0% (2020)
32	쿠웨이트	4,670,713 (2020)	17,818	아랍어	33,646		1	이슬람교 75% 기독교 18% (2020)
33	**대한민국**	51,439,038 (2022)	100,363	한글	33,393	1	24	기독교 27.6% 불교 15.5% (2015)
34	슬로베니아	2,117,674 (2023)	20,271	슬로베니아어	32,214	1		기독교 77.7% (2019)
35	체코	10,827,529 (2023)	78,871	체코어	31,368	6	1	기독교 11.7% (2021)
36	스페인	48,345,223 (2023)	505,994	스페인어	31,223	8	5	기독교 56% (2023)
37	에스토니아	1,365,884 (2023)	45,339	에스토니아어	31,209			기독교 26.7% (2021)

주: 1. 위키피디아 자료를 기초로 필자가 작성.

    2. 각 국가의 관련지표는 각 국가별로 확인 고찰했음.

말(Language)

37개국은 1, 2, 3, 4개 공용어를 사용한다.[14] 표 6.1 **1개 공용어**를 사용하는 국가는 26개국이다. 영국·미국·호주·바하마 4개국은 영어를 사용한다. 카타르, 아랍에미리트·쿠웨이트 3개국은 아랍어를 사용한다. 독일·오스트리아 2개국은 독어를 사용한다. 이탈리아·산 마리노 2개국은 이탈리아어를 사용한다. 1국가 1공용어를 사용하는 국가는 15개국이다. 아이슬란드는 아이슬란드어를, 덴마크는 덴마크어를, 네덜란드는 네덜란드어를, 이스라엘은 히브리어를, 스웨덴은 스웨덴어를, 프랑스는 불어를, 안도라는 카타로니아어를, 일본은 일어를, 브루나이는 말레이어를, 대만은 표준 중국어를, **대한민국**은 한국어인 한글을, 슬로베니아는 슬로베니아어를, 체코는 체코어를, 스페인은 스페인어를, 에스토니아는 에스토니아어를 사용한다.

2개 공용어를 사용하는 국가는 6개국이다. 아일랜드가 아일랜드어와 영어를, 캐나다가 영어와 불어를, 몰타가 몰타어와 영어를, 노르웨이가 노르웨이어와 사미어를, 핀란드가 핀란드어와 스웨덴어, 키프로스가 그리스어와 튀르키예어를 사용한다.

3개 공용어를 사용하는 국가는 3개국이다. 룩셈부르크가 룩셈부르크어·불어·독어를, 벨기에가 네덜란드어·불어·독어를, 뉴질랜드가 영어·마오리어·뉴질랜드 수화를 사용한다.

4개 공용어를 사용하는 국가는 2개국이다. 스위스가 독어·불어·이탈리아어·로망슈어를, 싱가포르가 영어·말레이어·북경어·타밀어를 사용한다.

영어가 공용어인 국가는 영국, 아일랜드, 미국, 호주, 뉴질랜드, 캐나다, 싱가포르, 몰타, 바하마 등 9개국이다. **불어**가 공용어인 국가는 프랑스, 캐나다, 스위스, 벨기에, 룩셈부르크 등 5개국이다. **독어**가 공용어인 국가는 독일, 오스트리아, 룩셈부르크, 스위스, 벨기에 등 5개국이다.

　1인당 GDP 30,000달러 이상인 경제상위국가에서 가장 많이 사용하는 공용어는 영어다. 다음으로 불어와 독어가 많이 사용된다.

먹거리 산업(Industry)

본 연구에서는 먹거리 산업 지표로 ① 1인당 GDP ② 노벨상 수상자수 ③ 세계 10위권 산업수를 선정했다. 한 나라의 국내 총생산 GDP를 총인구로 나눈 값이 1인당 GDP다. **1인당 GDP**는 한 국가와 도시의 **총체적 생활양식**을 가늠하는 지표가 될 수 있다. 노벨상은 과학 분야의 질적 우수성을 평가하는 세계적 기준이다. 본 연구에서는 양질의 과학 연구는 높은 수준의 산업을 일으키는 원동력이 될 수 있다고 전제한다. 이런 연유로 **노벨상 수상자수**는 먹거리 산업과 관련이 있다고 상정한다. 노벨상 수상자가 많은 국가는 세계적 수준의 연구를 통해 그 나라의 세계적 경쟁력을 제고하게 한다.[15] **세계 10위권 산업수**는 한 나라 산업의 세계적 경쟁력을 알 수 있는 지표다. 세계 10위권 산업수가 많으면 해당 국가는 세계 시장에서 우위를 점유해 경제력이 높아진다.

　1인당 GDP가 70,000달러 이상인 국가는 8개국이다. 룩셈부르크 132,372달러, 싱가포르 114,246달러, 아일랜드 101,509달러, 노르웨이 101,103달러, 스위스 98,767달러, 카타르 83,891달러, 미국 80,034달러, 아이슬란드 75,180달러다.표 6.1

룩셈부르크는 인구 660,809명, 노벨상 수상자가 2명이다. 경제력은 은행, 아르셀로미탈 철강, 통신, 관광, 농업 등에서 나온다.[16] **싱가포르**는 조선, 컨테이너, 로봇 밀도 등 3개 산업이 세계 10위권이다. **아일랜드**의 노벨상 수상자는 11명이다. 영화 산업(Film industry)이 세계 10위권이다. 항공기 임대, 주류, 엔지니어링, 에너지, 의약품, 의료 기기, 소프트웨어 산업이 특화되어 있다.[17] **노르웨이**의 노벨상 수상자는 13명이다. 천연가스 생산 산업이 세계 10위권이다. 1967년 북해 발데르 유전이 발굴됐다. 어업, 양식업, 펄프와 종이, 화학, 조선, 채광 등이 주요 산업이다. **스위스**의 노벨상 수상자는 27명이다. 컨테이너, 로봇 밀도, 바이오 메디컬 등 3개 산업이 세계 10위권이다. 컨테이너 산업은 세계 1위다.[18] **카타르**는 1971년 천연가스 유전을 발굴했다. 천연가스 생산 산업이 세계 10위권이다. 천연 가스 매장량 세계 3위, 천연 가스 수출 세계 2위다.[19] **미국**의 노벨상 수상자는 406명으로 세계 1위다. 자동차, 전기차, 전자(세계 1위), 가전제품, 반도체, 건설(1위), 전기, 석유(1위), 천연가스(1위), 석탄, 원자력(1위), 태양광, 제조, 철강, 의약품(1위), 무기 수출(1위), 유학생(1위), 관광객, 인공 지능(1위), 빅 데이터(1위), 금융 서비스(1위), 드론(1위), 로봇 밀도, 우주 발사(1위), 휴대전화, 바이오 메디컬(1위), 식품, 영화 수익(1위), TV 세트판매 등 29개 산업이 세계 10위권이다. 15개 산업이 세계 1위다(표 4.8). **아이슬란드**는 인구 394,200명이다. 노벨상 수상자는 1명이다. 주요 산업은 관광, 알루미늄 제조, 어업, 금융 등이다.[20]

1인당 GDP가 50,000달러 이상-70,000달러 미만인 국가는 11개국이다. 덴마크 68,827달러, 호주 64,964달러, 네덜란드 61,098달러, 오스트리아 56,802달러, 이스라엘 55,535달러, 스웨덴 55,395달러, 핀란드 54,351달러, 벨기에 53,377달러, 산 마리노 52,949달러, 캐나다 52,722달러, 독일

51,383달러다.표 6.1

덴마크의 노벨상 수상자는 14명이다. 컨테이너 산업이 세계 10위권이다. 풍력 터빈, 의약품, 기계 기기, 육류, 유제품 등을 수출한다. 호주의 노벨상 수상자는 14명이다. 천연 가스, 석탄 생산, 태양광, 유학생, 영화 수익 등 5개 산업이 세계 10위권이다. 자원 부국이다. 철광석·보크사이트·오팔(세계 1위) 금·망간·납(2위), 아연·코발트(3위) 등의 자원 생산이 세계적이다.[21] 네덜란드의 노벨상 수상자는 22명이다. 무기 수출, 휴대전화 등 2개 산업이 세계 10위권이다. 대외 무역을 중시하는 개방형 경제 구조다. 기계 운송 장비, 화학 물질, 광물 연료, 공산품 등을 수출한다. 오스트리아의 노벨상 수상자는 22명이다. 병상수, 관광객, 휴대전화 등 3개 산업이 세계 10위권이다. 의료 시스템은 비엔나의 사회 민주주의자들에 의해 사회 복지 프로그램과 함께 개발됐다.[22] 이스라엘의 노벨상 수상자는 13명이다. 컨테이너, 드론, 우주 발사 등 3개 산업이 세계 10워권이다. 주요 경제 부문은 첨단 기술과 산업 제조업이다. 스타트업 기업이 많다. 스웨덴의 노벨상 수상자는 33명이다. 가전제품, 원자력, 로봇 밀도 등 3개 산업이 세계 10위권이다. 대외 무역을 지향하는 수출 경제 구조다. 자동차, 통신, 제약, 산업 기계, 정밀 장비, 화학 제품, 가정용품, 가전 제품, 임업, 철강 산업이 주요 경제 부문이다. 핀란드의 노벨상 수상자는 5명이다. 주요 경제 부문은 제조업, 전자, 기계, 가공 금속, 산림, 화학 산업이다.[23] 벨기에의 노벨상 수상자는 11명이다. 의약품 산업이 세계 10위권이다. 주요 산업은 의약품, 엔지니어링, 금속, 가공 식품, 화학, 섬유, 유리 산업이다. 네덜란드어·불어·독어를 유창하게 구사하는 생산적인 노동력이 경제를 받쳐준다. 산 마리노의 인구는 33,847명이다. 관광, 은행, 도자기, 의류, 직물, 가구, 주류, 와인 제조 산업이 주요 산업이다.[24] 캐나다의 노벨상 수상자는 28명이다. 전기, 석유, 천연 가스, 원자력, 유학생, 인공 지능, 빅데이터, 영화 수익 등 8개 산업이 세계 10위권이다. 온타리오와 앨버타의 전기, 대서양 캐나다의 해상 천연가스, 앨버타 등의 석유 생산 등이 경제력을 받쳐 준다. 첨단 산업 연구가 활발하다. 제2차 세계대전 이후 캐나다와 미국의 경제적 통합이 증가했다. **독일**의 노벨상 수상자는 114명이다. 자동차, 전기차, 컨테이너, 가전제품, 건설, 전기, 석탄, 태양광, 제조, 철강, 병상수, 의약품, 무기 수출, 유학생, 관광객, 인공 지능, 금융 서비스, 드론, 로봇 밀도, 바이오 메디컬, 휴대전화, 영화 수익 등 22개 산업이 세계 10위권이다. 실용적 산업 가치를 지닌 응용 연구를 수행한다.[25]

1인당 GDP가 30,000달러 이상-50,000달러 미만인 국가는 18개국이다. 아랍에미리트 49,451달러, 뉴질랜드 48,826달러, 영국 46,371달러, 프랑스 44,408달러, 안도라 44,387달러, 몰타 36,989달러, 이탈리아 36,812달러, 바하마 35,458달러, 일본 35,385달러, 브루나이 35,103달러, 대만 33,907달러, 키프로스 33,807달러, 쿠웨이트 33,646달러, **대한민국** 33,393달러, 슬로베니아 32,214달러, 체코 31,368달러, 스페인 31,223달러, 에스토니아 31,209달러다.

아랍에미리트의 석유 산업이 세계 10위권이다. 세계 10대 원유 생산국 중 하나다. 석유와 가스 산업이 GDP의 30%, 수출의 13%를 점유한다. **뉴질랜드**의 노벨상 수상자는 3명이다. 수출품은 유제품, 육류, 목재, 과일, 와인, 해산물 등이다. 2011년 기준으로 GDP 구성 비율은 1차 산업 7.6%, 제조업 12.2%, 서비스업 71%다.[26] **영국**의 노벨상 수상자는 138명이다. 건설, 제조, 무기 수출, 유학생, 관광객, 인공 지능, 빅데이터, 금융 서비스, 바이오 메디컬, 영화 수익 산업 등 10개 산업이 세계 10위권이다. 영국의 금융 서비스 산업은 세계적이다. 런던은 세계 제2위의 금융 중심지다. **프랑스**의 노벨상 수상자는 73명이다. 컨테이너, 가전제품, 건설, 전기, 원자력, 제조, 병상수, 의약품, 무기 수출, 유학생, 관광객, 인공 지능, 금융 서비스, 드론, 바이오 메디컬, 영화 수익등 16개 산업이 세계 10위권이다. 관광객 산업은 세계 1위다. 파리는 세계인이 방문하는 선도적인 글로벌 도시다.[27] **안도라**의 인구는 83,523명이다. 금융, 소매, 관광 산업이 주다. 매년 13,000,000명의 관광객이 방문한다. **몰타**의 인구는 519,562명이다. 유럽, 북아프리카, 중동의 교차점에 위치한 지리적 입지, 몰타인의 다국어 능력, 관광과 금융 서비스 등이 경제력의 원천이다.[28] **이탈리아**의 노벨상 수상자는 21명이다. 조선, 컨테이너, 가전제품, 태양광, 제조, 의약품, 무기 수출, 유학생, 관광객, 금융 서비스, 휴대전화 산업 등 11개 산업이 세계 10위권이다. 컨테이너 산업은 세계 1위다. 금 매장량이 세계적이다. 다양한 협동조합이 경제력을 뒷받침해준다. **바하마**의 인구는 397,360명이다. 관광과 해외 금융이 경제의 버팀목이다.[29] **일본**의 노벨상 수상자는 29명이다. 자동차, 전기차, 2차전지, 조선, 컨테이너, 전자, 가전제품, 건설, 전기, 원자력, 태양열, 제조, 철강, 병상수, 의약품, 유학생, 인공 지능, 빅 데이터, 로봇 밀도, 우주 발사, 바이오 메디컬, 식품, 영화 수익, TV세트판매 산업 등 24개 산업이 세계 10위권이다. 도쿄는 뉴욕, 런던, 상하이와 함께 글로벌 금융 중심지다. **브루나이**의 인구는 440,715명이다. 경제력은 원유와 천연가스 수출에서 나온다. 의료 서비스, 식량, 주택 보조금을 제공한다.[30] **대만**의 노벨상 수상자는 4명이다. 컨테이너, 반도체, 인공 지능, 로봇 밀도, TV세트판매 산업 등 5개 산업이 세계 10위권이다. 반도체 산업은 세계 1위다. 대만 반도체 제조회사(TSMC)와 연화전자(UMC) 등 계약 칩 제조업체가 있다. **키프로스**의 인구는 918,100명이다. 노벨상 수상자는 1명이다. 관광, 식음료 가공, 경공업 등의 산업, 유연한 기업 경영, 높은 교육 수준이 경제력을 지켜준다.[31] **쿠웨이트**는 석유 산업이 세계 10위권이다. 석유는 쿠웨이트 GDP의 절반, 수출의 95%다. 전 세계 석유 매장량의 7%를 보유하고 있다. **대한민국**의 노벨상 수상자는 1명이다. 자동차, 전기차, 2차전지, 조선(세계 1위), 컨테이너, 전자, 가전제품(1위), 반도체, 건설, 전기, 원자력, 태양열, 제조, 철강, 병상수(1위), 무기 수출, 인공 지능, 빅 데이터, 로봇 밀도(1위), 우주 발사, 휴대전화, 식품, 영화 수익, TV세트판매(1위) 산업 등 24개 산업이 세계 10위권이다. 조선, 가전제품, 병상수, 로봇 빌도, TV세트판매 등 5개 산업이 세계 1위다. **대한민국**은 수십 년만에 고소득 선진국가로 성장한 경제강국이다. 「한강의 기적」으로 묘사된다. 선진 교육을 받은 고급 인력은 첨단 기술 구축과 경제 발전에 큰 역할을 했다.[32] **슬로베니아**의 노벨상 수상자는 1명이다. 인프라가 잘 갖춰져 있다. 공산품, 기계와 운송장비, 화학제품, 식품 등을 수출한다. **체코**의 노벨상 수상자는 6명이다. 휴대전화 산업이 세계 10위권이다. 주요 산업은 하이테크 엔지니어링, 전자와 기계 제작, 철강 생산, 운송 장비, 화학, 첨단 소재와 의약품 등이다.[33] **스페인**의 노벨상 수상자는 8명이다. 자동차, 원자력, 태양광, 무기 수출, 관광객 등 5개 산업이 세계 10위권이다. 스페인어와 문화적으로 가까운 라틴 아메리카, 동유럽, 아시아에서 경제 활동을 확대해 왔다. **에스토니아**는 엔지니어링, 전자, 목재, 섬유, 정보 기술, 통신 산업에 역점을 두고 있다.[34]

37개국 먹거리 산업 분석에서 두가지 특성이 확인된다. 첫째로 1인당 GDP가 높을수록, 노벨상 수상자가 다수이고, 10위권 산업을 많이 보유하고 있다. 미국, 영국, 독일, 프랑스, 일본, 이탈리아 등 6개국은 노벨상 수상자가 10명 이상이고, 10위권 산업이 10개 이상이다.

둘째로 노벨상 수상자가 1명 이상이고, 10위권 산업이 1개 이상인 국가는 37개국의 56.8%인 21개국으로 절반 이상이다. 37개 경제상위국의 절반 이상이 세계적으로 인정받는 연구와 활동을 펼칠 뿐만 아니라, 세계적 경쟁력을 갖춘 세계적 산업을 보유하고 있다고 해석된다.

종교(Religion)

37개국의 종교는 기독교, 이슬람교, 불교 등이다. 종교는 한 국가 전체 인구의 10% 이상인 제1종교, 제2종교, 제3종교를 중심으로 집계했다.표 6.1

기독교가 제1종교인 국가는 산 마리노 97%, 바하마 93.0%, 몰타 88.5%, 안도라 88.2%, 이탈리아 84.4%, 슬로베니아 77.7%, 덴마크 75.8%, 아일랜드 75.6%, 노르웨이 74.9%, 아이슬란드 72.4%, 키프로스 72.3%, 핀란드 68.6%, 오스트리아 64.1%, 벨기에 63.7%, 미국 63%, 스위스 62.6%, 스웨덴 61.4%, 스페인 56%, 캐나다 53.3%, 룩셈부르크 53%, 독일 52.7%, 프랑스 50%, 영국 46.3%, 호주 43.9%, 네덜란드 37.5%, 뉴질랜드 37.3%, **대한민국** 27.6%, 에스토니아 26.7%, 체코 11.7% 등 29개국이다. 37개국의 78.4%다.

이슬람교가 **제1종교**인 국가는 브루나이 80.9%, 아랍에미리트 76%, 쿠웨이트 75%, 카타르 65.5%, 등 4개국이다. 37개국의 10.8%다.

불교가 제1종교인 국가는 대만 35.1%, 싱가포르 31% 등 2개국이다. 37개국의 5.4%다.

유대교가 제1종교인 국가는 이스라엘 73.6% 1개국이다. 37개국의 2.7%다.

신도가 제1종교인 국가는 일본 70.5% 1개국이다. 37개국의 2.7%다. 일본의 종교 인구는 2020년 기준으로 신도 70.5%, 불교 67.2%로 보고됐다. 신도와 불교 종교 인구가 겹치는 것으로 조사됐다. 전통적으로 해석하는 종교의 개념과 일본의 종교 개념은 상이하다는 설명이다. 일본의 종교는 신부츠 슈고(Shinbutsu-shūgō)로 해설한다.[35]

기독교가 제2 종교인 국가는 싱가포르 19%, 쿠웨이트 18% 등이다. 이슬람교가 제2 종교인 국가는 키프로스 25.0%, 이스라엘 18.1% 등이다. 불교가 제2 종교인 국가는 일본 67.2%, **대한민국** 15.5% 등이다. 힌두교가 제2 종교인 국가는 카타르 15.1%다. 도교가 제2 종교인 국가는 대만 33%다.

기독교가 제3 종교인 국가는 카타르 14.2%다. 이슬람교가 제3 종교인 국가는 싱가포르 16%다.

기독교, 이슬람교, 유대교 등 3대 종교의 공동 조상은 **아브라함**이다. 한 나라의 제1 종교가 기독교, 이슬람교, 유대교인 국가는 37개국 가운데 34개국이다. 37개국의 91.9%다. 제2 종교와 제3 종교까지를 포함하면 일본과 대만을 제외한 35개국에 아브라함을 믿는 종교인이 다수 살고 있다고 해석된다. 37개국의 94.6%다.

37개국의 종교 분포는 기독교 29개국(78.4%), 이슬람교 4개국(10.8%), 불교 2개국(5.4%), 유대교 1개국(2.7%), 신도 1개국(2.7%)이다. 아브라함을 믿는 종교인은 35개국(94.6%)에 살고 있다.

37개국의 말·먹거리·종교와의 관계는 두 가지로 정리된다. 첫째는 노벨상 수상자가 1명 이상이고 10위권 산업이 1개 이상인 **21개국**의 특성이다. ① 공용어로 영어·불어·독어를 쓰고, 노벨상 수상자 1명 이상·10위권 산업 1개 이상이며, 기독교가 제1종교인 10개국은 1인당 GDP가 40,000달러 이상이다.

10개국은 아일랜드, 스위스, 미국, 호주, 오스트리아, 벨기에, 캐나다, 독일, 영국, 프랑스다. 1인당 GDP는 프랑스 44,408달러부터 아일랜드 114,581달러까지다. ② 공용어로 자국어만 쓰고, 노벨상 수상자 1명 이상·10위권 산업 1개 이상이며, 기독교가 제1종교인 국가는 8개국이다. 8개국은 노르웨이, 덴마크, 네덜란드, 스웨덴, 이탈리아, **대한민국**, 체코, 스페인이다. ③ 공용어로 자국어만 쓰고, 노벨상 수상자 1명 이상·10위권 산업 1개 이상이며, 유대교·신도·불교가 제1종교인 국가는 3개국이다. 3개국은 유대교의 이스라엘, 신도인 일본, 불교인 대만이다.

둘째는 노벨상 수상자가 1명 이상이거나, 10위권 산업이 1개 이상인 **16개국**의 특성이다. ① 공용어로 2개 국어 이상을 쓰고, 노벨상 수상자가 1명 이상이며, 기독교가 제1종교인 국가는 4개국이다. 4개국은 룩셈부르크, 핀란드, 뉴질랜드, 키프로스다. ② 공용어로 자국어만 사용하고, 노벨상 수상자가 1명 이상이며, 기독교가 제1종교인 국가는 2개국이다. 2개국은 아이슬란드, 슬로베니아다. ③ 공용어로 아랍어를 쓰고, 10위권 산업이 1개 이상이며, 이슬람교가 제1종교인 국가는 3개국이다. 3개국은 카타르, 아랍에미리트, 쿠웨이트다. ④ 공용어로 다국어를 사용하고, 10위권 산업이 1개 이상이며, 다종교인 국가는 1개국 싱가포르다. ⑤ 공용어로 1개 국어를 쓰고, 기독교가 제1종교인 국가는 4개국이다. 4개국은 산 마리노, 안도라, 바하마, 에스토니아다. ⑥ 공용어로 다국어를 사용하고, 기독교가 제1 종교인 국가는 1개국 몰타다. ⑦ 공용어로 1개 국어를 쓰고, 이슬람교가 제1 종교인 국가는 1개국 브루나이다.

기독교가 제1 종교인 29개국 가운데 24개국이 노벨상 수상자를 1명 이상 배출했다. 24개국은 이탈리아, 슬로베니아, 덴마크, 아일랜드, 노르웨이, 아

그림 6.7 1인당 명목 GDP 30,000달러 이상인 37개국

이슬란드, 키프로스, 핀란드, 오스트리아, 벨기에, 미국, 스위스, 스웨덴, 스페인, 캐나다, 룩셈부르크, 독일, 프랑스, 영국, 호주, 네덜란드, 뉴질랜드, **대한민국**,체코다. 이스라엘의 바루크 샬레브(Baruch Shalev)는 1901-2000년의 100년간 노벨상 수상자를 분석했다. 그는 기독교인이거나 기독교 배경을 가지고 있는 수상자가 65.4%라고 추정했다. 분야별로는 물리학상 수상자의 65.3%, 화학상 수상자의 72.5%, 의학/생리상 수상자의 62%, 문학상 수상자의 49.5%, 평화상 수상자의 78.3%, 경제학상 수상자의 54.0%가 기독교인이거나 기독교 배경이라고 분석했다.[36]

　이제까지 분석한 1인당 명목 GDP 30,000달러 이상인 37개국은 세계 일정 지역에 국지적으로 분포되어 있음이 확인된다. 대륙별로 정리하면 (단위: 달러, 원번호는 순위) 유럽은 ① 룩셈부르크 132,372 ③ 아일랜드 101,509 ④ 노르웨이 101,103 ⑤ 스위스 98,767 ⑧ 아이슬란드 75,180 ⑨ 덴마크 68,827 ⑪ 네덜란드 61,098 ⑫ 오스트리아 56,802 ⑭ 스웨덴 55,395 ⑮ 핀

란드 54,351 ⑯ 벨기에 53,377 ⑰ 산 마리노 52,949 ⑲ 독일 51,383 ㉒ 영국 46,371 ㉓ 프랑스 44,408 ㉔ 안도라 44,387 ㉕ 몰타 36,989 ㉖ 이탈리아 36,812 ㉛ 키프로스 33,807 ㉞ 슬로베니아 32,214 ㉟ 체코 공화국 31,368 ㊱ 스페인 31,223 ㊲ 에스토니아 31,209 등 23개국이다. 아시아는 ② 싱가포르 114,246 ㉘ 일본 35,385 ㉙ 브루나이 35,103 ㉚ 대만33,907 ㉝ 대한민국 33,393 등 5개국이다. 중동은 ⑥ 카타르 83,891 ⑬ 이스라엘 55,535 ⑳ 아랍 에미리트 49,451 ㉜ 쿠웨이트 33,646 등 4개국이다. 아메리카는 ⑦ 미국 80,034 ⑱ 캐나다 52,722 ㉗ 바하마 35,458 등 3개국이다. 대양주는 ⑩ 호주 64,964 ㉑ 뉴질랜드 48,826 등 2개국이다. 그림 6.7

  37개국 가운데 공용어로 영어, 불어, 독어를 사용하고, 노벨상 수상자와 10위권 산업이 많으며, 기독교가 제1 종교인 국가는 1인당 GDP가 높다.

6.2 인구 50,000,000명 이상인 국가

표 6.2 인구 50,000,000명 이상 국가 관련지표

번호	국가명	인구수 (연도)	면적 (㎢)	말	1인당 GDP (2023)	노벨 상수 상자	10위 권산 업수	종교 (연도)
01	중국	1,411,750,000 (2022)	9,596,961	표준중국어	13,721	8	28	불교 18.2% (2021)
02	인도	1,392,329,000 (2023)	3,287,263	힌디어 영어	2,601	12	13	힌두교 79.8% 이슬람교 14.2% (2011)
03	미국	335,340,000 (2023)	9,833,520	영어	80,034	406	29	기독교 63% (2021)
04	인도네시아	277,749,853 (2022)	1,904,569	인도네시아어	5,016		3	이슬람교 86.7% 기독교 10.7% (2018)
05	파키스탄	241,499,431 (2023)	881,913	우르두어 영어	1,658 (2022)	4		이슬람교 96.5% (2017)
06	나이지리아	216,783,400 (2022)	923,769	영어	2,280	1		이슬람교 51.1% 기독교 46.9% (2020)
07	브라질	203,062,512 (2022)	8,515,767	포르투갈어	9,673	1	5	기독교 83% (2020)
08	방글라데시	169,828,911 (2022)	148,460	벵골어	2,469	1		이슬람교 91.04% (2022)
09	러시아	146,424,729 (2023)	17,098,246	러시아어	14,403	32	13	기독교 63% (2023)

10	멕시코	129,035,733 (2023)	1,972,550	스페인어	12,673	3	4	기독교 78.3% (2022)
11	일본	124,540,000 (2023)	377,975	일어	35,385	29	24	신도 70.5% 불교 67.2% (2020)
12	필리핀	110,687,000 (2023)	300,000	필리핀어 영어	3,905	1		기독교 84.7% (2020)
13	이집트	105,247,000 (2023)	1,010,408	현대 표준 아랍어	3,644	4		이슬람교 90.64% 기독교 9.26% (2020)
14	에티오피아	105,163,988 (2022)	1,104,300	아파르어, 암하라어, 오로모어, 소말리아어, 티그리냐어	1,475	1		기독교 67.3% 이슬람교 31.3% (2016)
15	베트남	100,000,000 (2023)	331,212	베트남어	4,475	1	2	민속 73.7% 불교 14.9% 기독교 8.5% (2018)
16	콩고 민주공화국	95,370,000 (2019)	2,345,409	불어	695	1		기독교 95.4% (2021)
17	튀르키예	85,279,553 (2022)	783,356	터키어	11,931	3	3	이슬람교 94% (2023)
18	이란	85,238,200 (2023)	1,648,195	페르시아어	4,251	1	2	이슬람교 96.6% (2020)
19	독일	84,432,670 (2023)	357,592	독어	51,383	114	22	기독교 52.7% (2021)
20	태국	68,263,022 (2021)	513,120	태국어	8,181			불교 93.46% (2018)
21	프랑스	68,128,000 (2023)	643,801	불어	44,408	73	16	기독교 50% (2021)
22	영국	67,026,292 (2021)	209,331	영어	46,371	138	10	기독교 46.3% (2021)
23	탄자니아	61,741,120 (2022)	947,303	스와힐리어	1,348	1		기독교 63.1% 이슬람 34.1% (2020)

24	남아프리카	60,604,992 (2022)	1,221,037	아프리카어 영어 등 12개어	6,485	11	2	기독교 78.0% (2016)
25	이탈리아	58,784,790 (2023)	301,230	이탈리아어	36,812	21	11	기독교 84.4% (2021)
26	미얀마	55,770,232 (2022)	676,570	버마어	1,180	1		불교 90.1% 기독교 6.2% (2016)
27	콜롬비아	52,215,503 (2023)	1,141,748	스페인어	6,417	2		기독교 87.0% (2022)
28	케냐	51,526,000 (2023)	580,367	스와힐리어 영어	2,269	1		기독교 85.5% 이슬람교 10.9% (2019)
29	**대한민국**	51,439,038 (2022)	100,363	한국어 한글	33,393	1	24	기독교 27.6% 불교 15.5% (2015)

주: 1. 위키피디아 자료를 기초로 필자가 작성.

　　2. 각 국가의 관련지표는 각 국가별로 확인 고찰했음.

　　2023년 8월 31일 기준으로 UN은 세계 인구를 8,057,107,000명으로 추정했다. 인구 50,000,000명 이상인 국가는 29개국이다.표 6.2

　　인구가 1,000,000,000명 이상인 국가는 중국 1,411,750,000명, 인도 1,392,329,000명 등 2개국이다. 인구 100,000,000명 이상-1,000,000,000명 미만인 국가는 13개국이다. 미국이 335,340,000명으로 세계 3위고, 베트남이 100,000,000명으로 15위다. 인구 50,000,000명 이상-100,000,000명 미만인 국가는 14개국이다. 콩고 민주공화국이 95,370,000명으로 16위고, **대한민국**이 51,439,038명으로 29위다.

　　면적 1,000,000㎢이상인 국가는 13개국이다. 러시아 17,098,246㎢, 미국 9,833,520㎢, 중국 9,596,961㎢, 브라질 8,515,767㎢, 인도 3,287,263㎢, 콩고 민주공화국 2,345,409㎢, 멕시코 1,972,550㎢, 인도네시아 1,904,569㎢,

이란 1,648,195㎢, 남아프리카 1,221,037㎢, 콜럼비아 1,141,748㎢, 에티오피아 1,104,300㎢, 이집트 1,010,408㎢다.

　인구 50,000,000명 이상인 29개국 중 1인당 GDP 30,000달러 이상인 국가는 7개국이다. 7개국은 미국, 독일, 영국, 프랑스, 이탈리아, 일본, **대한민국**이다. 7개국은 [본서 6.3]에서 정리하기로 한다. 여기에서는 인구 50,000,000명 이상인 29개국 중 1인당 GDP 30,000달러 미만인 22개국을 중심으로 분석하기로 한다.

말(Language)

영어를 공용어로 사용하는 국가는 인도, 파키스탄, 필리핀, 나이지리아, 남아프리카, 케냐 등 6개국이다. 스페인어를 공용어로 사용하는 국가는 멕시코, 콜럼비아 등 2개국이다. 불어를 공용어로 쓰는 국가는 콩고 민주공화국 1개국이다. 나머지 나라들 대부분은 자국어를 공용어로 쓴다.

먹거리 산업(Industry)

22개국 가운데 1인당 GDP가 10,000달러 이상-30,000달러 미만인 국가는 4개국이다. 4개국은 러시아 14,403달러, 중국 13,721달러, 멕시코 12,673달러, 튀르키예 11,931달러다. 4개국의 1인당 GDP는 15,000달러 미만이다.

　러시아의 노벨상 수상자는 32명이다. 조선, 건설, 전기, 석유, 천연가스, 석탄, 원자력, 철강, 무기 수출, 유학생, 빅 데이터, 우주 발사, 영화 수익 등 13 개 산업이 세계 10위권이다. 계획 경제에서 혼합 시장 경제로 전환됐다. 천연가스, 석탄, 석유, 오일 셰일 등의 천연자원 매장량이 세계적이다.[37]

중국의 노벨상 수상자는 8명이다. 자동차(1위), 전기차(1위), 2차전지(1위), 조선, 컨테이너, 가전제품, 전기(1위), 석유, 천연가스, 석탄(1위), 원자력, 태양광(1위), 제조(1위), 철강(1위), 의약품, 무기 수출, 유학생, 인공 지능, 빅 데이터, 금융 서비스, 드론, 로봇 밀도, 우주 발사, 휴대전화(1위), 바이오 메디컬, 식품(1위), 영화 수익, TV세트판매 등 28개 산업이 세계 10위권이다. 10개 산업이 세계 1위다. 혼합 사회주의 시장 경제다. 중국은 1세기 이후 2000년 동안 경제 강국 중 하나였다. 선전-홍콩-광저우와 베이징에 과학 클러스터가 조성되어 있다. 「제조 강국」, 「세계의 공장」으로 알려져 있다.[38]

멕시코의 노벨상 수상자는 3명이다. 자동차, 건설, 제조, 관광객 등 4개 산업이 세계 10위권이다. 주요 산업은 식품 가공, 자동차, 전자, 화학, 철강, 석유, 채광, 관광 등이다. **튀르키예**의 노벨상 수상자는 3명이다. 건설, 철강, 관광객 등 3개 산업이 세계 10위권이다. 농산물, 직물, 자동차, 운송 장비, 건축 자재, 가전제품, 가전제품 등의 생산국이다.[39]

22개국 가운데 1인당 GDP 10,000달러 미만인 국가는 18개국이다. 브라질 9,673달러, 남아프리카 6,485달러, 베트남 4,475달러, 이란 4,251달러, 인도 2,601달러, 인도네시아 5,016달러 등이다.

브라질의 노벨상 수상자는 1명이다. 자동차, 전기, 석유, 태양광, 철강 등 5개 산업이 세계 10위권이다. 천연자원이 풍부하다. **남아프리카**의 노벨상 수상자는 11명이다. 석탄, 빅데이터 등 2개 산업이 세계 10위권이다. 금, 다이아몬드, 와인, 철광석, 백금, 비철금속, 전자, 제조 장비, 자동차, 농식품 등을 수출한다.[40] **베트남**의 노벨상 수상자는 1명이다. 휴대전화, 식품 수익 등 2개 산업이 세계 10위권이다. 주 산업은 전자, 기계, 철강, 식품 가공, 목재, 섬유, 쌀, 커피, 해산물, 야채 등이다. 사회주의 지향 혼합 시장 경제다. **이란**의 노벨상 수상자는 1명이다. 석유, 천연가스 등 2개 산업이 세계 10위권이다. 석유, 천연가스 매장량이 세계적이다. 석유, 화학, 석유화학 제품, 자동차, 과일 견과류, 카펫 등을 수출한다.[41] **인도**의 노벨상 수상자는 12명이다. 자동차, 전기, 석탄, 태양광, 제조, 철강, 의약품, 인공 지능, 빅 데이터, 우주 발사, 휴대전화, 식품, 영화 수익 등 13개 산업이 세계 10위권이다. 혼합 계획 경제에서 혼합 사회적 시장 경제로 전환됐다. **인도네시아**의 식품 수익, 석탄, 제조 등 3개 산업이 세계 10위권이다. 팜유, 철강, 금속, 화학 제품, 액화 천연 가스, 섬유, 신발, 자동차, 목재, 플라스틱 등을 수출한다. 신흥 시장 경제다.[42]

22개국 가운데 노벨상 수상자가 1명 이상이고, 10위권 산업이 1개 이상인 국가는 9개국이다. 9개국은 중국, 인도, 브라질, 러시아, 멕시코, 베트남, 튀르키예, 이란, 남아프리카 등이다. 노벨상 수상자가 1명 이상인 국가는 11국이다. 11개국은 파키스탄, 나이지리아, 방글라데시, 필리핀, 이집트, 에티오피아, 콩고 민주공화국, 탄자니아, 미얀마, 콜롬비아, 케냐 등이다. 10위권 산업이 1개 이상인 국가는 인도네시아 1개국이다.

종교(Religion)

22개국 중 **기독교**가 제1종교인 국가는 10개국이다. 콩고 민주공화국 95.4%, 콜럼비아 87.0%, 케냐 85.5%, 필리핀 84.7%, 브라질 83%, 멕시코 78.3%, 남아프리카 78.0%, 에티오피아 67.3%, 탄자니아 63.1%, 러시아 63% 등이다. 22개국의 45.5%다.

이슬람교가 제1종교인 국가는 7개국이다. 이란 96.6%, 파키스탄 96.5%, 튀르키예 94%, 방글라데시 91.04%, 이집트 90.64%, 인도네시아 86.7%, 나이지리아 51.1%다. 22개국의 31.8%다.

불교가 제1종교인 국가는 3개국이다. 태국 93.46%, 미얀마 90.1%, 중국 18.2%다. 22개국의 13.6%다. 힌두교가 제1종교인 국가는 인도 79.8% 1개국이다. 민속이 제1종교인 국가는 베트남 73.7% 1개국이다.

22개국의 종교 분포는 기독교 10개국(45.5%), 이슬람교 7개국(31.8%%), 불교 3개국(13.6%), 힌두교 1개국(4.5%), 민속 1개국(4.5%)이다. 기독교와 이슬람교 등 아브라함을 믿는 종교인은 17개국(77.3%)에 살고 있다.

1인당 GDP가 30,000달러 미만이고, 인구 50,000,000명 이상인 22개국의 말·먹거리·종교와의 관계는 다음과 같다. ① 22개국 대부분은 공용어로 자국어를 사용한다. 인도, 남아프리카 2개국은 영어를 공용어로 함께 쓴다. ② 노벨상 수상자가 1명 이상이고, 10위권 산업이 1개 이상인 국가는 9개국이다. 제1 종교가 기독교인 국가는 러시아, 멕시코, 브라질, 남아프리카 등 4개국이다. 제1 종교가 이슬람교인 국가는 튀르키예, 이란 등 2개국이다. 제1 종교가 불교인 국가는 중국 1개국이다. 제1 종교가 힌두교인 국가는 인도 1개국이다. 제1 종교가 민속인 국가는 베트남 1개국이다. ③ 노벨상 수상자가

1명 이상인 국가는 11개국이다. 기독교가 제1 종교인 국가는 필리핀, 에티오피아, 콩고 민주공화국, 탄자니아, 콜롬비아, 케냐 등 6개국이다. 이슬람교가 제1 종교인 국가는 파키스탄, 나이지리아, 방글라데시, 이집트 등 4개국이다. 불교가 제1 종교인 국가는 미얀마 1개국이다. ④ 10위권 산업이 1개 이상인 국가는 인도네시아 1개국이다. 인도네시아의 제1 종교는 이슬람교다.

6.3 인구 50,000,000명 이상/1인당 명목 GDP 30,000달러 이상인 국가

인구 50,000,000명 이상인 29개국 중 1인당 GDP 30,000달러 이상인 국가는 7개국이다. 7개국은 미국, 독일, 영국, 프랑스, 이탈리아, 일본, **대한민국**이다. 7개국의 1인당 GDP는 미국 80,034 달러, 독일 51,383달러, 영국 46,371달러, 프랑스 44,408달러다. 이탈리아 36,812달러, 일본 35,385달러, **대한민국** 33,393달러다.표 6.3

　7개국 가운데 영국·미국은 영어를, 독일은 독어를, 프랑스는 불어를, 이탈리아는 이탈리아어를, 일본은 일어를, **대한민국**은 한국어 한글 등 자국어를 공용어로 사용한다. 미국, 영국, 독일, 프랑스, 일본, 이탈리아 등 6개국의 노벨상 수상자는 각각 20명 이상이다. 미국, 독일, 영국, 프랑스, 이탈리아, 일본, **대한민국** 등 7개국의 세계 10위권 산업은 10개 이상이다. 미국, 독일, 영국, 프랑스, 이탈리아, **대한민국** 등 6개국의 제1 종교는 기독교다. 일본의 제1 종교는 신도다.

표 6.3 인구 50,000,000명/1인당 명목 GDP 30,000달러 이상인 국가 관련 지표

번호	국가명	인구수	면적 (km²)	말	1인당 GDP (2023)	노벨상수상자	10위권산업수	종교 (연도)
01	미국	335,340,000 (2023)	9,833,520	영어	80,034	406	29	기독교 63% (2021)
02	독일	84,432,670 (2023)	357,592	독어	51,383	114	22	기독교 52.7% (2021)
03	영국	67,026,292 (2021)	209,331	영어	46,371	138	10	기독교 46.3% (2021)
04	프랑스	68,128,000 (2023)	643,801	불어	44,408	73	16	기독교 50% (2021)
05	이탈리아	58,784,790 (2023)	301,230	이탈리아어	36,812	21	11	기독교 84.4% (2020)
06	일본	124,540,000 (2023)	377,975	일어	35,385	29	24	신도 70.5% 불교 67.2% (2020)
07	**대한민국**	51,439,038 (2022)	100,363	한글	33,393	1	24	기독교 27.6% 불교 15.5% (2015)

주: 1. 위키피디아 자료를 기초로 필자가 작성

2. 각 국가의 관련지표는 각 국가별로 확인 고찰했음.

2019년에 1인당 국민총소득(GNI) 30,000달러 이상/인구 500,000,000명
이상인 국가 미국, 독일, 영국, 프랑스, 이탈리아, 일본, **대한민국**을 「30-50
클럽」으로 제시한 바 있다.[43]

경제상위국의 말, 먹거리 산업, 종교와의 관계는 밀접했다. 1인당 GDP 30,000달러 이상인 **37개 경제상위국**에서 가장 많이 사용하는 **공용어**는 **영어**다. 다음으로 **불어**와 **독어**가 많이 사용됐다. **노벨상 수상자**가 1명 이상이고, **세계 10위권 산업**이 1개 이상인 국가는 37개국 중 21개국으로 56.8%다. 1인당 GDP가 높을수록, 노벨상 수상자가 다수이고, 10위권 산업을 많이 보유하고 있다. 경제상위국의 **종교**는 **기독교** 29개국(78.4%), **이슬람교** 4개국(10.8%), **불교** 2개국(5.4%)이다. 유대교와 신도가 각 1개국이다. 아브라함을 믿는 종교인은 35개국(94.6%)에 살고 있다.

인구 50,000,000명 이상이고, 1인당 GDP 30,000달러 미만인 **22개국** 대부분은 공용어로 자국어를 사용한다. 노벨상 수상자가 1명 이상이고, 세계 10위권 산업이 1개 이상인 국가는 9개국이다. 기독교가 제1종교인 국가는 10개국, 이슬람교가 제1종교인 국가는 7개국이다. 불교가 제1종교인 국가는 3개국이다. 힌두교, 민속이 제1종교인 국가는 각 1개국이다.

인구 50,000,000명 이상이고, 1인당 GDP 30,000달러 이상인 **7개국**은 미국, 독일, 영국, 프랑스, 이탈리아, 일본, **대한민국** 등이다. 영국·미국은 영어를, 독일은 독어를, 프랑스는 불어를, 이탈리아는 이탈리아어를, 일본은 일어를, **대한민국**은 한국어인 한글 등 자국어를 공용어로 사용한다. 미국, 영국, 독일, 프랑스, 일본, 이탈리아 등 6개국의 노벨상 수상자는 각각 20명 이상이다. 7개국의 세계 10위권 산업 품목은 10개 이상이다. 7개국은 말과 먹거리 산업 면에서 세계적 영향력을 갖는 경제 최상위국이다. 미국, 독일, 영국, 프랑스, 이탈리아, **대한민국** 등 6개국의 제1종교는 기독교다.

VII

총체적
생활상

세계도시를 바로 알 수 있는 연구방법론은 무엇일까? 시종일관 매달렸던 문제의식이다. 본 연구에서는 각 국가와 도시의 **지리**, **역사**, **경제**, **문화**의 주제와 **말**, **먹거리 산업**, **종교** 패러다임으로 구성된 논리를 **총체적 생활상**(Total Lifestyle Paradigm, TLP)으로 규정했다. 세계도시를 바로 알 수 있는 방법론을 모색하기 위해 **총체적 생활상**을 이론적, 경험적, 실증적으로 고찰했다.

각 문헌을 연구하는 **이론적** 논의는 전통지리학, 현대지리학, 여러 분야에서의 말·먹거리·종교에 관한 논의에 초점을 맞추었다. 2,000년 전부터 지리학자들은 지리, 역사, 경제, 문화 주제에 기반을 두고 국토와 도시를 연구해 왔다. 지리, 역사, 경제, 문화 주제는 말, 먹거리 산업, 종교 패러다임과 깊은 관련을 맺고 논의되어 왔다. 16세기 종교개혁과 18세기 산업혁명 이후 신학, 경제학, 역사학, 정치학, 환경론, 성경, 사회학 등의 연구자들이 문명 논의 과정에서 말, 먹거리 산업, 종교의 패러다임을 보다 심도 있게 논의해 왔음이 확인된다. 성경 시편 33장 8절에서 17절까지에는 도시문명의 흥망성쇠가 기록되어 있다. 이론적 연구 결과 각 국가와 도시의 지리, 역사는 말로, 경제는 먹거리 산업으로, 문화는 종교로 포괄 수렴되고 있음이 확인됐다. 그리고 각 나라와 도시의 **총체적 생활상**에 말, 먹거리, 종교의 패러다임이 깊숙이 배어 있음이 발견됐다.

현지 답사를 통한 **경험적·실증적** 지식은 1970년부터 체득했다. 전국의 시·군·구와 수도권의 시·구·읍·면·동을 답사했다. 1986년 수도권의 교외화연구로 박사학위를 취득했다. **대한민국**에 관한 이론적·경험적·실증적 연구 결과는 『교외지역』(2001), 『수도권 공간연구』(2002), 『그린벨트』(2013, 2024)로 출간됐다. 1987-2021년까지 34년간 해외 60여 개 국가 수백개 도시를 답사했다. 해외 답사의 결과는 2021-2024년 기간에 『세계도시 바로 알기』로 정리

출판됐다.『세계도시 바로 알기』에서는 서부유럽·중부유럽, 북부유럽, 남부유럽, 동부유럽, 중동, 아메리카, 대양주·남아시아, 동아시아·동남아시아의 62개국 240개 도시를 다루었다. **총체적 생활상**의 관점에서 각 국가와 도시의 지리, 역사, 경제, 문화의 주제와 말, 먹거리 산업, 종교의 패러다임을 중점적으로 고찰했다.

전 세계에 대한 **실증적** 논의는 도시문명, 말, 먹거리 산업, 종교의 패러다임에 집중했다. 경제상위국의 말, 먹거리 산업, 종교의 내용을 고찰했다.

도시문명(Urban Civilization)의 주요 구성 요소는 인간, 도시, 국가, 세계다. 사람들이 모여 살면 마을이 된다. 마을이 커지면 취락으로 변한다. 취락이 확대되면 도시로 발전한다. 도시가 많아지면 국가를 구성한다. 국가들이 모여 세계가 된다. 마을-취락-도시-국가-세계는 시간의 흐름과 함께 변천하는 역사적 과정을 거친다. 지리와 역사의 주제는 함께 움직인다.

도시로 구성된 사회를 문명으로 규정한다. 문명은 도시와 함께 이뤄지기에, 문명은 도시 문명으로 이해할 수 있다. 문명화가 진행되면 의사 소통 체계인 말을 만든다. 유목에서 정착 농경으로, 농경에서 산업으로 먹거리 혁신이 이뤄진다. 기념비적인 구조물을 세워 문화와 종교를 꽃피운다. 복잡한 문명 사회로의 전환은 점진적이다. 경제가 이뤄지고 문화가 조성된다. 말, 먹거리 산업, 종교의 패러다임은 도시문명을 파악할 수 있는 관건이다.

도시문명은 네 단계에서 **총체적 생활상**의 특성을 보였다. 첫째는 **비옥한 초승달 지대**의 도시문명이다. 언어는 셈어를 썼다. 산업은 농업이었다. 종교는 다신교였다. 셈족의 아브라함과 후손들은 유일신 여호와를 믿었다. 둘째는 **로마 제국 시대**의 도시문명이다. BC 27년에 시작해 1453년까지 존속했다. 로마 제국은 유럽 대부분을 제국 영토로 점유해 관할했다. 지배적인 언어는 라틴어와 그리스어였다. 먹거리 산업은 농업과 무역이었다. 313년 이후 로마 제국 전역에 기독교가 전파됐다. 셋째는 **대항해 시대**의 도시문명이다. 1415년 이후 500여 년간 유럽은 해외영토를 개척했다. 포르투갈, 스페인, 프랑스, 네덜란드, 영국 등은 아메리카, 대양주, 아프리카, 아시아, 남극 대륙에 영토를 확보했다. 해외 영토에 포르투갈어, 스페인어, 프랑스어, 영어를 심었다. 해외 영토에서 자원과 인력을 얻었고, 제품을 해외 영토에서 소비해 경제적 도움을 받았다. 해외 영토에 가톨릭, 개신교, 성공회 등 기독교를 전파했다. 넷째는 **산업혁명 시대**의 도시문명이다. 1760년 이후 기계, 기술, 디지털, 인공 지능으로 대표되는 네 차례의 산업 혁명이 진행됐다. 시대의 흐름에 맞춰 산업 혁명을 일으킨 국가는 경제적 풍요로움을 갖게 되었다. 경제적으로 풍요롭고 인구 규모가 큰 미국, 독일, 영국, 프랑스, 이탈리아, 일본, **대한민국** 등은 해외 지향의 자유 무역 국가였다. 각 국가와 도시의 지리, 역사, 경제, 문화의 주제와 말, 먹거리 산업, 종교의 패러다임을 파악하면 도시문명을 알 수 있음이 확인됐다.

도시문명이 일어난 이후 셈어, 라틴어, 영어가 주요한 말(Language)로 사용됐다. **셈어**는 메소포타미아, 레반트, 비옥한 초승달 지역, 북부 아라비아 등지에서 사용됐던 세계어다. 이들 지역의 공용어는 아람어였다. 아람어는 공적 행정 분야, 예배, 종교 언어로 사용됐다. 라틴어는 로마 제국과 제국의 관할 영토의 공식 언어였다. **라틴어**는 서양에서 링구아 프랑카 세계어로 발전했다. 라틴어는 지역적으로 스페인어, 포르투갈어, 프랑스어, 이탈리아어, 카탈루니아어, 오크어, 루마니아어 등의 로망스어로 변천했다. **영어**는 오늘날 세계에서 가장 많이 사용되는 세계어다. 58개 국가의 공식어 중 하나다. 세계에서 가장 널리 학습되는 제2언어다. 영어는 영국, 아일랜드, 미국, 캐나다, 호주, 뉴질랜드의 모국어다. 카리브해 일부 지역, 아프리카, 남아시아, 동남아시아, 오세아니아, 유엔, 유럽 연합, 여러 국제 및 지역 조직의 공동 공식 언어다. 각 나라 말의 특성은 각 나라 이름과 국기(国旗)에 반영되기도 한다.

먹거리 산업(Industry)은 1760년 이후 산업 혁명에 동참한 국가와 도시에서 다양하고 풍요로운 양상을 보였다. 먹거리 산업 품목이 많은 상위권 국가는 국민총생산(GDP)이 높다. 먹거리 산업 세계 10위권 이상 품목이 4개 이상인 국가는 16개국이다. 먹거리 산업에서는 네 가지 특성이 확인된다. ① 미국, 일본, **대한민국**, 독일, 프랑스, 영국, 이탈리아, 캐나다, 스페인, 호주, 대만, 스위스, 싱가포르, 네덜란드 등 **해양 지향적**인 국가에는 **10위권 산업** 품목이 많다. 자유 경쟁적 특성이 강하다. **1인당 GDP**가 30,000달러 이상이다. ② 중국, 러시아 등 내륙 지향적인 국가에는 권위 통제적 특성이 있다. 10위권 산업 품목이 많으나, 1인당 GDP가 15,000달러 이하다. 대체로 내륙 지향적인 국가의 1인당 GDP가 높지 않다. ③ **산업** 혁명의 흐름을 적시에 맞춰 유연하게 **혁신**한 국가는 다양한 먹거리 산업 품목으로 세계 시장의 상위권 국가가 됐다. ④ 10위권 산업 품목이 4개 이상인 중국, 일본, 스위스, 인도, 러시아, 대만, **대한민국**, 독일, 미국, 프랑스, 이탈리아 등 11개국은 외환 보유고가 많다. **대한민국**은 **세계 3위**의 **산업강국**이다.

전 세계에는 10,000여 개의 개별 종교가 있다. 그러나 세계인 다수가 선택한 **종교**(Religion)는 한정적이다. 2023년 기준으로 세계의 종교 가운데 종교 인구 비율이 높은 종교는 기독교, 이슬람교, 힌두교, 불교 순이다. 종교 비율이 50% 이상인 국가와 영토는 **기독교**가 118개, **무슬림**이 53개, **힌두교**가 3개, **불교**가 7개다. 기독교, 이슬람교, 유대교의 공통 조상은 아브라함이다. **아브라**

함을 조상으로 믿는 **종교** 비율은 56% 이상이다.

　경제상위국의 말, 먹거리 산업, 종교와의 관계는 밀접했다. 1인당 GDP 30,000달러 이상인 37개 경제상위국에서 가장 많이 사용하는 공용어는 **영어**다. 다음으로 **불어**와 **독어**다. **노벨상** 수상자가 1명 이상이고, **세계 10위권 산업**이 1개 이상인 국가는 37개국 중 21개국으로 56.8%다. **1인당 GDP**가 높을수록, 노벨상 수상자가 다수이고, 10위권 산업을 많이 보유하고 있다. 경제상위국의 **종교**는 기독교 29개국(78.4%), 이슬람교 4개국(10.8%), 불교 2개국(5.4%)이다. 유대교와 신도가 각 1개국이다. 아브라함을 믿는 종교인은 35개국(94.6%)에 살고 있다.

　이론적, 경험적, 실증적으로 고찰했을 때 **총체적 생활상**은 귀납적으로 다음과 같이 정리될 수 있다.

- **도시를 알면 세계가 보인다.**

　인간, 도시, 국가, 세계는 상호 관련성을 맺으며 삶의 터전에서 **총체적 생활상**을 극명하게 드러내는 요체다. 도시의 **총체적 생활상**을 알게 되면 자연스럽게 세계의 전체 그림을 파악할 수 있다.

- **말, 먹거리 산업, 종교가 관건이다.**

　각 국가와 도시에서 쓰는 말, 먹고 사는 산업, 믿는 종교를 알면 그 도시와 국가의 정체성을 파악할 수 있다. **말**은 지리, 역사, 문화 모두를 포괄한다. **먹거리 산업**은 선별적이다. 1760년 이후 산업혁명으로 혁신한 국가는 기계, 기술, 디지털, 인공지능 산업을 중심으로 한 부유한 국가들이다. 오늘날의 **종교**는 기독교, 이슬람교, 힌두교, 불교가 주종을 이루는 가운데 여러 종교가 합류하여 세계의 종교를 구성하고 있다. 예를 들어, 영어를 쓰고, 기계·기술·디지털·인공지능 산업으로 먹고 살며, 기독교를 믿는다면 그 국가와 도시는 부유한 국가이고 도시라고 할 수 있다.

- **인간은 땅과 함께 먹고 살 때 정체성을 나타낸다.**

  인간이 모든 생명체와 다른 것은 말(Language)을 할 수 있다는 것이다. 말은 땅(地理)에서 사는(歷史) 사람들의 정체성(文化)을 포괄 내포한다. 예를 들어, 「한국어」라는 말은 **대한민국**의 땅을, 그 땅에서 펼쳐진 한국의 역사를, 그 땅에 사는 한국인이라는 정체성을 떠올리게 한다. 각 도시와 국가의 먹는(經濟) 문제는 먹거리 산업(Industry)에서 드러난다. 정체성은 대부분 종교(Religion)와 관련을 맺는다. 따라서 각 도시와 국가의 지리, 역사, 문화는 말로, 경제는 먹거리 산업으로, 문화는 종교로 **총체적 생활상**을 가늠할 수 있다.

결론적으로 본 연구에서 제시한 **총체적 생활상**은 세계도시를 바로 알 수 있는 유용한 연구방법론이 될 수 있다는 사실이 확인됐다.

답사지역지도

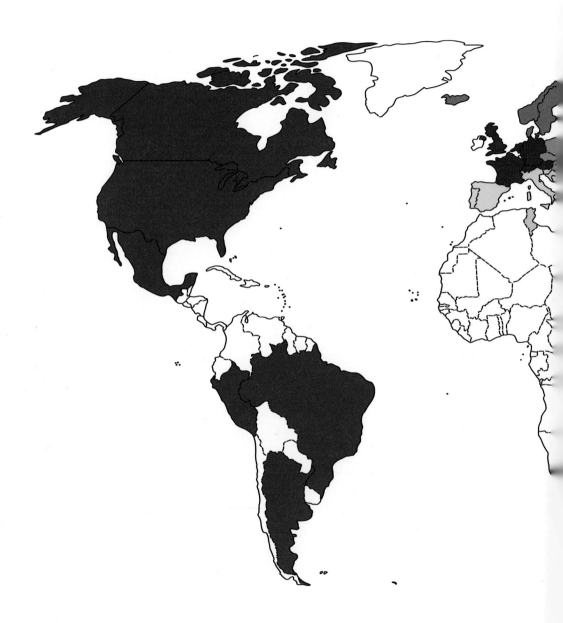

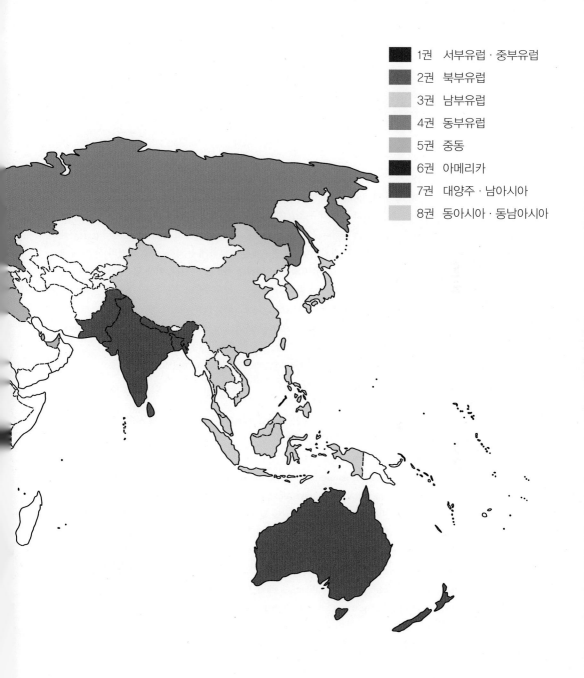

미주

I. 이론적·경험적 논의

1 Kuhn, T., 1962, *The Structure of Scientific Revolutions*, Chicago Univ. Press.
토머스 쿤 저, 조형 역, 1980, 과학혁명의 구조, 이화여자대학교출판부.
과학자 토머스 쿤은 『과학 혁명의 구조』(1962)에서 패러다임 개념을 제시했다. 그는 '과학 혁명은 생성된 후, 유지 발전하거나, 소멸하는 원칙을 가지고 있다'고 했다. 쿤은 이러한 원칙을 「패러다임 Paradigm」이라고 정의했다. 본 연구에서 중요하게 논의하는 말, 먹거리 산업, 종교는 시대의 흐름 속에서 생성되고, 유지되며, 소멸하는 특성을 지닌다. 이에 말, 먹거리 산업, 종교를 패러다임 개념으로 이해하기로 한다.

2 Dickinson,R.E., 1969, *The Makers of Modern Geography*, Praeger.
James,P.E., 1972, *All Possible Worlds: A History of Geographical Ideas*, Indianapolis, Odyssey.
권용우, 1980, 근대지리학의 형성과정, 한울; 권용우, 안영진, 2001, 지리학사, 한울.

3 https://en.wikipedia.org/wiki/Alexander_von_Humboldt/Kosmos_(Humboldt)
Dickinson,R.E., 1969, *Ibid.*; James,P.E., 1972, *Ibid*.
권용우, 1980, 전게서; 권용우, 안영진, 2001, 전게서

4 훔볼트는 내세를 믿었다. 기독교가 국가 종교로 채택되는 곳마다 인류의 사회적 자유와 인간의 자연과의 교제가 확장되었다고 진단했다.

5 https://en.wikipedia.org/wiki/Chimborazo
https://blogs.getty.edu/iris/nature-politics-and-the-story-of-mt-chimborazo/

6 https://www.britannica.com/biography/Alexander-von-Humboldt/Professional-life-in-Paris

7 훔볼트가 물려받은 재산은 답사와 30여 권에 달하는 출판 연구 비용으로 사용되었다.

8 훔볼트는 그림을 잘 그려 특정 장소와 자연 환경을 시각적으로 기록 묘사했다.

9 독일 지질학자 베르너(1749-1817)는 '지구에 관한 지식(knowledge of the Earth)'이란 뜻의 geognosy란 말을 사용했다. geognosy는 '지리학'으로 번역된다. 훔볼트는 베르너에게 배웠다.
https://en.wikipedia.org/wiki/Abraham_Gottlob_Werner/?title=Geognosy&redirect=no

10 https://en.wikipedia.org/wiki/Carl_Ritter/Johann_Heinrich_Pestalozzi
페스탈로치(1746-1827)는 「머리, 손, 마음으로 배우는 교육」을 주창했다. 스위스 각 지역에 교육 기관을 세웠다. 그의 노력으로 스위스는 1830년에 거의 문맹에서 벗어났다.

11 https://en.wikipedia.org/wiki/Johann_Gottfried_Herder

12 그리스어 teleos는 '목적, 의도(purpose)'를 뜻한다. 목적론(目的論)은 모든 사물이나 현상은 일
    정한 목적을 실현시키기 위해 존재하거나 나타난다는 세계관이다. 예를 들어, 신이 수립한 세
    계의 질서를 나타내기 위해 모든 것이 존재한다는 것이다.

    (출처: https://en.wikipedia.org/wiki/Teleology)

13 자연신학(Natural theology)은 인간의 자유의지나 경험에 의해 하나님의 존재를 논증하는 신학
    분야다. 자연신학은 성경에 근거한 계시신학, 종교적 경험신학, 칸트의 이성적 초자연신학과
    구별된다. 마르틴 루터는 자연신학을 반대했다.

    (출처: https://en.wikipedia.org/wiki/Natural_theology)

14 https://en.wikipedia.org/wiki/Paul_Vidal_de_La_Blache
    https://academic-accelerator.com/encyclopedia/paul-vidal-de-la-blache
    https://old.amu.ac.in/emp/studym/100004169.pdf
    https://www.siue.edu/mercier.htm
    Dickinson,R.E., 1969, *Ibid.*: James,P.E., 1972, *Ibid.*
    권용우, 1980, 전게서; 권용우, 안영진, 2001, 전게서.

15 https://en.wikipedia.org/wiki/Lucien_Febvre/Annales_school

16 https://fr.wikipedia.org/wiki/Genre_de_vie/G%C3%A9nero_de_vida/Mode_de_vie

17 https://fr.wikipedia.org/wiki/Tableau_de_la_g%C3%A9ographie_de_la_France

18 https://www.britannica.com/topic/Geographie-Universelle
    https://es.m.wikipedia.org/wiki/Archivo:The_universal_geography_–_the_earth_and_its_inh
        abitants_%281876%29_%2814742314986%29.jpg

19 Gottmann, J., 1961, *Megalopolis: The Urbanized Northeastern Seaboard of the United* States,
        Twentieth Century Fund, New York; Gottmann, J., 1987, "Megalopolis revisited: 25 years
        later," *Monography 6,* University of Maryland Institute for Urban Studies, College Park, M.D.;
        Gottmann, J. and Harper, R.A., 1990, *Since Megalopolis,* Johns Hopkins University Press,
        Baltimore.
    권용우, 1993, "고트만의 메갈로폴리스," 한국지리연구회, 현대지리학의 이론가들, 민음사.

20 https://en.wikipedia.org/wiki/Philippe_Pinchemel
    Pinchemel, P. et al, 1987, France: A Geographical, Social, and Economic Survey, Cambridge
        Univ. Press, 660p.

21 https://en.wikipedia.org/wiki/Friedrich_Ratzel/Humangeographie
    https://old.amu.ac.in/emp/studym/100004166.pdf
    https://lotusarise.com/organic-state-theory-friedrich-ratzel-upsc/

Dickinson,R.E., 1969, *Ibid*.: James,P.E., 1972, *Ibid*.

권용우, 1980, 전게서; 권용우, 안영진, 2001, 전게서.

22 https://www.amazon.com/Sketches-Urban-Cultural-North-America/dp/0813513286

23 https://www.britannica.com/topic/Anthropogeographie

24 https://en.wikipedia.org/wiki/Lebensraum/Political_geography/Politische_Geographie

https://www.britannica.com/topic/Lebensraum

1860년 독일 지리학자 페셸은 다윈의『종의 기원』(1859)를 리뷰하면서 레벤스라움(Lebensraum) 용어를 사용했다. 라첼이 살던 당시의 독일은 급속한 인구 증가로 사회 경제적 압박이 심했다. 제1차 세계대전 중 동맹국의 해군 봉쇄로 식량이 부족했다. 아프리카의 독일 해외 영토에서 들여 오는 지원도 크지 않았다.

25 https://de.wikipedia.org/wiki/Ferdinand_von_Richthofen

https://www.hu-berlin.de/de/ueberblick/geschichte/rektoren/richthofen

https://www.deutschlandfunkkultur.de/marcus-hernig-ferdinand-von-richthofen-der-erfinder-der-seidenstrasse-100.html

Dickinson,R.E., 1969, *Ibid*.: James,P.E., 1972, *Ibid*.

권용우, 1980, 전게서; 권용우, 안영진, 2001, 전게서.

26 https://en.wikipedia.org/wiki/Silk_Road

http://scihi.org/ferdinand-freiherr-von-richthofen-silk-road/

27 https://en.wikipedia.org/wiki/Alfred_Hettner

Hettner, A., 1927, *Die Geographie, ihre Geschichte, ihre Wesen, und ihre Methoden.*

알프레드 헤트너 저, 안영진 역, 2013, 지리학: 역사·본질·방법, 아카넷.

Dickinson,R.E., 1969, *Ibid*.: James,P.E., 1972, *Ibid*.

권용우, 1980, 전게서; 권용우, 안영진, 2001, 전게서.

28 https://en.wikipedia.org/wiki/Otto_Schl%C3%BCter

Dickinson,R.E., 1969, *Ibid*.: James,P.E., 1972, *Ibid*.

권용우, 1980, 전게서; 권용우, 안영진, 2001, 전게서.

29 https://en.wikipedia.org/wiki/Carl_O._Sauer

Sauer, C., 1925, *The Morphology of Landscape,* Geography Publication of California Univ. Press, No. 2.

Dickinson,R.E., 1969, *Ibid*.: James,P.E., 1972, *Ibid*.

권용우, 1980, 전게서; 권용우, 안영진, 2001, 전게서.

30 https://en.wikipedia.org/wiki/Walter_Christaller

Christaller, W., 1933. *Die zentralen Orte in Süddeutschland.* Gustav Fischer, Jena.

발터 크리스탈러 저, 안영진, 박영한 역, 2008, 중심지 이론 : 남부독일의 중심지, 나남.

Dickinson,R.E., 1969, *Ibid*.: James,P.E., 1972, *Ibid*.

권용우, 1980, 전게서; 권용우, 안영진, 2001, 전게서.

31 https://en.wikipedia.org/wiki/Halford_Mackinder

Mackinder, H.J. 1904, "The geographical pivot of history". *The Geographical Journal*, 23.

Dickinson,R.E., 1969, *Ibid*.: James,P.E., 1972, *Ibid*.

권용우, 1980, 전게서; 권용우, 안영진, 2001, 전게서.

32 https://en.wikipedia.org/wiki/Dudley_Stamp

Dickinson,R.E., 1969, *Ibid*.: James,P.E., 1972, *Ibid*.

권용우, 1980, 전게서; 권용우, 안영진, 2001, 전게서.

33 https://de.wikipedia.org/wiki/Leo_Waibel

Dickinson,R.E., 1969, *Ibid*.: James,P.E., 1972, *Ibid*.

권용우, 1980, 전게서; 권용우, 안영진, 2001, 전게서.

34 https://en.wikipedia.org/wiki/Hans_Bobek

Dickinson,R.E., 1969, *Ibid*.: James,P.E., 1972, *Ibid*.

권용우, 1980, 전게서; 권용우, 안영진, 2001, 전게서.

35 https://en.wikipedia.org/wiki/Harm_de_Blij

Blij, H.d., 1974, *Essentials of Geography: Regions and Concepts*, John Wiley & Sons.

Blij, H.d., 2005, *Why Geography Matters*, Oxford Univ. Press.

36 https://en.wikipedia.org/wiki/Jared_Diamond/Guns,_Germs,_and_Steel/New_Guinea

https://ko.wikipedia.org/wiki/재러드_다이아몬드/총,균,쇠

https://namu.wiki/재러드 다이아몬드/총,균,쇠

재레드 다이아몬드 저, 강주헌 역, 2023, 총 균 쇠, 김영사.

37 Dickinson, R. E., 1976, *Regional Concept*, Routledge & Kegan Paul.

James, P.E. and Martin, G.J., 1981, *All Possible Worlds*, 2nd ed., Wiley.

Johnston, R. J. J., 1991, *Geography and Geographers,* 4th ed., Edward Arnold.

Johnston, R. J. J., 1993, *Philosophy and Human Geography* 2nd ed., Edward Arnold.

김 인, 1983, "지리학에서의 패러다임 이해와 쟁점," 지리학논총 14, 서울대 지리학과, 15-25.

권용우, 1987, "현대 인문지리학의 사조," 지리학논총 14, 서울대 지리학과, 331-344.

38 한국지리연구회, 1993, 현대지리학의 이론가들, 서울, 민음사. 본서에서는 자역연구 방법론 연
구자로 라우텐자흐, 보벡, 사우어, 하트숀, 고트만, 후지오까, 부쩌를, 실증주의 지리학 연구자
로 베리, 굴드, 해거스트란드, 치솜, 보처트, 모리가와를, 인간주의 지리학 연구자로 투안, 겔키
를, 정치경제학적 지리학 연구자로 하비, 매시, 테일러를 집중적으로 분석 연구했다.

39 https://en.wikipedia.org/wiki/Richard_Hartshorne/Fred_K._Schaefer

Hartshorne, R., 1939, *The Nature of Geography*, AAG.

하트숀 저, 한국지리연구회 역, 1998, 지리학의 본질, 민음사.

Schaefer, F.K., 1953, "Exceptionalism in Geography: A Methodological Examination," *Annals of The AAG* 43, 226-249.

40 https://de.wikipedia.org/wiki/Torsten_H%C3%A4gerstrand

41 https://en.wikipedia.org/wiki/Yi-Fu_Tuan

Tuan, Y., 1990, *Topophilia: A Study of Environmental Percepton, Attitudes, and Values*, Columbia Univ. Press.

42 https://en.wikipedia.org/wiki/David_Harvey

Harvey, D. 1973, *Social Justice and the City,* Johshopkins Univ. Press,

데이비드 하비 저, 최병두 역, 1983, 사회정의와 도시, 종로서적.

43 https://en.wikipedia.org/wiki/John_Calvin

https://www.fhs.swiss/eng/origins.html

44 https://en.wikipedia.org/wiki/Institutes_of_the_Christian_Religion

Calvin, Jean, 1559, *Institutio Christianae Religionis,* Genevae; Calvin, J., 1559, *Institutes of the Christian Religion*. trans. by Norton, T. London, Reinolde Vvolf & Richarde Harisson.

존 칼빈 저, 김종흡·신복윤·이종성 역, 1988, 기독교 강요, 생명의 말씀사; 존 칼빈 저, 김대웅 역, 2022, 기독교 강요, 복있는 사람.

45 http://www.scielo.org.za/scielo.php?script=sci_arttext&pid=S2413-94672019000300029

https://en.wikipedia.org/wiki/Vocation/Religious_calling/Five_solae

46 http://press.uos.ac.kr/news/articleView.html?idxno=2615

https://en.wikipedia.org/wiki/Economics_of_religion/Adam_Smith/Invisible_hand

https://en.wikipedia.org/wiki/Alfred_Marshall/Principles_of_Economics

경제에 관해 자문해 주신 성신여자대학교 경제학과 우명동 명예교수님께 감사드린다.

47 https://en.wikipedia.org/wiki/Max_Weber

https://en.wikipedia.org/wiki/The_Protestant_Ethic_and_the_Spirit_of_Capitalism

Max Weber, 1920, *Die protestantische Ethik und der Geist des Kapitalismus,* Mohr, Tübingen.

막스 베버 저, 박문재 역, 2018, 프로테스탄트 윤리와 자본주의 정신, 완역본, 현대지성.

Andersen, T. B., Bentzen, J., Dalgaard, C. J., & Sharp, P. 2017. "Pre‐reformation roots of the protestant ethic." *The Economic Journal,* 127(604), 1756-1793. 재인용.

48 https://en.wikipedia.org/wiki/Arnold_J._Toynbee/A_Study_of_History

49 https://en.wikipedia.org/wiki/Samuel_P._Huntington/Clash_of_Civilizations

　　Huntington, S., 1996, *The Clash of Civilizations and the Remaking of World Order*, Simon & Schuster.

　　새뮤얼 헌팅턴 저, 이희재 역, 1997, 문명의 충돌, 김영사.

50 https://en.wikipedia.org/wiki/Ebenezer_Howard/Letchworth/Welwyn

　　https://en.wikipedia.org/wiki/Garden_city_movement

　　Howard, E., 1965, *Garden Cities of To-Morrow*, The M.I.T. Press.

　　권용우, 2013, 2024, 그린벨트: 개발제한구역 연구, 박영사.

51 조지주의는 모든 사람은 토지에 대한 권리를 평등하게 가지고 있다는 사상이다. 토지 공개념의 뿌리다 토지의 사유와 국유를 배제하고 토지 공유를 주장하는 미국 정치경제학자 헨리 조지(1839-1897)의 경제학설이다. 토지는 공공성을 지닌 전 인류의 소유라고 주장한다.

　　(출처: https://en.wikipedia.org/wiki/Georgism/Henry_George) .

52 https://en.wikipedia.org/wiki/Historicity_of_the_Bible

53 권용우, 2021, 세계도시 바로 알기, 제1권 서부·중부 유럽, 박영사, pp. 62-71.

54 스콜라 철학은 9-16세기 기독교 신학에 중심을 둔 철학 사상이다. 철학적 탐구, 인지, 인식의 문제를 신앙과 결부시켰다. 절대자의 신앙 아래에서 인간의 이성을 이해했다(출처: 나무위키).

55 https://en.wikipedia.org/wiki/Role_of_Christianity_in_civilization

　　https://en.wikipedia.org/wiki/List_of_nations_mentioned_in_the_Bible

56 https://en.wikipedia.org/wiki/Four_senses_of_Scripture

57 https://en.wikipedia.org/wiki/Institutes_of_the_Christian_Religion

　　https://en.wikipedia.org/wiki/Genesis/Psalms/David/Solomon

　　https://en.wikipedia.org/wiki/Genesis_17/Psalm_33/Psalm_127

　　순복음교회 조용기 목사는 2007년 11월 4일 「하나님의 능력으로 사는 삶」 설교에서 문명의 발달을 설명할 때 시편 33:10,11과 시편 127:1,2을 인용했다.

58 이스라엘이 하나님의 도우심으로 국가적 위기에서 벗어난 후에 하나님을 찬양하는 찬송시라는 설명도 있다 (출처: https://en.wikipedia.org/wiki/Psalm_33)

59 순례자들이 성전으로 올라가면서 노래로 불렀던 시라는 설명도 있다

　　(출처: https://en.wikipedia.org/wiki/Psalm_127).

60 권용우, 2023.10, 세계도시 바로 알기, 제9권 말 먹거리 산업 종교, 박영사, 초고.

　　오세열, 2023.11,2, "국가와 도시의 흥망성쇠는 어떻게 결정 되는가?" 목장드림뉴스.

61 https://en.wikipedia.org/wiki/The_Meaning_of_the_City/Jacques_Ellul

62 https://cs.wikipedia.org/wiki/Ronald_F._Inglehart

63 https://en.wikipedia.org/wiki/Carroll_Quigley

64 https://en.wikipedia.org/wiki/Balkanization

65 권용우, 1986, 서울주변지역의 교외화에 관한 연구, 서울대학교 박사학위논문; 권용우, 2001, 교외지역: 수도권 교외화의 이론과 실제, 아카넷; 권용우, 2002, 수도권 공간 연구, 한울.

66 필자는「합리적 조정론」의 논리에 입각해 그린벨트 권역 설정을 주관했다.
    (출처: 권용우, 2013, 2024, 그린벨트: 개발제한구역 연구, 박영사).

67 필자는「중추기능 이전론」의 논리에 기반해 세종시 후보지 입지평가와 도시명칭제정 소위원회를 주관했다.(출처: 김안제 외, 2016, 세종시 이렇게 만들어졌다, 보성각).

II. 도시문명의 변천

1 권용우·김세용 외, 1998, 2002, 2009, 2012, 2016, 도시의 이해, 1, 2, 3, 4, 5판, 박영사.
   권용우, 2021, 2022, 2023, 2024, 세계도시 바로 알기, 1-8권, 박영사.
   https://en.wikipedia.org/wiki/Civilization/Urban Revolution/Mesopotamia
   https://en.wikipedia.org/wiki/Cradle_of_civilization

2 권용우·김세용 외, 1998, 2002, 2009, 2012, 2016, 전게서.
   도시에 대해 가르침을 주신 서울대학교 지리학과 김 인 명예교수님께 감사드린다.
   김 인, 1992, 도시지리학 원론, 법문사; 김 인 외, 2006, 도시해석, 푸른길

3 「비옥한 초승달」이란 용어는 브레스테드(Breasted)가『*Outlines of European History*』(1914)
   와『*Ancient Times, A History of the Early World*』(1916)에서 처음 사용해 대중화시켰다.
   https://en.wikipedia.org/wiki/Fertile_Crescent
   https://www.nationalgeographic.org/encyclopedia/fertile-crescent/

4 https://en.wikipedia.org/wiki/G%C3%B6bekli_Tepe

5 https://en.wikipedia.org/wiki/Mesopotamia.
   메소포타미아 문명으로부터 최근에 이르기까지의 중동 문명과 도시의 내용은『권용우, 2022,
   세계도시 바로 알기: 5 중동』(박영사)에서 상세히 다루고 있다.

6 https://en.wikipedia.org/wiki/Uruk/Ur/Nineveh/Babylon

7 '셈'이라는 말은 성경에 나오는 노아의 세 아들 중 장남인 셈에서 따왔다.
   https://en.wikipedia.org/wiki/Semitic_languages/Aramaic
   https://www.britannica.com/topic/Aramaic-language

8 https://en.wikipedia.org/wiki/Byzantium

9 https://en.wikipedia.org/wiki/Roman_Empire/Western_Roman_Empire/Byzantine_Empire

10 https://en.m.wikipedia.org/wiki/File:RomanEmpire_117.svg
   https://en.wikipedia.org/wiki/Client_state/Category:Roman_client_kingdoms

11 https://en.wikipedia.org/wiki/Roman_roads

https://www.britannica.com/technology/Roman-road-system

https://italianstudies.nd.edu/news-events/news/all-roads-lead-to-rome-new-acquisitions-
   relating-to-the-eternal-city

12 https://en.wikipedia.org/wiki/List_of_cities_founded_by_the_Romans

https://brilliantmaps.com/roman-empire-211

13 로마 제국이 세웠거나 로마 제국과 관련을 맺으며 성장 발전해 오늘에 이른 유럽의 여러 도시
에 관한 내용은『권용우, 2021, 2022, 세계도시 바로 알기: 1 서부유럽·중부유럽, 3 남부유럽, 4
동부유럽』(박영사)에서 상세히 다루고 있다.

14 https://www.worldatlas.com/cities/the-9-most-important-cities-of-the-roman-empire.html

https://en.wikipedia.org/wiki/Rome/Ephesus/Antioch/Carthage/Alexandria

https://en.wikipedia.org/wiki/Constantinople/Mediolanum/Thessalonika/Londinium

15 https://en.wikipedia.org/wiki/Languages_of_the_Roman_Empire

16 https://en.wikipedia.org/wiki/Lingua_franca

17 https://en.wikipedia.org/wiki/Demography_of_the_Roman_Empire

https://en.wikipedia.org/wiki/Roman_Empire/Ancient_Rome

18 https://en.wikipedia.org/wiki/Roman_economy

https://ko.wikipedia.org/wiki/%EB%A1%9C%EB%A7%88%EC%9D%98_%EC%83%81%
   EC%97%85

19 https://en.wikipedia.org/wiki/Military_of_ancient_Rome/Livy

https://en.wikipedia.org/wiki/Roman_legion/Lorica_segmentata

20 https://en.wikipedia.org/wiki/Angus_Maddison

21 https://en.wikipedia.org/wiki/Persecution_of_Christians_in_the_Roman_Empire

https://ko.wikipedia.org/wiki/%EB%A1%9C%EB%A7%88_%EC%A0%9C%EA%B5%AD

22 https://en.wikipedia.org/wiki/Antonine_Plague

https://en.wikipedia.org/wiki/Historiography_of_Christianization_of_the_Roman_Empire

김영호, 2023.4.19, "살려내는 자," 서울 예닮교회 수요 예배 설교.

23 https://en.wikipedia.org/wiki/Battle_of_the_Milvian_Bridge/Eusebius

24 https://en.wikipedia.org/wiki/Christianity_as_the_Roman_state_religion

https://en.wikipedia.org/wiki/Christianity_in_the_4th_century

25 https://en.wikipedia.org/wiki/Age_of_Discovery/Portuguese_maritime_exploration

26 https://en.wikipedia.org/wiki/Portugal/Portuguese_Empire

https://www.worldhistory.org/Portuguese_Empire/

https://vividmaps.com/portuguese-empire/

27 https://en.wikipedia.org/wiki/Portuguese_language/Economic_history_of_Portugal
    포르투갈의 도시, 말, 먹거리 산업, 종교 등에 관한 내용은『권용우, 2021, 세계도시 바로 알기;
    3 남부유럽, 14장 포르투갈 공화국』(박영사)에서 자세히 다루고 있다.

28 https://en.wikipedia.org/wiki/Religion_in_Portugal
    https://nobility.org/2016/04/vasco-prays-to-our-lady/

29 https://en.wikipedia.org/wiki/Spanish_Empire
    https://www.studysmarter.co.uk/explanations/history/early-modern-spain/spanish-empire/

30 https://en.wikipedia.org/wiki/Spanish_colonization_of_the_Americas

31 ttps://www.studysmarter.co.uk/explanations/history/early-modern-spain/spanish-empire/

32 https://en.wikipedia.org/wiki/Spanish_language
    https://factcheck.afp.com/doc.afp.com.9Y294K
    스페인의 도시, 말, 먹거리 산업, 종교 등에 관한 내용은『권용우, 2021, 세계도시 바로 알기; 3
    남부유럽, 13장 스체인 왕국』(박영사)에서 자세히 다루고 있다.

33 https://en.wikipedia.org/wiki/Economic_history_of_Spain
    https://link.springer.com/content/pdf/10.1007/BF03216611.pdf
    https://ko.wikipedia.org/wiki/%EC%8A%A4%ED%8E%98%EC%9D%B8%EC%9D%98_%
        EA%B2%BD%EC%A0%9C%EC%82%AC

34 https://en.wikipedia.org/wiki/Spanish_missions_in_the_Americas

35 https://www.missionsanluis.org/learn/history/crown-and-church/
    https://en.wikipedia.org/wiki/Catholic_Church_in_Latin_America/Mestizo
    https://namu.wiki/w/%EB%A9%94%EC%8A%A4%ED%8B%B0%EC%86%8C

36 https://en.wikipedia.org/wiki/French_colonial_empire
    https://en.wikipedia.org/wiki/List_of_French_possessions_and_colonies

37 https://en.wikipedia.org/wiki/Economic_history_of_France

38 https://en.wikipedia.org/wiki/French_language/Francophonie/
    https://en.wikipedia.org/wiki/Geographical_distribution_of_French_speakers/African_French
    프랑스의 도시, 말, 먹거리, 종교에 관한 내용은『권용우, 2021, 세계도시 바로 알기; 1 서부유
    럽·중부유럽, 2장 프랑스 공화국』(박영사)에서 자세히 다루고 있다.

39 https://en.wikipedia.org/wiki/Religion_in_France

40 https://en.wikipedia.org/wiki/Dutch_colonial_empire/Evolution_of_the_Dutch_Empire
    https://en.wikipedia.org/wiki/Dutch_India/Dutch_Formosa/Dutch_Bengal/Dutch_Ceylon
    https://en.wikipedia.org/wiki/Dutch_Malacca/Dutch_East_Indies/Kochi/Dejima
    https://en.wikipedia.org/wiki/Ambon_Island/Batavia,_Dutch_East_Indies/Malacca

https://en.wikipedia.org/wiki/New_Netherland/Conquest_of_New_Netherland

https://en.wikipedia.org/wiki/Dutch_Brazil/Dutch_Guiana/Surinam_(Dutch_colony)

https://en.wikipedia.org/wiki/Dutch_Cape_Colony

https://en.wikipedia.org/wiki/Henry_Hudson/Abel_Tasman

41 https://en.wikipedia.org/wiki/Anglo-Dutch_Wars

42 https://en.wikipedia.org/wiki/Dutch_East_India_Company/Dutch_West_India_Company
네덜란드의 도시, 말, 먹거리, 종교에 관한 내용은『권용우, 2021, 세계도시 바로 알기; 1 서부
유럽·중부유럽, 3장 네덜란드 왕국』(박영사)에서 자세히 다루고 있다.

43 https://en.wikipedia.org/wiki/British_Empire/List_of_largest_empires
https://www.guinnessworldrecords.com/world-records/largest-empire-by-population

44 https://en.wikipedia.org/wiki/Commonwealth_of_Nations
https://ko.wikipedia.org/wiki/%EB%8C%80%EC%98%81_%EC%A0%9C%EA%B5%AD
영국의 도시, 말, 먹거리, 종교에 관한 내용은『권용우, 2021, 세계도시 바로 알기; 1 서부유럽·
중부 유럽, 1장 영국 연합왕국』(박영사)에서 자세히 다루고 있다.

45 https://en.wikipedia.org/wiki/Territorial_evolution_of_the_British_Empire

46 https://en.wikipedia.org/wiki/Economy_of_the_British_Empire

47 https://en.wikipedia.org/wiki/Anglican_Communion/Anglicanism
https://www.worlddata.info/religions/anglican-community.php

48 https://en.wikipedia.org/wiki/Religion_in_the_United_States
https://en.wikipedia.org/wiki/History_of_religion_in_the_United_States
https://nmar.org/impact-of-religion-in-colonial-america/

49 https://en.wikipedia.org/wiki/Northern_Europe/Eastern_Europe/Middle_East/Far_East
https://en.wikipedia.org/wiki/Reformation/Holy_Roman_Empire/Free_imperial_city
신성로마제국, 북부 유럽, 동부 유럽, 중동, 극동 아시아의 도시, 말, 먹거리 산업, 종교 등에 관
한 내용은『권용우, 2021, 2022, 2024, 세계도시 바로 알기; 1 서부유럽·중부유럽, 4장 독일 공
화국, 5장 오스트리아 공화국; 2 북부유럽; 4 동부유럽; 5 중동; 8 극동아시아·동남아시아』(박영
사)에서 자세히 다루고 있다.

50 https://ied.eu/project-updates/the-4-industrial-revolutions/
https://www.upkeep.com/learning/four-industrial-revolutions/

51 https://en.wikipedia.org/wiki/Industrial_Revolution

52 https://en.wikipedia.org/wiki/Second_Industrial_Revolution

53 https://en.wikipedia.org/wiki/Digital_Revolution/Silicon_Valley/East_London_Tech_City
https://en.wikipedia.org/wiki/History_of_the_transistor/Transistor/Bell_Labs

https://en.wikipedia.org/wiki/History_of_the_Internet/World_Wide_Web/Tim_Berners-Lee
1989년 www(World Wide Web) 창시자 영국인 버너스 리(Berners-Lee)가 인터넷을 통해 http(Hypertext Transfer Protocol) 클라이언트와 서버 간의 첫 번째 통신을 구현했다.

54 https://en.wikipedia.org/wiki/Fourth_Industrial_Revolution
https://www.bbva.com/en/innovation/countries-leading-fourth-industrial-revolution/

55 https://en.wikipedia.org/wiki/Information_technology/Artificial_intelligence
권용우·김세용 외, 1998, 2002, 2009, 2012, 2016, 전게서; 권용우, 2001, 교외지역, 아카넷

56 https://en.wikipedia.org/wiki/Settlement_hierarchy

57 Gottmann, J. 1961, *Ibid.;* 권용우, 1993, 전게서.

58 https://unhabitat.org/sites/default/files/2020/06/gsm-population-data-booklet2020.pdf
https://en.wikipedia.org/wiki/United_Nations_Human_Settlements_Programme
유엔 하비타트는 정주 환경과 지속 가능한 도시 개발을 위한 유엔 프로그램이다.1977년에 설립됐다. 1996년 터키 이스탄불의 제2차 회의에 참가한 시민운동가들이 경제정의실천시민연합 도시개혁센터를 만들었다.(출처: 경실련 도시개혁센터, 1997, 시민의 도시, 한울)

59 https://en.wikipedia.org/wiki/Megacity
https://en.unesco.org/events/eaumega2021/megacities

60 https://en.wikipedia.org/wiki/Global_city/Network_economy

61 https://en.wikipedia.org/wiki/Global_city/Richard_Florida
글로벌 경제력 지수는 2012년에 도입되었다. 2015년에 Richard Florida가 두 번째 글로벌 경제력 지수를 편집해 The Atlantic에서 출판했다. 런던의 건축 환경 커뮤니케이션 회사 ING Media는 2019년 소셜 미디어와 온라인 뉴스에서 온라인 언급을 기준으로 250개의 글로벌 도시 순위를 산정했다. 디지털 슈퍼 브랜드를 측정하는 지표다.

62 https://en.wikipedia.org/wiki/Globalization_and_World_Cities_Research_Network

63 https://en.wikipedia.org/wiki/List_of_countries_by_GDP_(nominal)

64 https://en.wikipedia.org/wiki/List_of_countries_by_GDP_(nominal)_per_capita

65 https://en.wikipedia.org/wiki/List_of_countries_and_dependencies_by_population

III. 말(Language)

1 https://en.wikipedia.org/wiki/Semitic_people/Semitic_languages/Aramaic

2 https://foreignlingo.com/what-language-did-abraham-speak/

3 https://en.wikipedia.org/wiki/Sumerian_language/Akkadian_language

4 https://en.wikipedia.org/wiki/Latin/Latium/Ancient_Rome
https://en.wikipedia.org/wiki/Languages_of_the_Roman_Empire

https://www.historytoday.com/archive/language-roman-empire

5   https://en.wikipedia.org/wiki/Koine_Greek

6   https://en.wikipedia.org/wiki/Spanish_language/Portuguese_language
https://en.wikipedia.org/wiki/French_language/Romanian_language

7   https://en.wikipedia.org/wiki/Cyrillic_script/Latin_script

8   https://en.wikipedia.org/wiki/Cyril_and_Methodius/Glagolitic_script

9   https://en.wiktionary.org/wiki/Romanophone/Romance_languages

10 https://en.wikipedia.org/wiki/English_language/Alphabet/Anglosphere
https://www.britannica.com/topic/English-language

11 https://en.wikipedia.org/wiki/World_language
https://en.wikipedia.org/wiki/List_of_languages_by_number_of_native_speakers

12 https://en.wikipedia.org/wiki/Language/Origin_of_language/Evolution_of_languages
https://en.wikipedia.org/wiki/The_Tower_of_Babel/Pieter_Bruegel_the_Elder

13 https://en.wikipedia.org/wiki/Language_family/Ethnologue

14 https://store.ethnologue.com/2021-ethnologue-200/2023-ethnologue-200

15 https://en.wikipedia.org/wiki/Language

16 https://en.wikipedia.org/wiki/List_of_languages_by_number_of_native_speakers

17 https://en.wikipedia.org/wiki/List_of_languages_by_total_number_of_speakers

18 https://en.wikipedia.org/wiki/Korean_language/Korean_Wave

19 https://linguistics.cornell.edu/john-b-whitman
https://www.coursicle.com/cornell/professors/John+Whitman/
https://ko.wikipedia.org/wiki/%EC%9B%94%ED%8A%B8_%ED%9C%98%ED%8A%B8%
EB%A8%BC

IV. 먹거리 산업(Industry)

1   권용우, 김세용 외, 1998, 2002, 2009, 2012, 2016, 도시의 이해, 1판, 2판, 3판, 4판, 5판, 박영
사; 권용우, 2013, 2024, 그린벨트: 개발제한구역 연구, 박영사; 권용우, 박양호, 유근배, 황기
연 외, 2015, 도시와 환경, 박영사; 권용우, 2021, 2022, 2023, 2024, 세계도시 바로 알기, 제1
권 서부·중부 유럽, 제2권 북부 유럽, 제3권 남부 유럽, 제4권 동부 유럽, 제5권 중동, 제6권 아
메리카, 제7권 대양주·남아시아, 제8권 동아시아·동남아시아, 박영사.

2   https://en.wikipedia.org/wiki/Fortune_Global_500

3   https://en.wikipedia.org/wiki/List_of_countries_by_GDP_(nominal)

4   https://en.wikipedia.org/wiki/Automotive_industry/Car/History_of_the_automobile

Automotive는 그리스어 autos(self)와 라틴어 motivus(of motion)에서 유래했다. '모든 형태의 자가 동력 차량'을 뜻한다. 1898년 자동차와 관련해 처음 사용됐다.

5 https://en.wikipedia.org/?title=OICA&redirect=no
   https://en.wikipedia.org/wiki/Organisation_Internationale_des_Constructeurs_d%27Automobiles

6 https://en.wikipedia.org/wiki/List_of_countries_by_motor_vehicle_production
   https://en.wikipedia.org/wiki/Automotive_industry

7 https://en.wikipedia.org/wiki/List_of_countries_by_motor_vehicle_production
   https://en.wikipedia.org/wiki/Toyota/Volkswagen/General_Motors
   https://en.wikipedia.org/wiki/Hyundai_Motor_Company
   https://en.wikipedia.org/wiki/Kia/Ford_Motor_Company

8 https://en.wikipedia.org/wiki/Electric_car/History_of_the_electric_vehicle

9 https://en.wikipedia.org/wiki/Electric_vehicle/Electric_car_use_by_country

10 https://elements.visualcapitalist.com/visualizing-global-ev-production-in-2022-by-brand/

11 https://en.wikipedia.org/wiki/Electric_battery/Solid-state_battery

12 https://www.sneresearch.com/en/insight/release_view/95/page/0

13 https://en.wikipedia.org/wiki/List_of_countries_by_lithium_production

14 https://en.wikipedia.org/wiki/Shipbuilding
   https://wikipedia/commons/1/12/Shipbuilding_Industry_in_South_Korea.pdf

15 https://en.wikipedia.org/wiki/HD_Hyundai_Heavy_Industries

16 https://blog.bizvibe.com/blog/top-shipbuilding-companies-world

17 https://www.maritimemanual.com/shipbuilding-companies/

18 https://en.wikipedia.org/wiki/Sustainable_transport
   https://www.offshore-energy.biz/south-korean-shipbuilders-grabbed-lions-share-of-eco-
       friendly-orders-in-2022/
   이정구·이기우, 2023.8.29, "'1500조 친환경 시장'에 배 띄웠다. 글로벌 주도권 되찾는 조선,"
   조선일보.

19 https://en.wikipedia.org/wiki/Shipping_container/Twenty-foot_equivalent_unit
   TEU는 'Twenty-foot Equivalent Units'의 이니셜을 딴 약자다. 20피트 컨테이너 한 개를 뜻한다.

20 https://en.wikipedia.org/wiki/List_of_largest_container_shipping_companies
   https://alphaliner.axsmarine.com/PublicTop100/

21 https://en.wikipedia.org/wiki/Electronics_industry/Electronics/Consumer_electronics

22 https://en.wikipedia.org/wiki/Apple_Park/Apple_Campus
   미국 캘리포니아 쿠퍼티노의 Apple Park 지붕은 17MW 태양열 전지판으로 조성됐다.

Apple Campus는 1993-2017년 기간의 애플 본사다.

23 https://companiesmarketcap.com/electronics/largest.

24 https://en.wikipedia.org/wiki/Home_appliance/List_of_home_appliances

25 https://www.zippia.com/advice/largest-appliance-manufacturers/
   https://en.wikipedia.org/wiki/LG_Electronics/Panasonic/Haier
   https://en.wikipedia.org/wiki/Bosch_%28company%29/Whirlpool_Corporation

26 https://www.value.today/world-top-companies/home-appliances

27 https://en.wikipedia.org/wiki/Semiconductor_industry

28 https://en.wikipedia.org/wiki/Semiconductor_device_fabrication/TSMC
   https://en.wikipedia.org/wiki/List_of_semiconductor_fabrication_plants
   파운드리는 원래 금속을 녹인 후 거푸집에 넣어 제품을 생산하는 주조공장을 뜻한다.

29 https://en.wikipedia.org/wiki/Samsung_Electronics/SK_Hynix/Intel

30 https://www.zippia.com/advice/largest-semiconductor-companies-world/
   https://en.wikipedia.org/wiki/Qualcomm/Broadcom/Nvidia

31 https://www.zippia.com/advice/largest-semiconductor-companies-world/.

32 https://ko.wiktionary.org/wiki/construction
   http://www.law.go.kr/%EB%B2%95%EB%A0%B9/%EA%B1%B4%EC%84%A4%EC%82
   %B0%EC%97%85%EA%B8%B0%EB%B3%B8%EB%B2%95

33 https://www.nationmaster.com/nmx/ranking/construction-employment

34 https://en.wikipedia.org/wiki/Construction

35 https://en.wikipedia.org/wiki/Energy_industry

36 https://en.wikipedia.org/wiki/List_of_largest_energy_companies

37 https://en.wikipedia.org/wiki/World_energy_supply_and_consumption

38 https://en.wikipedia.org/wiki/List_of_countries_by_electricity_production

39 https://en.wikipedia.org/wiki/List_of_countries_by_electricity_consumption

40 https://en.wikipedia.org/wiki/Petroleum_industry

41 https://en.wikipedia.org/wiki/List_of_countries_by_oil_production

42 https://www.mordorintelligence.com/industry-reports/south-korea-oil-and-gas-market

43 https://en.wikipedia.org/wiki/Natural_gas/Compressed_natural_gas/Liquefied_natural_gas

44 https://en.wikipedia.org/wiki/List_of_countries_by_natural_gas_production

45 https://en.wikipedia.org/wiki/Fossil_fuel

46 https://en.wikipedia.org/wiki/Coal

47 https://en.wikipedia.org/wiki/List_of_countries_by_coal_production

48 https://en.wikipedia.org/wiki/Nuclear_power/Nuclear_energy

49 https://en.wikipedia.org/wiki/Nuclear_power/Nuclear_power_by_country
    https://en.wikipedia.org/wiki/World_energy_supply_and_consumption

50 https://en.wikipedia.org/wiki/Nuclear_power_by_country/Anti-nuclear_movement

51 https://www.nst.re.kr/www/sub.do?key=219; https://www.kfe.re.kr/
    https://en.wikipedia.org/wiki/KSTAR; https://namu.wiki/w/KSTAR
    박종인, 2023.5.31, "석탄도 모르던 나라, 지금은 인공태양을 띄우다," 조선일보, A 30.

52 https://en.wikipedia.org/wiki/Nuclear_power_in_France
    https://world-nuclear.org/information-library/country-profiles/countries-a-f/france.aspx

53 https://en.wikipedia.org/wiki/Small_modular_reactor

54 https://en.wikipedia.org/wiki/Renewable_energy

55 https://en.wikipedia.org/wiki/Solar_power/Solar_power_by_country

56 https://en.wikipedia.org/wiki/Wind_power/Wind_power_by_country

57 https://en.wikipedia.org/wiki/Hydropower/Hydroelectricity

58 https://en.wikipedia.org/wiki/Tidal_power/List_of_tidal_power_stations

59 https://en.wikipedia.org/wiki/Geothermal_energy

60 https://en.wikipedia.org/wiki/Fossil_fuel_phase-out

61 https://en.wikipedia.org/wiki/Carbon_capture_and_storage
    https://namu.wiki/w/%ED%83%84%EC%86%8C%20%ED%8F%AC%EC%A7%91

62 https://www.xprize.org/prizes/carbonremoval
    https://www.treehugger.com/100m-prize-for-carbon-capture-announced-5105053
    최인준, 2023.4.22, "기후변화 해결사로 나선 임지순 포스텍 석학교수," 조선일보, B 1-2.

63 https://ko.wikipedia.org/wiki/%EC%A0%9C%EC%A1%B0%EC%97%85
    https://ko.wikipedia.org/wiki/%EB%B6%84%EB%A5%98:%EB%8C%80%ED%95%9C%E
        B%AF%BC%EA%B5%

64 https://worldpopulationreview.com/country-rankings/manufacturing-by-country

65 https://en.wikipedia.org/wiki/Manufacturing

66 https://en.wikipedia.org/wiki/United_Nations_Industrial_Development_Organization
    https://stat.unido.org/database/CIP%20-%20Competitive%20Industrial%20Performance%20
        Index

67 https://en.wikipedia.org/wiki/Iron/Steel/Steelmaking

68 https://en.wikipedia.org/wiki/List_of_countries_by_steel_production

69 https://en.wikipedia.org/wiki/List_of_steel_producers

70 https://en.wikipedia.org/wiki/Healthcare_industry

71 https://en.wikipedia.org/wiki/Health_care_systems_by_country

72 https://www.theglobaleconomy.com/rankings/hospital_beds_per_1000_people/

73 https://en.wikipedia.org/wiki/List_of_countries_by_total_health_expenditure_per_capita

74 https://en.wikipedia.org/wiki/List_of_countries_by_quality_of_healthcare

75 https://en.wikipedia.org/wiki/Pharmaceutical_industry

76 https://finance.yahoo.com/news/top-16-medicine-producing-countries-120134464.html

77 https://en.wikipedia.org/wiki/Arms_industry

78 https://en.wikipedia.org/wiki/Defense_industry_of_South_Korea

79 https://www.theglobaleconomy.com/rankings/arms_exports/

80 https://en.wikipedia.org/wiki/Statista
    https://www.statista.com/statistics/267131/market-share-of-the-leadings-exporters-of-
        conventional-weapons/

81 https://en.wikipedia.org/wiki/International_student

82 https://www.prosperityforamerica.org/international-students-in-the-us/
    https://www.statista.com/statistics/233880/international-students-in-the-us-by-country-of-
        origin/

83 대한민국 교육부, 2022, 2022년 국내 고등교육기관 내 외국인 유학생 통계, 번호 134.
    https://www.moe.go.kr/sn3hcv/doc.html?fn=93338c1b3544db77321b1b3337c84726&rs=/
        upload/synap/202305/

84 https://en.wikipedia.org/wiki/Tourism/Industrial_tourism
    권용우 외, 1995, 관광과 여가: 관광지리학적 접근, 한울.

85 https://en.wikipedia.org/wiki/Tourism/International_tourism

86 https://en.wikipedia.org/wiki/World_Tourism_rankings

87 https://en.wikipedia.org/wiki/Urban_tourism

88 https://travelness.com/most-visited-cities-in-the-world
    https://www.euromonitor.com/press/press-releases/december-2022/euromonitor-report-
        reveals-worlds-top-100-ci

89 https://en.wikipedia.org/wiki/Artificial_intelligence
    https://ko.wikipedia.org/wiki/%EC%9D%B8%EA%B3%B5%EC%A7%80%EB%8A%A5

90 https://en.wikipedia.org/wiki/History_of_artificial_intelligence

91 https://en.wikipedia.org/wiki/Applications_of_artificial_intelligence

92 https://finance.yahoo.com/news/13-most-advanced-countries-artificial-233616079.html

93 https://finance.yahoo.com/news/15-biggest-ai-companies-world-140230064.html

94 https://www.spiceworks.com/tech/artificial-intelligence/articles/best-ai-companies/

95 https://industrywired.com/top-10-countries-that-are-leading-the-race-in-ai-research/

96 https://www.tortoisemedia.com/intelligence/global-ai/

97 https://en.wikipedia.org/wiki/Big_data
    https://ko.wikipedia.org/wiki/%EB%B9%85_%EB%8D%B0%EC%9D%B4%ED%84%B0

98 https://www.analyticsinsight.net/
    https://www.analyticsinsight.net/top-10-countries-leading-the-big-data-adoption-in-the-
        year-2023/

99 https://www.softwaretestinghelp.com/

100 https://hbr.org/2019/01/which-countries-are-leading-the-data-economy

101 https://en.wikipedia.org/wiki/Chatbot
    https://ko.wikipedia.org/wiki/%EC%B1%97%EB%B4%87
    https://namu.wiki/w/%EC%B1%97%EB%B4%87

102 https://en.wikipedia.org/wiki/ChatGPT/Pioneer_Building_(San_Francisco)

103 https://en.wikipedia.org/wiki/Microsoft_Bing

104 https://en.wikipedia.org/wiki/Bard_(chatbot)

105 오로라, 2023.6.9, "삼성, 챗GPT 대항마 개발 나섰다," 조선일보, B1.

106 https://en.wikipedia.org/wiki/Financial_services

107 https://en.wikipedia.org/wiki/List_of_largest_financial_services_companies_by_revenue

108 https://en.wikipedia.org/wiki/Unmanned_aerial_vehicle
    https://ko.wikipedia.org/wiki/%EB%AC%B4%EC%9D%B8_%ED%95%AD%EA%B3%B5
        %EA%B8%B0

109 https://www.faa.gov/node/54496

110 https://droneii.com/best-drone-manufacturing-companies

111 https://www.statista.com/forecasts/1302524/revenue-of-the-drone-market-worldwide

112 https://en.wikipedia.org/wiki/List_of_unmanned_aerial_vehicles

113 https://en.wikipedia.org/wiki/List_of_United_States_drone_bases
    https://en.wikipedia.org/wiki/List_of_unmanned_aerial_vehicles

114 https://en.wikipedia.org/wiki/Robotics

115 https://ko.wikipedia.org/wiki/%EB%A1%9C%EB%B4%87%EC%82%B0%EC%97%85

116 https://www.strategicmarketresearch.com/blogs/robotics-industry-statistics

117 https://en.wikipedia.org/wiki/Industrial_robot/Humanoid_robot/Optimus_(robot)

https://neurobionics.robotics.umich.edu>research>wearable robots

https://en.wikipedia.org/wiki/International_Federation_of_Robotics

118 https://www.wileyindustrynews.com/en/news/china-overtakes-us-robot-density

https://www.analyticsinsight.net/top-10-countries-making-the-best-out-of-robotics-in-2022/

119 https://finance.yahoo.com/news/12-most-advanced-countries-robotics-151045436.html

120 https://builtin.com/robotics/industrial-robot

Biba, Jacob, 2022.8.29, "20 Top Industrial Robot Companies to Know," *Built In.*

121 VSAT는 이용자의 건물, 옥상 등에 설치하는 직경 1-2m의 소형 포물선(접시형의 parabola) 안테나와 초소형의 위성통신 장비로 구성된 초소형 위성통신지구국을 말한다. 통신위성을 통해 깨끗한 음성, 데이터, 화상정보를 송·수신한다.

122 https://en.wikipedia.org/wiki/Space_industry

123 https://en.wikipedia.org/wiki/2023_in_spaceflight

124 https://www.kari.re.kr/kor/sub03_04_04.do

https://en.wikipedia.org/wiki/List_of_spaceflight_launches_in_January%E2%80%93June_2023

https://www.aljazeera.com/news/2023/5/25/south-korea-uses-homegrown-rocket-to-put-satellite-into-orbit

125 https://en.wikipedia.org/wiki/Mobile_phone/History_of_mobile_phones

126 https://www.worldstopexports.com/cellphone-exports-by-country/

127 https://www.globalbrandsmagazine.com/top-10-mobile-brands-in-the-world-2023/

128 https://en.wikipedia.org/wiki/Biotechnology

https://www.techtarget.com/whatis/definition/biotechnology

https://www.collinsdictionary.com/dictionary/english/bioindustry

https://www.biotimes.co.kr/news/articleView.html?idxno=11159

129 https://www.koreabio.org/board/board.php?bo_table=statistics

130 https://en.wikipedia.org/wiki/List_of_largest_biomedical_companies_by_revenue

131 https://en.wikipedia.org/wiki/Biomedical_technology

https://en.wikipedia.org/wiki/List_of_largest_biomedical_companies_by_market_capitalization

132 https://www.statista.com/statistics/1246614/top-countries-share-of-global-biotech-value/

133 https://www.genengnews.com/a-lists/top-25-biotech-companies-of-2023/

134 https://en.wikipedia.org/wiki/Cosmetic_industry

https://brandirectory.com/rankings/cosmetics/table

135 https://en.wikipedia.org/wiki/Food_industry

https://ko.wikipedia.org/wiki/%EC%8B%9D%ED%92%88%EC%82%B0%EC%97%85

136 https://en.wikipedia.org/wiki/Lists_of_foods

137 https://en.wikipedia.org/wiki/Food_market
   https://www.statista.com/forecasts/758620/revenue-of-the-food-market-worldwide-by-country

138 https://en.wikipedia.org/wiki/List_of_the_largest_fast_food_restaurant_chains

139 https://en.wikipedia.org/wiki/List_of_countries_by_rice_production

140 https://en.wikipedia.org/wiki/Popular_culture
   https://ko.wikipedia.org/wiki/%EB%8C%80%EC%A4%91%EB%AC%B8%ED%99%94

141 https://en.wikipedia.org/wiki/Culture_industry
   https://literariness.org›2016/04/15›culture-industry

142 https://ko.wikipedia.org/wiki/문화콘텐츠
   https://en.wikipedia.org/wiki/Wikipedia:Contents/Culture_and_the_arts

143 https://en.wikipedia.org/wiki/Film_industry
   https://www.edudwar.com›top-10-film-industries-in-the-world

144 https://en.wikipedia.org/wiki/Film_festival

145 https://en.wikipedia.org/wiki/Venice_Film_Festival/Golden_Lion

146 https://en.wikipedia.org/wiki/Cannes_Film_Festival/Palme_d%27Or

147 https://en.wikipedia.org/wiki/Berlin_International_Film_Festival/Golden_Bear

148 https://en.wikipedia.org/wiki/Hallyuwood

149 https://www.the-numbers.com/market/distributors

150 https://en.wikipedia.org/wiki/Streaming_media/List_of_streaming_media_services

151 https://en.wikipedia.org/wiki/Television/Smart_TV
   https://www.statista.com/statistics/1266988/global-leading-manufacturers-tv-market-share-
      sales-volume/

152 https://en.wikipedia.org/wiki/Billboard_charts/Billboard_Hot_100/Billboard_200
   https://en.wikipedia.org/wiki/List_of_K-pop_songs_on_the_Billboard_charts
   https://en.wikipedia.org/wiki/List_of_K-pop_albums_on_the_Billboard_charts

153 https://en.wikipedia.org/wiki/Korean_idol/List_of_South_Korean_idol_groups

154 https://en.wikipedia.org/wiki/BTS/List_of_BTS_live_performances
   https://commons.wikimedia.org/wiki/Category:ARMY_(fandom)?uselang=ko

155 https://en.wikipedia.org/wiki/XVIII_International_Chopin_Piano_Competition

156 https://en.wikipedia.org/wiki/Van_Cliburn/Van_Cliburn_International_Piano_Competition

157 https://en.wikipedia.org/wiki/Franz_Liszt/International_Franz_Liszt_Piano_Competition

158 https://en.wikipedia.org/wiki/Queen_Elisabeth_Competition

159 https://en.wikipedia.org/wiki/International_Tchaikovsky_Competition

https://www.chosun.com/culture-life/culture_general/2023/06/30/SGVBHPNEDVC7VCV5NE
SYUSC3XI/

160 https://en.wikipedia.org/wiki/Summer_Olympic_Games

161 https://en.wikipedia.org/wiki/Winter_Olympic_Games

162 https://en.wikipedia.org/wiki/FIFA_World_Cup

163 https://en.wikipedia.org/wiki/Bureau_International_des_Expositions

164 https://en.wikipedia.org/wiki/Expo_%2793

https://ko.wikipedia.org/wiki/1993%EB%85%84_%EC%84%B8%EA%B3%84_%EB%B0%
95%EB%9E%8C%ED%9A%8C

165 https://en.wikipedia.org/wiki/Expo_2012

https://ko.wikipedia.org/wiki/2012%EB%85%84_%EC%84%B8%EA%B3%84_%EB%B0%
95%EB%9E%8C%ED%9A%8C

166 https://en.wikipedia.org/wiki/List_of_countries_by_GDP_(nominal)_per_capita

https://www.worldometers.info/world-population/population-by-country/

167 https://en.wikipedia.org/wiki/Foreign_exchange_reserves/Reserve_currency

168 https://en.wikipedia.org/wiki/List_of_countries_by_foreign-exchange_reserves

V. 종교(Religion)

1 권용우, 2024, 세계도시 바로 알기, 제9권 말·먹거리 산업·종교, 박영사, 1장.

2 권용우, 2021, 2022, 2023, 2024, 세계도시 바로 알기, 1-9권, 박영사. 2,500여p.

3 https://en.wikipedia.org/wiki/Religion

https://www.britannica.com/topic/religion

https://ko.wikipedia.org/wiki/%EC%A2%85%EA%B5%90

4 https://en.wikipedia.org/wiki/List_of_religious_populations/Major_religious_groups

5 https://en.wikipedia.org/wiki/Christianity/History_of_Christianity

https://ko.wikipedia.org/wiki/%EA%B8%B0%EB%8F%85%EA%B5%90

6 https://en.wikipedia.org/wiki/Council_of_Chalcedon
칼게돈(Chalcedon)은 튀르키예 위스퀴다르 남쪽의 비잔티움 반대편에 위치했다. 지금은 카디
쾨이라는 이스탄불 도시의 한 구역이다.

7 https://en.wikipedia.org/wiki/Theotokos
칼케돈파는 예수가 사람이 된 하나님이라는 테오토코스(Theotokos) 그리스도론을 강조했다.
테오토고스는 성모 마리아를 통해 예수 그리스도가 인성(人性)과 함께 신성(神性)을 지닌 존

재로 태어났다는 '신성 출산'을 의미하는 기독교 용어다.

8 https://en.wikipedia.org/wiki/Catholic_Church/Vatican_City
   https://en.wikipedia.org/wiki/Christian_denomination
   https://en.wikipedia.org/wiki/List_of_Christian_denominations_by_number_of_members
   https://en.wikipedia.org/wiki/Reformation/Protestantism/Anabaptism
   https://en.wikipedia.org/wiki/Eastern_Orthodox_Church/Russian_Orthodox_Church

9 https://en.wikipedia.org/wiki/Western_Christianity/Eastern_Christianity

10 https://en.wikipedia.org/wiki/Jesus/Jesus_(name)
   https://namu.wiki/w/%EC%98%88%EC%88%98
   https://ko.wikipedia.org/wiki/%EC%98%88%EC%88%98
   https://m.catholictimes.org/mobile/article_view.php?aid=142887

11 https://en.wikipedia.org/wiki/Christ_(title)/Christians
   https://ko.wikipedia.org/wiki/%EA%B7%B8%EB%A6%AC%EC%8A%A4%EB%8F%84
   http://www.duranno.com/bdictionary/result_vision_detail.asp?cts_id=15597

12 https://en.wikipedia.org/wiki/Christianity_by_country
   유엔 회원국과 종속 영토의 기독교인 비율에 대한 지표는 대부분 미국 국무부의 국제 종교 자
   유 보고서, CIA World Factbook, Joshua Project, Open doors, Pew Forum, Adherents.com.에
   기초했다.

13 https://en.wikipedia.org/wiki/Christianity_in_Korea/Religion_in_South_Korea

14 https://en.wikipedia.org/wiki/Christianity

15 https://en.wikipedia.org/wiki/Catholic_Church_by_country

16 https://en.wikipedia.org/wiki/Protestantism_by_country

17 https://en.wikipedia.org/wiki/Eastern_Orthodoxy_by_country

18 https://en.wikipedia.org/wiki/Christian_state

19 https://en.wikipedia.org/wiki/Islam
   https://ko.wikipedia.org/wiki/%EC%9D%B4%EC%8A%AC%EB%9E%8C%EA%B5%90

20 https://en.wikipedia.org/wiki/Quran/Hadith

21 https://en.wikipedia.org/wiki/Kaaba

22 https://en.wikipedia.org/wiki/Muhammad/Jabal_al-Nour/Hijrah/Allahu_Akbar

23 https://en.wikipedia.org/wiki/Ummah/Caliphate

24 https://en.wikipedia.org/wiki/Shia%E2%80%93Sunni_relations/Sunni_Islam/Shia_Islam

25 https://en.wikipedia.org/wiki/Islam_by_country

26 https://en.wikipedia.org/wiki/Islam_by_country

https://worldpopulationreview.com/country-rankings/sunni-countries

https://en.wikipedia.org/wiki/Ibadi_Islam/Islam_in_Oman

27 https://en.wikipedia.org/wiki/Five_Pillars_of_Islam/Holiest_sites_in_Islam

https://en.wikipedia.org/wiki/Eid_al-Fitr/Eid_al-Adha

28 https://en.wikipedia.org/wiki/Abraham/Abrahamic_religions

https://en.wikipedia.org/wiki/List_of_religious_populations

권용우, 2022, 세계도시 바로 알기: 5 중동, 박영사

29 https://en.wikipedia.org/wiki/Hinduism

https://ko.wikipedia.org/wiki/%ED%9E%8C%EB%91%90%EA%B5%90

30 https://en.wikipedia.org/wiki/Hinduism_by_country

권용우, 2023, 세계도시 바로 알기: 7 대양주·남아시아(박영사). 48장, 52장.

31 https://en.wikipedia.org/wiki/Buddhism

https://ko.wikipedia.org/wiki/%EB%B6%88%EA%B5%90

https://namu.wiki/w/%EB%B6%88%EA%B5%90

32 https://en.wikipedia.org/wiki/Early_Buddhist_schools

https://ko.wikipedia.org/wiki/%EB%B6%80%ED%8C%8C%EB%B6%88%EA%B5%90

33 https://en.wikipedia.org/wiki/Schools_of_Buddhism

https://en.wikipedia.org/wiki/Mahayana/Vajrayana/Hinayana/Theravada

34 https://en.wikipedia.org/wiki/Prat%C4%ABtyasamutp%C4%81da

https://en.wikipedia.org/wiki/Karu%E1%B9%87%C4%81

35 https://en.wikipedia.org/wiki/Buddhism_by_country

https://worldpopulationreview.com/country-rankings/buddhist-countries

36 https://en.wikipedia.org/wiki/Korean_Buddhism

https://ko.wikipedia.org/wiki/%ED%95%9C%EA%B5%AD%EC%9D%98_%EB%B6%88%
EA%B5%90

37 https://en.wikipedia.org/wiki/Judaism/Hebrew_Bible/Torah

https://ko.wikipedia.org/wiki/%EC%9C%A0%EB%8C%80%EA%B5%90

38 https://en.wikipedia.org/wiki/Jewish_population_by_country

예루살렘 히브리 대학의 『2020년 세계 유대인 인구 보고서』유대인 데이터뱅크. 재인용.

39 https://en.wikipedia.org/wiki/List_of_religious_populations

40 https://en.wikipedia.org/wiki/Vatican_City/Lateran_Treaty

41 https://en.wikipedia.org/wiki/All_Saints%27_Church,_Wittenberg

42 https://en.wikipedia.org/wiki/St._Pierre_Cathedral

VI. 경제상위국의 사례 분석

1 https://en.wikipedia.org/wiki/Gross_domestic_product/Gross_national_income
  https://en.wikipedia.org/wiki/List_of_countries_by_GNI_(nominal)_per_capita

2 https://en.wikipedia.org/wiki/GDP_per_capita/GDP_(PPP)_per_capita
  구매력 평가(PPP)는 「환율이란 양국 통화의 구매력에 의해 결정된다」는 이론에 기반한다. 「일물일가의 법칙이 성립된다」는 것을 가정하고 있다. 스웨덴 경제학자 구스타프 카셀 (Cassel, 1866-1945)이 제시했다. 같은 상품이 한국에서 500달러이고 태국에서 1000달러라면, 같은 돈을 벌 경우 태국의 구매력은 한국의 절반에 그친다고 할 수 있다.

3 https://en.wikipedia.org/wiki/Purchasing_power_parity

4 https://en.wikipedia.org/wiki/List_of_countries_by_GDP_(nominal)_per_capita

5 https://en.wikipedia.org/wiki/List_of_countries_by_GDP_(PPP)_per_capita

6 https://data.worldbank.org/indicator/NY.GNP.PCAP.CD

7 https://en.wikipedia.org/wiki/Atlas_method

8 https://en.wikipedia.org/wiki/List_of_countries_by_GNI_(nominal)_per_capita

9 https://en.wikipedia.org/wiki/List_of_countries_by_GNI_(PPP)_per_capita

10 https://en.wikipedia.org/wiki/Developed_country/Least_developed_countries

11 https://en.wikipedia.org/wiki/Human_Development_Index/Mahbub_ul_Haq
   https://en.wikipedia.org/wiki/United_Nations_Development_Programme

12 https://en.wikipedia.org/wiki/List_of_countries_by_Human_Development_Index

13 본 연구에서 사용하는 1인당 GDP는 국내총생산(GDP)을 평균 인구로 나눈 명목(nominal) GDP다.

14 https://en.wikipedia.org/wiki/List_of_official_languages_by_country_and_territory
   https://en.wikipedia.org/wiki/List_of_languages_by_the_number_of_countries_in_which_
     they_are_recognized_as_an_official_language

15 https://en.wikipedia.org/wiki/Nobel_Prize/List_of_Nobel_laureates
   https://en.wikipedia.org/wiki/List_of_Nobel_laureates_by_country

16 https://en.wikipedia.org/wiki/Economy_of_Luxembourg/Economy_of_Singapore

17 https://en.wikipedia.org/wiki/Economy_of_the_Republic_of_Ireland

18 https://en.wikipedia.org/wiki/Economy_of_Norway/Economy_of_Switzerland

19 https://en.wikipedia.org/wiki/Economy_of_Qatar/Natural_gas

20 https://en.wikipedia.org/wiki/Economy_of_the_United_States/Economy_of_Iceland

21 https://en.wikipedia.org/wiki/Economy_of_Denmark/Economy_of_Australia

22 https://en.wikipedia.org/wiki/Economy_of_the_Netherlands/Economy_of_Austria

23 https://en.wikipedia.org/wiki/Economy_of_Israel/Economy_of_Sweden/Economy_of_
Finland

24 https://en.wikipedia.org/wiki/Economy_of_Belgium/Economy_of_San_Marino

25 https://en.wikipedia.org/wiki/Economy_of_Canada/Economy_of_Germany

26 https://en.wikipedia.org/wiki/Economy_of_the_United_Arab_Emirates
https://www.trade.gov/country-commercial-guides/united-arab-emirates-oil-and-gas
https://en.wikipedia.org/wiki/Economy_of_New_Zealand

27 https://en.wikipedia.org/wiki/Economy_of_the_United_Kingdom/Economy_of_France

28 https://en.wikipedia.org/wiki/Economy_of_Andorra/Economy_of_Malta

29 https://en.wikipedia.org/wiki/Economy_of_Italy/Economy_of_the_Bahamas

30 https://en.wikipedia.org/wiki/Economy_of_Japan/Economy_of_Brunei

31 https://en.wikipedia.org/wiki/Economy_of_Taiwan/Economy_of_Cyprus
https://en.wikipedia.org/wiki/TSMC/United_Microelectronics_Corporation

32 https://en.wikipedia.org/wiki/Economy_of_Kuwait/Economy_of_South_Korea
https://www.trade.gov/country-commercial-guides/kuwait-oil-and-gas

33 https://en.wikipedia.org/wiki/Economy_of_Slovenia/Economy_of_the_Czech_Republic

34 https://en.wikipedia.org/wiki/Economy_of_Spain/Economy_of_Estonia

35 https://en.wikipedia.org/wiki/Religion_in_Japan/Shinbutsu-sh%C5%ABg%C5%8D
일본의 종교는 신불습합(神佛習合, Shinbutsu-shūgō)으로 설명한다. 신불습합은 일본의 토착
신앙인 신도와 외래신앙인 불교로 재구성된 종교 체계다. 일본의 신도와 불교는 하나의 통일된
종교로 합쳐지지 않으면서 불가분의 관계로 공존하고 있다. 1868년 메이지 시대에 천황 중심의
국민통합을 위해 신도와 불교가 분리됐다.

36 https://prabook.com/web/baruch_aba.shalev/553295

37 https://en.wikipedia.org/wiki/Economy_of_Russia

38 https://en.wikipedia.org/wiki/Economy_of_China

39 https://en.wikipedia.org/wiki/Economy_of_Mexico/Economy_of_Turkey

40 https://en.wikipedia.org/wiki/Economy_of_Brazil/Economy_of_South_Africa

41 https://en.wikipedia.org/wiki/Economy_of_Vietnam/Economy_of_Iran

42 https://en.wikipedia.org/wiki/Economy_of_India/Economy_of_Indonesia

43 https://m.koreaherald.com/view.php?ud=20190724000847
대한민국이 「30-50 클럽」에 속하는 요인으로 ① 경쟁적인 대학 입학 시스템 ② 보편적인 병역
제도 ③ 기독교와 불교에 대한 헌신적인 신앙 ④ 개인 경쟁 정신과 근면한 직업 윤리 등의 네
가지를 제시했다. (출처: 홍상화, 2019, 30-50 클럽, 한국문학사. 재인용).

그림출처

I. 이론적 · 경험적 논의

◑ 위키피디아

그림 1.1, 그림 1.2, 그림 1.3, 그림 1.4, 그림 1.5, 그림 1.6, 그림 1.7, 그림 1.8, 그림 1.9, 그림 1.11, 그림 1.12, 그림 1.13, 그림 1.14, 그림 1.15, 그림 1.16, 그림 1.17, 그림 1.18

◑ 저자 권용우

그림 1.4, 그림 1.19

◑ 하이델베르크대

그림 1.9

◑ 미주리백과사전

그림 1.10

II. 도시문명의 변천

◑ 위키피디아

그림 2.1, 그림 2.2, 그림 2.3, 그림 2.4, 그림 2.5, 그림 2.6, 그림 2.7, 그림 2.8.1, 그림 2.8.2, 그림 2.9, 그림 2.10, 그림 2.11, 그림 2.12, 그림 2.13, 그림 2.14, 그림 2.15, 그림 2.17

◑ 저자 권용우

그림 2.2, 그림 2.3, 그림 2.4, 그림 2.5, 그림 2.6, 그림 2.8.1, 그림 2.8.2, 그림 2.9, 그림 2.10, 그림 2.11, 그림 2.12, 그림 2.13, 그림 2.15

◑ UN Habitat 2020

그림 2.16

III. 말(Language)

◑ 위키피디아

그림 3.1, 그림 3.2, 그림 3.3, 그림 3.4, 그림 3.5, 그림 3.6, 그림 3.7, 그림 3.8, 그림 3.9, 그림 3.10

색인

저자 소개

권용우

서울 중·고등학교

서울대학교 문리대 지리학과 동 대학원(박사, 도시지리학)

미국Minnesota대학교/Wisconsin대학교 객원교수

성신여자대학교 사회대 지리학과 교수/명예교수(현재)

성신여자대학교 총장권한대행/대학평의원회 의장

대한지리학회/국토지리학회/한국도시지리학회 회장

국토해양부·환경부 국토환경관리정책조정위원장

국토교통부 중앙도시계획위원회 위원/부위원장

국토교통부 갈등관리심의위원회 위원장

신행정수도 후보지 평가위원회 위원장

경제정의실천시민연합 도시개혁센터 대표/고문

「세계도시 바로 알기」YouTube 강의교수(현재)

『교외지역』(2001)『수도권공간연구』(2002)『그린벨트』(2013, 2024, 2판)

『도시의 이해』(1998, 2002, 2009, 2012, 2016, 전 5판),『도시와 환경』(2015)

『세계도시 바로 알기 1, 2, 3, 4, 5, 6, 7, 8, 9』(2021, 2022, 2023, 2024) 등

저서(공저 포함) 82권/학술논문 152편/연구보고서 55권/기고문 800여 편

『세계도시 바로 알기』 9 -말·먹거리·종교-

초판발행	2024년 2월 18일
지은이	권용우
펴낸이	안종만 · 안상준
편 집	배근하
기획/마케팅	김한유
디자인	BEN STORY
제 작	고철민 · 조영환
펴낸곳	㈜ **박영사** 서울특별시 금천구 가산디지털2로 53, 210호(가산동, 한라시그마밸리) 등록 1959.3.11. 제300-1959-1호(倫)
전 화	02)733-6771
f a x	02)736-4818
e-mail	pys@pybook.co.kr
homepage	www.pybook.co.kr
ISBN	979-11-303-1919-3 93980

copyright©권용우, 2024, Printed in Korea

정 가   17,000원